全国职业院校**建筑类**专业教材

建筑施工工艺

曹育梅◎主编

中国劳动社会保障出版社

图书在版编目（CIP）数据

建筑施工工艺 / 曹育梅主编．-- 北京：中国劳动社会保障出版社，2023
全国职业院校建筑类专业教材
ISBN 978-7-5167-6110-6

Ⅰ．①建…　Ⅱ．①曹…　Ⅲ．①建筑工程 - 工程施工 - 职业教育 - 教材　Ⅳ．①TU7

中国国家版本馆 CIP 数据核字（2023）第 209686 号

中国劳动社会保障出版社出版发行
（北京市惠新东街 1 号　邮政编码：100029）

*

三河市华骏印务包装有限公司印刷装订　　新华书店经销

787 毫米 ×1092 毫米　16 开本　14.75 印张　328 千字
2023 年 12 月第 1 版　　2023 年 12 月第 1 次印刷
定价：36.00 元

营销中心电话：400–606–6496
出版社网址：http://www.class.com.cn
http://jg.class.com.cn

版权专有　　侵权必究

如有印装差错，请与本社联系调换：（010）81211666
我社将与版权执法机关配合，大力打击盗印、销售和使用盗版图书活动，敬请广大读者协助举报，经查实将给予举报者奖励。
举报电话：（010）64954652

本教材按照建筑施工的不同分项与阶段，分别对土方工程施工、基础施工、脚手架工程施工、砌体结构施工、钢筋混凝土结构施工、钢结构工程施工、防水工程施工和装饰工程施工进行了介绍，语言通俗易懂。教材配套《建筑施工工艺技能训练》，方便学生进行实训。教材还配有电子课件，可登录技工教育网（http://jg.class.com.cn）在相应的书目下载。

本教材由曹育梅任主编，黄露娜、徐鹏程任副主编，宋玉芹、沙榆翔参加编写。

近年来，我国建筑行业进入了新的发展阶段。基于对当前建筑行业技能型人才需求及职业院校教学实际的调研分析，我们组织开发了这套全国职业院校建筑类专业教材，分为“建筑施工”“建筑设备安装”“建筑装饰”和“工程造价”四个专业方向。教材的编审人员由教学经验丰富、实践能力强的一线骨干教师和来自企业的设计、施工人员组成。

在本次教材开发工作中，我们主要做了以下几方面工作：

第一，突出教材的实用性。在“适用、实用、够用”的原则下，根据建筑行业相关企业的工作实际和相关院校的教学需要安排教材结构和内容，设计了大量来源于生产、生活实际的案例、例题、练习题和技能训练，引导学生运用所学知识分析和解决实际问题，教材体系合理、完善，贴近岗位实际与教学实际。

第二，突出教材的先进性。根据当前建筑行业对岗位知识与技能的实际需求设计教学内容，贯彻新标准。例如，在相关教材中全面贯彻《混凝土结构施工图平面整体表示方法制图规则和构造详图（现浇混凝土框架、剪力墙、梁、板）》（22G101—1）和《建设用砂》（GB/T 14684—2022）等最新图集和国家标准，《建筑 CAD》以新版的 AutoCAD 软件作为教学软件载体等。此外，新材料、新设备、新技术、新工艺在相关教材中也得到了体现。

第三，突出教材的易用性。充分保证教材的印刷质量，全部主教材均采用双色或四色印刷，图表丰富，营造出更加直观的认知环境；设置了“想一想”和“知识拓展”等栏目，引导学生自主学习；教材配套开发了习题册参考答案和电子课件，可登录技工教育网（http://jg.class.com.cn）在相应的书目下载。

本套教材在编写过程中，得到了智能制造与智能装备类技工教育和职业培训教学指导委员会及一批职业院校的大力支持，教材的编审人员做了大量的工作，在此，我们表示诚挚的谢意！同时，恳切希望用书单位和广大读者对教材提出宝贵意见和建议。

编者

目录
CONTENTS

第一章 土方工程施工

土方工程是基础施工的重要施工过程，其工程质量和组织管理水平直接影响基础工程乃至主体结构工程施工的正常进行。

工业与民用建筑工程施工中常见的土方工程有场地平整、基坑与管沟的开挖、人防工程及地下建筑物的土方开挖、路基填土及碾压等。土方工程的施工有土的开挖或爆破、运输、填筑、平整和压实等主要施工过程，以及排水、降水和土壁支撑等准备工作与辅助施工工作。

土方工程施工具有工程量大、施工工期长、施工条件复杂、劳动强度大的特点。一个大型建设项目的场地平整、房屋及设备基础、场区道路及管线的土方施工，面积往往可达数十平方千米，土方量可达数百万立方米，大型基坑的开挖有的深逾 20 m。土方工程施工条件复杂，多为露天作业，受地区的气候条件影响，劳动条件差。

第一节 土的概述

土方工程施工必须了解地基土的基本性质及分类。土的各类指标及分类是选择土方边坡坡度、确定降水和压实措施的依据。因此，了解土的形成，掌握土的力学性质，熟悉地基土的分类和野外鉴别方法，是学习和掌握地基基础施工的基础。

一、土的形成

地表岩石长期在不同温度、水、大气、生物活动及其他外力作用的影响下不断破碎，并发生化学变化，这种变化称为岩石的风化。土是由岩石经过长期的风化、搬运、沉积作用而形成的未胶结的、覆盖在地球表面的沉积物。

岩石的风化产物可因自重作用坠落，或被流水、风和冰川搬运至远处后沉积，形成坡积层、洪积层或风层沉积层等。由于搬运与沉积的条件和行程远近等的不同，土粒大小的分选程度、土粒形状及土的结构都会有所不同，由此形成的土的种类如下：

1. 残积土，即岩石经风化作用而残留在原地的碎屑堆积物。

2. 坡积土，即高处的风化物在雨水、雪水或本身的重力作用下发生搬运后，沉积在较平缓的山坡上的堆积物。

3. 洪积土，即在山区或高地上由暂时性山洪急流作用而形成的山前堆积物。

4. 冲积土，即由河流水流作用在平原河谷或山区河谷中形成的沉积物。

5. 淤积土，即在静水或缓慢的水流作用下形成的沉积物。

6. 冰积土，即由冰川或冰水作用形成的沉积物。

7. 风积土，即由风力搬运形成的堆积物。

二、土的各类指标及性质

1. 土的组成

天然状态下土的组成一般分为三相，即固相、液相和气相。

固相即土颗粒，它是构成土的骨架，决定土的性质。液相即土中的水和溶解于水中的物质。气相即水中的空气和其他气体。

其中：干土 = 固体 + 气体（二相）

湿土 = 固体 + 液体 + 气体（三相）

饱和土 = 固体 + 液体（二相）

2. 土的三相图

土的颗粒、水、气体混杂在一起，为分析问题方便，常理想地将三相分别集中，形成土的三相组成示意图，如图 1–1 所示。

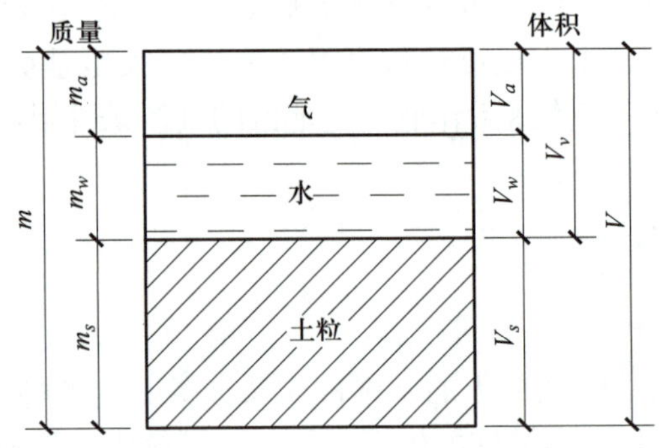

图 1–1　土的三相组成

3. 土的物理性质

土的物理性质指标分为两类，即实测指标和换算指标。

（1）实测指标（基本指标）

实测指标包括重力密度 γ、质量密度 ρ、相对密度 d_s 和含水量 w，这些指标的值通过试验得出。

（2）换算指标

换算指标根据实测指标经换算得出，包括干密度 ρ_d、饱和重度 γ_{sat}、浮重度 γ'、孔隙比 e、孔隙率 n 和饱和度 S_r 等。

4. 土的可松性

自然状态下的土，经开挖后，其体积因松散而增加，以后虽经回填压实，但仍不能恢复成原来的体积，这种性质称为土的可松性。

土的可松性对土方平衡调配、基坑开挖时留弃土方量及运输工具的选择有直接影响。

土的可松性的大小用可松性系数表示，可松性系数分为最初可松性系数和最终可松性系数。

（1）最初可松性系数（K_s）

自然状态下的土，经开挖成松散状态后，其体积的增加用最初可松性系数表示。

$$K_s=\frac{V_2}{V_1}$$

式中：V_1——土在自然状态下的体积；

V_2——土经开挖成松散状态下的体积。

（2）最终可松性系数（K_s'）

自然状态下的土，经开挖成松散状态后，回填夯实，仍不能恢复到原自然状态下体积，夯实后的体积与原自然状态下的体积之比用最终可松性系数表示。

$$K_s'=\frac{V_3}{V_1}$$

式中：V_1——土在自然状态下的体积；

V_3——土经回填压实后的体积。

由于土方工程量是以自然状态的体积来计算的，所以在土方调配、计算土方机械生产率及运输工具数量等的时候，必须考虑土的可松性。例如：在土方工程中，K_s 是计算土方施工机械及运土车辆等的重要参数，K_s' 是计算场地平整标高及填方时所需挖土量等的重要参数。

三、土的工程分类

在土方工程施工中，根据土的开挖难易程度，将土分为松软土、普通土、坚土、砂砾坚土、软石、次坚石、坚石和特坚石八类，见表 1–1，前四类属于一般土，后四类属于岩石。

表 1–1　土的工程分类与现场鉴别方法

土的分类	土的名称	可松性系数		开挖方法及工具
		K_s	K_s'	
一类土（松软土）	砂土，粉土，冲击砂土层，种植土，泥炭（淤泥）	1.08～1.17	1.01～1.03	用锹、锄头挖掘
二类土（普通土）	粉质黏土，潮湿的黄土，夹有碎石、卵石的砂，种植土，填筑土及粉土混卵（碎）石	1.14～1.28	1.02～1.05	用锹、条锄挖掘，少许用镐翻松
三类土（坚土）	软及中等密实黏土，重粉质黏土，粗砾石，干黄土及含碎石、卵石的黄土，粉质黏土，压实的填筑土	1.24～1.30	1.04～1.07	主要用镐，少许用锹、条锄挖掘，部分用撬棍

续表

土的分类	土的名称	可松性系数		开挖方法及工具
		K_s	K'_s	
四类土（砂砾坚土）	坚硬密实的黏性土及含碎石、卵石的黏土，粗卵石，密实的黄土，天然级配砂石，软泥灰岩及蛋白石	1.26 ~ 1.32	1.06 ~ 1.09	主要用镐、撬棍，部分用楔子及大锤
五类土（软石）	硬质黏土，中等密实的页岩、泥炭岩、白垩土，胶结不紧的砾岩，软的石灰岩	1.30 ~ 1.45	1.10 ~ 1.20	用镐或撬棍、大锤挖掘，部分用爆破方法
六类土（次坚石）	泥岩，砂岩，砾岩，坚实的页岩，泥炭岩，密实的石灰岩，风化花岗岩，片麻岩	1.30 ~ 1.45	1.10 ~ 1.20	用爆破方法开挖，部分用风镐
七类土（坚石）	大理岩，辉绿岩，玢岩，粗、中粒花岗岩，坚实的白云岩、砂岩、砾岩、片麻岩、石灰岩，微风化的安山岩、玄武岩	1.30 ~ 1.45	1.10 ~ 1.20	用爆破方法开挖
八类土（特坚石）	安山岩，玄武岩，花岗片麻岩，坚实的细粒花岗岩，闪长岩、石英岩、辉长岩、辉绿岩、玢岩、角闪岩	1.45 ~ 1.50	1.20 ~ 1.30	用爆破方法开挖

第二节 地基处理

任何建筑物都必须有可靠的地基。建筑物所受的全部荷载最终将通过基础传给地基，所以对某些地基的处理及加固就成为基础工程施工中的一项重要内容。在施工过程中发现地基土质过软或过硬，不符合设计要求时，应本着使建筑物各部位沉降尽量一致，以减小地基不均匀沉降的原则对地基进行处理。

一、换填垫层法

换填垫层法是处理浅层地基的方法之一。该法是将软弱土层挖除，换填结构较好的土、灰土、中（粗）砂、碎（卵）石、石屑、煤渣或其他工业废粒料等材料，制作素土地基（土垫层）、灰土地基或砂垫层和砂石垫层地基等。其施工程序基本相同——基坑（槽）开挖、验槽、分层回填、夯（压）实或振实，以达到设计的密实度和夯实深度。

换填垫层根据换填材料的不同，有素土垫层、灰土垫层、砂和砂砾石垫层、碎石和矿渣垫层、碎砖三合土垫层等，施工方法一般采用机械碾压法、重锤夯实法和平板振动法，对于砂石垫层还可以采用插振法、水撼法等。

换填垫层法施工的要点如下：

1. 施工前应先验槽，清除松土，并打底夯两遍，要求平整干净，如有积水、淤泥应晒干。

2. 灰土垫层土料的施工含水量宜控制在最优含水量范围内，垫层的分层铺填厚度可取 200～300 mm。垫层施工可根据不同的换填材料选择施工机械，灰土宜采用机械夯打或碾压，砂石宜采用振动碾和振动压实机械。

3. 对砂石垫层，要求垫层底宜设在同一标高上，如深度不同，基坑底土面应挖成阶梯或斜坡进行搭接，并按先深后浅的顺序进行换层施工，搭接应夯压密实。灰土垫层分段施工时，不得在柱基、墙角及承重窗间墙下接缝，上下两层的缝距不得小于 500 mm。灰土应拌和均匀并当日铺填夯实，灰土夯实后 3 d 内不得受水浸泡。

4. 垫层宽度的确定，视材料不同按计算取用。

5. 冬期施工时，必须在垫层不受冻的状态下进行，冻土及夹有冻块的土料不得使用，当日拌和灰土要在当日铺填夯完，表面要用塑料薄膜覆盖，以防受冻。

6. 垫层竣工后，应及时进行基础施工与基础回填。

换填垫层加固法的质量检验标准见表 1–2 和表 1–3。

表 1–2　灰土地基质量检验标准

项目类别	序号	检查项目	允许值或允许偏差		检查方法
			单位	数值	
主控项目	1	地基承载力	不小于设计值		静载试验
	2	配合比	设计值		检查拌和时的体积比
	3	压实系数	不小于设计值		环刀法
一般项目	1	石灰粒径	mm	≤ 5	筛析法
	2	土料有机质含量	%	≤ 5	灼烧减量法
	3	土颗粒粒径	mm	≤ 15	筛析法
	4	含水量	最优含水量 ±2%		烘干法
	5	分层厚度	mm	±50	水准测量

表 1–3　砂和砂石地基质量检验标准

项目类别	序号	检查项目	允许值或允许偏差		检查方法
			单位	数值	
主控项目	1	地基承载力	不小于设计值		静载试验
	2	配合比	设计值		检查拌和时的体积比或重量比
	3	压实系数	不小于设计值		灌砂法、灌水法

续表

项目类别	序号	检查项目	允许值或允许偏差		检查方法
			单位	数值	
一般项目	1	砂石料有机质含量	%	≤ 5	灼烧减量法
	2	砂石料含泥量	%	≤ 5	水洗法
	3	砂石料粒径	mm	≤ 50	筛析法
	4	分层厚度	mm	± 50	水准测量

其他换填垫层法的质量检验标准见表 1–4 和表 1–5。

表 1–4　土工合成材料地基质量检验标准

项目类别	序号	检查项目	允许值或允许偏差		检查方法
			单位	数值	
主控项目	1	地基承载力	不小于设计值		静载试验
	2	土工合成材料强度	%	≥ –5	拉伸试验（结果与设计值相比）
	3	土工合成材料延伸率	%	≥ –3	拉伸试验（结果与设计值相比）
一般项目	1	土工合成材料搭接长度	mm	≥ 300	用钢尺量
	2	土石料有机质含量	%	≤ 5	灼烧减量法
	3	层面平整度	mm	± 20	用 2 m 靠尺
	4	分层厚度	mm	± 25	水准测量

表 1–5　粉煤灰地基质量检验标准

项目类别	序号	检查项目	允许值或允许偏差		检查方法
			单位	数值	
主控项目	1	地基承载力	不小于设计值		静载试验
	2	压实系数	不小于设计值		环刀法
一般项目	1	粉煤灰粒径	mm	0.001 ~ 2.000	筛析法、密度计法
	2	氧化铝及二氧化硅含量	%	≥ 70	实验室试验
	3	烧失量	%	≤ 12	灼烧减量法
	4	分层厚度	mm	± 50	水准测量
	5	含水量	最优含水量 ± 4%		烘干法

二、重力夯实加固

重力夯实加固适用于地下水位以上稍湿的黏性土、砂土、湿陷性黄土、杂填土和分层填土地基的加固。它是以底面直径为 1.0 ~ 1.5 m，重 1.5 ~ 3.0 t 的重锤举高 2.5 ~ 4.5 m 自由下落，产生的夯击能量促使土体密实，其有效影响深度一般为 1.0 ~ 1.5 m，是属于浅层地基的处理方法之一。当作为分层填土地基时，每层虚铺厚度一般以锤底直径为宜。施工前必须在建筑地段附近进行试夯，选定锤重、底面直径和落距，以便确定最后下沉量（最后两击平均每击土面的沉降值）及相应的最少夯击遍数和总下沉量。

最后下沉量一般可采用下列数值：

黏性土及湿陷性黄土　1.0 ~ 2.0 cm

砂土　0.5 ~ 1.0 cm

试夯结果应达到设计的密实度和夯实深度。如不能满足设计要求，可适当提高落距，增加夯击遍数，必要时可增加锤重再行试夯。

施工时的夯击遍数应按试夯确定的最少夯击遍数增加 1 ~ 2 遍，夯击遍数一般为 6 ~ 8 遍（同一夯位夯击一下即为 1 遍）。

试夯后应挖探井取样检查夯实效果，测定坑底以下 2.5 m 深度范围内的密实度，每隔 0.25 m 逐层取土进行试验，并与试坑以外相对深度的天然土密实度做比较。正式施工后检查夯实效果，除应满足试夯最后下沉量的规定要求外，还应符合夯实的基坑（槽）表面总下沉量不少于试夯总下沉量的 90%。同时满足以上两个指标控制质量，即认为合格。其夯击检查点的数量如下：每一单独基础至少应有 1 点，对基槽每 20 m 应有 1 点，对整片地基每 50 ~ 100 m^2 取 1 点。

如质量不合格，应进行补夯，直至合格为止。

三、强力夯实加固

强力夯实加固（强夯法）是一种软弱地基深层加固的方法，其有效加固深度随夯击能量增大而加深。它利用不同质量的夯锤，从不同的高度自由落下，产生很大的冲击力来处理地基。强夯法适用于砂质土、黏性土及碎石、砾石、砂土、黏土等回填土。

强夯施工前，应在施工现场有代表性的场地上选取一个或几个试验区，进行试夯或试验性施工。试验区数量应根据建筑场地的复杂程度、建设规模及建筑类型确定。

夯锤底面形式宜采用圆形，锤底面积按土的性质确定，锤底静压力值可取 25 ~ 40 kPa，对于细颗粒土锤底静压力宜取小值。锤的底面宜对称设若干个与其顶面贯通的排气孔，孔径可取 250 ~ 300 mm。强夯施工采用带自动脱钩装置的履带式起重机或其他专用设备。采用履带式起重机时，可在臂杆端部设置辅助门架，或采用其他安全措施，防止落锤时机架倾覆。

当地下水位较高，夯坑底积水影响施工时，可人工降低地下水位或铺设一定厚度的松散型材料。夯坑内或场地积水应及时排除。强夯施工前，应查明场地范围内的地下构筑物和各种地下管线的位置及标高等，并采取必要的措施，以免因强夯施工造成破坏。当强夯施工所产生的振动对邻近建筑物或设备产生有害影响时，应采取防振或隔振措施。

强夯施工可按下列步骤进行：

1. 清理并平整施工场地。
2. 标出第一遍夯点位置，并测量场地高程。
3. 起重机就位，使夯锤对准夯点位置。
4. 测量夯前锤顶高程。
5. 将夯锤起吊到预定高度，待夯锤脱钩自由下落后，放下吊钩，测量锤顶高程。若发现因坑底倾斜而造成夯锤歪斜，则应及时进行坑底平整。
6. 按设计规定的夯击次数及控制标准完成一个夯点的锤击，重复步骤 3 至步骤 6，完成第一遍全部夯点的夯击。
7. 用推土机将夯坑填平，并测量场地高程。
8. 在规定的时间间隔，按上述步骤逐次完成夯击遍数，最后用低能量满夯，将场地表面松土夯实，并测量夯后场地高程。

强夯地基质量检验标准见表 1–6。

表 1–6　　强夯地基质量检验标准

项目类别	序号	检查项目	允许值或允许偏差		检查方法
			单位	数值	
主控项目	1	地基承载力	不小于设计值		静载试验
	2	处理后地基土的强度	不小于设计值		原位测试
	3	变形指标	设计值		原位测试
一般项目	1	夯锤落距	mm	± 300	钢索设标志
	2	夯锤质量	kg	± 100	称重
	3	夯击遍数	不小于设计值		计数法
	4	夯击顺序	设计要求		检查施工记录
	5	夯击击数	不小于设计值		计数法
	6	夯点位置	mm	± 500	用钢尺量
	7	夯击范围（超出基础范围距离）	设计要求		用钢尺量
	8	前后两遍间歇时间	设计值		检查施工记录
	9	最后两击平均夯沉量	设计值		水准测量
	10	场地平整度	mm	± 100	水准测量

四、振冲地基处理

振冲地基处理最初仅用于松散砂土的挤密，现已在黏性土、软黏土、杂填土及饱和黄土地基上广泛应用。振冲法对砂土是挤密作用，对黏性土是置换作用，加固后桩体与原地基土共同组成复合地基。

振冲施工前，应在现场进行制桩试验，确定有关的设计参数及振冲水压、水量、填料方法与用量等。

五、石灰桩、水泥粉煤灰碎石桩加固

石灰桩加固是加固软土地基的一种新方法，其作用是对桩周围土进行挤密。生石灰桩打入土中产生吸水、膨胀、发热及离子交换作用，使桩柱硬化，并改善了原地基土的性质。石灰桩所用的材料为石灰块，成形后与桩间土组成复合地基，从而提高地基的承载力。

水泥粉煤灰碎石桩简称 CFG 桩，用于处理软弱地基。它是在碎石桩的基础上掺入适量石屑、粉煤灰和少量水泥，加水拌和后制成的一种具有一定强度的桩体。其骨料仍为碎石，用掺入石屑来改善颗粒级配，用掺入粉煤灰来改善混合料的和易性，并利用其活性减少水泥用量；掺入少量水泥使其具有一定黏结强度。CFG 桩通过调整水泥的用量及配合比，可使桩体强度等级达 C5 ~ C25，具有明显的刚性桩特性。CFG 桩通常在桩顶与基础之间铺设一层 150 ~ 300 mm 厚的中砂、粗砂、级配砂石或碎石（称为褥垫层），以利于桩间土发挥承载力，与桩组成复合地基。目前，CFG 桩在建筑工程中较多选用。

水泥粉煤灰碎石桩复合地基质量检验标准见表 1–7。

表 1–7　水泥粉煤灰碎石桩复合地基质量检验标准

<table>
<tr><th rowspan="2">项目类别</th><th rowspan="2">序号</th><th rowspan="2">检查项目</th><th colspan="2">允许值或允许偏差</th><th rowspan="2">检查方法</th></tr>
<tr><th>单位</th><th>数值</th></tr>
<tr><td rowspan="6">主控项目</td><td>1</td><td>复合地基承载力</td><td colspan="2">不小于设计值</td><td>静载试验</td></tr>
<tr><td>2</td><td>单桩承载力</td><td colspan="2">不小于设计值</td><td>静载试验</td></tr>
<tr><td>3</td><td>桩长</td><td colspan="2">不小于设计值</td><td>测桩管长度或用测绳测孔深</td></tr>
<tr><td>4</td><td>桩径</td><td>mm</td><td>± 500</td><td>用钢尺量</td></tr>
<tr><td>5</td><td>桩身完整性</td><td colspan="2">—</td><td>低应变检测</td></tr>
<tr><td>6</td><td>桩身强度</td><td colspan="2">不小于设计要求</td><td>28 d 试块强度</td></tr>
<tr><td rowspan="3">一般项目</td><td rowspan="3">1</td><td rowspan="3">桩位</td><td>条基边桩沿轴线</td><td>≤ 1/4D</td><td rowspan="3">全站仪或用钢尺量</td></tr>
<tr><td>垂直轴线</td><td>≤ 1/6D</td></tr>
<tr><td>其他情况</td><td>≤ 2/5D</td></tr>
</table>

续表

项目类别	序号	检查项目	允许值或允许偏差		检查方法
			单位	数值	
一般项目	2	桩顶标高	mm	± 200	水准测量，最上部 500 mm 劣质桩体不计入
	3	桩垂直度	≤ 1/100		经纬仪测桩管
	4	混合料坍落度	mm	160 ~ 220	坍落度仪
	5	混合料充盈系数	≥ 1.0		实际灌注量与理论灌注量的比
	6	褥垫层夯填度	≤ 0.9		水准测量

注：*D* 为设计桩径（mm）。

六、深层搅拌法加固

深层搅拌法加固是加固深厚层软黏土地基的新技术。它以水泥、石灰等材料作为固结剂，通过特制的深层搅拌机械，在地基深部就地将软黏土和固化剂强制拌和，使软黏土硬结成具有整体性和水稳定性的柱状、壁状和块状等不同形式的加固体，以提高地基承载力。深层搅拌法加固适用于加固软黏土，特别是超软土，加固效果显著，加固后可以很快投入使用，适应快速施工要求。

七、高压喷射注浆加固

高压喷射注浆（旋喷法）加固地基是利用高压泵，通过特制的喷嘴，把浆液（一般为水泥浆）喷射到土中。浆液喷射流依靠自身的巨大能量，把一定范围内的土层射穿，使原状土破坏，并因喷嘴做旋转运动，被浆液射流切削的土粒与浆液进行强制性的搅拌混合，待胶结硬化后，便形成新的结构，达到加固地基的目的。

旋喷法适用于粉质黏土、淤泥质土、新填土、饱和的粉细砂（即流砂层）及砂卵石层等的地基加固与补强。其施工方法有单管法、双重管法、三重管法及干喷法等。

高压喷射注浆复合地基质量检验标准见表 1–8。

表 1–8　　高压喷射注浆复合地基质量检验标准

项目类别	序号	检查项目	允许值或允许偏差		检查方法
			单位	数值	
主控项目	1	复合地基承载力	不小于设计值		静载试验
	2	单桩承载力	不小于设计值		静载试验
	3	水泥用量	不小于设计值		查看流量表
	4	桩长	不小于设计值		测钻杆长度
	5	桩身强度	不小于设计值		28 d 试块强度或钻芯法

续表

项目类别	序号	检查项目	允许值或允许偏差		检查方法
			单位	数值	
一般项目	1	水胶比	设计值		实际用水量与水泥等胶凝材料的重量比
	2	钻孔位置	mm	≤ 50	用钢尺量
	3	钻孔垂直度	≤ 1/100		经纬仪测钻杆
	4	桩位	mm	≤ 0.2D	开挖后桩顶下 500 mm 处用钢尺量
	5	桩径	mm	≥ −50	用钢尺量
	6	桩顶标高	不小于设计值		水准测量，最上部 500 mm 浮浆层及劣质桩体不计入
	7	喷射压力	设计值		检查压力表读数
	8	提升速度	设计值		测机头上升距离及时间
	9	旋转速度	设计值		现场测定
	10	褥垫层夯填度	≤ 0.9		水准测量

注：D 为设计桩径（mm）。

八、注浆法加固

注浆法加固是根据不同的土层与工程需要，利用不同的浆液，如水泥浆或其他化学浆液，通过气压、液压或电化学原理，采用灌注压入，高压喷射，深层搅拌（利用渗透灌注、挤密灌注、劈裂灌注、电动化学灌注），使浆液与土颗粒胶结起来，以改善地基土力学性质的地基处理方法。

注浆法加固地基虽然有工期短、加固快等优点，但由于造价昂贵，所以通常用在加固范围较小、处理已建工程的地基基础工程事故或对其他加固方法不能解决的一些特殊工程问题中。而在新建工程中，特别是需要大面积进行地基处理的工程中很少采用。

注浆地基质量检验标准见表 1–9。

表 1–9　　注浆地基质量检验标准

项目类别	序号	检查项目	允许值或允许偏差		检查方法
			单位	数值	
主控项目	1	地基承载力	不小于设计值		静载试验
	2	处理后地基土的强度	不小于设计值		原位测试
	3	变形指标	设计值		原位测试

续表

项目类别	序号	检查项目			允许值或允许偏差		检查方法
					单位	数值	
一般项目	1	原材料检验	注浆用砂	粒径	mm	<2.5	筛析法
				细度模数	<2.0		筛析法
				含泥量	%	<3	水洗法
				有机质含量	%	<3	灼烧减量法
			注浆用黏土	塑性指数	>14		界限含水率试验
				黏粒含量	%	>25	密度计法
				含砂率	%	<5	洗砂瓶
				有机质含量	%	<3	灼烧减量法
			粉煤灰	细度模数	不粗于同时使用的水泥		筛析法
				烧失量	%	<3	灼烧减量法
			水玻璃：模数		3.0～3.3		实验室试验
			其他化学浆液		设计值		查产品合格证书或抽样送检
	2	注浆材料称量			%	±3	称重
	3	注浆孔位			mm	±50	用钢尺量
	4	注浆孔深			mm	±100	量测注浆管长度
	5	注浆压力			%	±10	检查压力表读数

第三节 地基局部处理

根据勘查报告，局部存在异常的地基或经基槽检验查明的局部异常地基均需根据实际情况、工程要求和施工条件等进行地基局部处理。处理方法可根据具体情况有所不同，但均应遵循减小地基不均匀沉降原则，减小建筑物各部位的沉降差。

一、松土坑处理

1. 范围较小，在基槽范围内

（1）将坑中松软虚土挖除，使坑底及四壁均见天然土，用与坑边天然土层压缩性相近的材料回填，每层不大于 200 mm。

（2）当天然土为砂土时，用砂或级配砂石回填。

（3）当天然土为较密实的黏土时，用 3∶7 灰土回填。

2. 范围较大，超过基槽边沿

将该范围内的基槽适当加宽，加宽的宽度应按下述条件来确定：当用砂子或砂石回填时，基槽每边均应按 1∶1 坡度放宽（长∶高，下同）；当用 1∶9 或 2∶8 灰土回填时，按 0.5∶1 坡度放宽；当用 3∶7 灰土回填时，如坑的长度不大（长度 <2 m，且为具有较大刚度的条形基础时），基槽可不放宽，但需将灰土与松土壁接触处夯实紧密。

3. 较深，且大于槽宽或 1.5 m

（1）将坑挖至原状土，用与坑边天然土压缩性相近的材料回填。

（2）在灰土基础上 1～2 皮砖处、防潮层下 1～2 皮砖处及首层顶板处，加配 4 根直径 8～12 mm 的钢筋，钢筋跨过该松土坑两端各 1 m，以防止产生过大的局部不均匀沉降。

4. 以上情况中遇地下水较高或坑内积水无法夯实时

将坑中软弱松土挖去，再用砂土、砂石或混凝土回填；或地下水以下用 1∶3 的粗砂或碎石回填，地下水以上用 3∶7 灰土回填夯实至要求高度。

二、砖井或土井处理

1. 在室外，距基础边缘 5 m 以内

（1）用素土分层夯实，回填到室外地坪以下 1.5 m 处。

（2）将井壁四周砖围拆除或挖去松软部分，然后用素土分层夯实。

2. 在室内基础附近

（1）将水位降低到最低可能限度，用中粗砂及块石、卵石或碎石等回填至地下水位以上 500 mm。

（2）将砖井四周围墙拆至坑底以下 1.0 m，用素土分层回填并夯实。如井已回填，但不密实或有软土，可用大块石将下面软土挤紧，再分层回填素土夯实。

3. 在基础下，条形基础 3*B*（*B* 为基础宽）或柱基 2*B* 范围内

（1）先用素土分层回填并夯实，至基础下 2.0 m 处，将井壁四周松软部分挖去。有砖井圈时，将砖井圈拆至槽底以下 1.0～1.5 m。

（2）当井内有水，应用中、粗砂及石块、卵石或碎石等回填到地下水位以上 50 cm，再将井四周砖圈拆至坑底以下 1.0 m 或更深，然后用素土分层回填并夯实。

4. 在房屋转角处且基础部分或全部压在井上时

除用以上几种办法回填处理外，还应对基础进行加固处理。当基础压在井上部分较少时，可采用从基础中挑钢筋混凝土梁的方法。当基础压在井上部分较多，用挑梁的方法较困难或不经济时，则可将基础沿墙方向向外延伸，使延伸部分落在天然土上，总面积应等于井圈范围内原有基础的面积，并在墙内配钢筋或用钢筋混凝土梁来加强。

5. 已淤填，但不密实

可用大块石将下面软土挤紧，再用前几种方法回填处理。如井内不能夯填密实，而上部荷载又较大，可在井内设灰土挤密桩或灰土桩处理；如井在大体积混凝土基础下，

可在井圈上加钢筋混凝土盖板封口，上面用素土或 2∶8 灰土分层回填密实的方法处理。

三、局部软硬土处理

含水量很大、趋于饱和的黏性土地基回填夯实时，由于原状土被扰动，颗粒之间的毛细孔遭到破坏，水分不易渗透和散发，当在气温较高的情况下进行夯实或碾实时，表面会形成硬壳，进一步阻止了水分的渗透和散发，埋藏深的土的水分散发慢，往往长时间不易消失，从而形成软塑状的橡皮土，踩上去有颤动的感觉。

1. 对含水量很大的黏土、粉质黏土、淤泥质土等原状土，暂停施工一段时间，避免直接拍打，使其含水量逐渐降低，或将土层翻起进行晾晒。

2. 对已形成的橡皮土，可在上面铺一层碎石或碎砖后进行夯击，将土表层挤紧。

3. 严重的橡皮土可将土层翻起并破碎均匀，掺入石灰粉以吸收水分，并水化改变原土结构成为灰土，使之具有一定的强度和水稳性。

4. 对荷载大的房屋地基，可采用打石桩的方法处理，将毛石依次打入土中，间距 400 ~ 500 mm，直至打不下去，最后在上面铺满 50 mm 的碎石再进行夯实。

5. 采取换土法，挖去橡皮土，重新填好土或级配砂石夯实。

第四节 场地平整施工

场地平整就是将施工区域内高低不平的自然地面，通过开挖和填筑达到施工所需要的设计标高。场地平整是工程开工前的一项工作内容，实现场地平整有利于文明施工和现场平面布置，能体现施工企业的现代化施工水平。

场地平整要考虑满足总体规划、生产施工工艺、交通运输和排除雨水等要求，并尽量使土方的挖、填平衡，减少运土量。

一、场地平整原则

场地平整的基本原则是总挖方 = 总填方，即场地内挖填平衡，场地内挖方工程量等于填方工程量。

二、场地平整方法

场地平整是将天然地面改造成工程上所要求的设计平面。由于场地平整时全场地兼有挖和填，而挖和填的体形常常不规则，所以必须确定场地平整的设计标高，来作为计算挖填土方工程量、进行土方平衡调配、选择施工机械、制定施工方案的依据。一般采用方格网方法分块计算解决。

选择场地设计标高的原则是：①在满足总平面设计要求，并与场外工程设施的标高相协调的前提下，考虑挖填平衡，以挖作填；②如挖方少于填方，则要考虑土方的来源，如挖方多于填方，则要考虑弃土堆场；③场地设计标高要高出区域最高洪水位，在严寒地区，场地的最高地下水位应在土壤冻结深度以下。

三、场地平整计算

1. 初步确定场地设计标高

首先根据现场地形图将场地划分成若干个边长为 10 ~ 40 m 的方格网，如图 1-2 所示，然后求出各方格角点的地面标高。

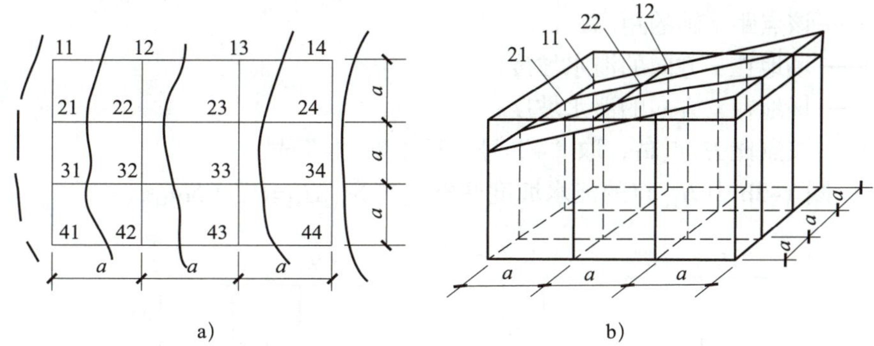

图 1-2　场地设计标高计算

根据挖填平衡的原则：平整前土方量 = 平整后土方量。

$$H_0=\frac{\sum H_1+2\sum H_2+3\sum H_3+4\sum H_4}{4n}$$

式中：H_1——一个方格仅有的角点标高，m；

H_2——两个方格共有的角点标高，m；

H_3——三个方格共有的角点标高，m；

H_4——四个方格共有的角点标高，m；

H_0——平整后的场地标高，m；

n——方格数。

2. 调整场地设计标高

按上述公式计算出的场地设计标高 H_0 是一理论值，实际应用时还需要考虑以下因素进行调整，即土的可松性的影响、借土或弃土的影响，以及泄水坡度对设计标高的影响。

（1）单向泄水

单向泄水时场地设计标高计算是将已调整的设计标高（H_0''）作为场地中心线的标高（参考图 1-3a），场地内任一点的设计标高为：

$$H_{ij}=H_0''\pm L\times i$$

式中：H_{ij}——场地内任一点的设计标高，m；

L——该点至 H_0—H_0 中心线的距离，m；

i——场地泄水坡度；

±——该点比 H_0''—H_0'' 线高，取“+”号，反之取“-”号。

例如，图 1-3a 中 H_{11} 点的泄水坡度调整标高为：$H_{11}=H_0''+1.5ai$。

（2）双向泄水

双向泄水时设计标高计算是将已调整的设计标高 H_0'' 作为场地纵横方向的中心点（见图 1–3b），场地内任一点的设计标高为：

$$H_{ij}=H_0''\pm L_x i_x \pm L_y i_y$$

式中：L_x——该点距 x 轴的距离，m；

L_y——该点距 y 轴的距离，m；

i_x——场地在 x 方向的泄水坡度；

i_y——场地在 y 方向的泄水坡度；

±——该点比 H_0 点高，取“+”号，反之取“–”号。

例如，图 1–3b 中 H_{11} 点的泄水坡度调整标高为：$H_{11}=H_0''+1.5ai_x \pm ai_y$。

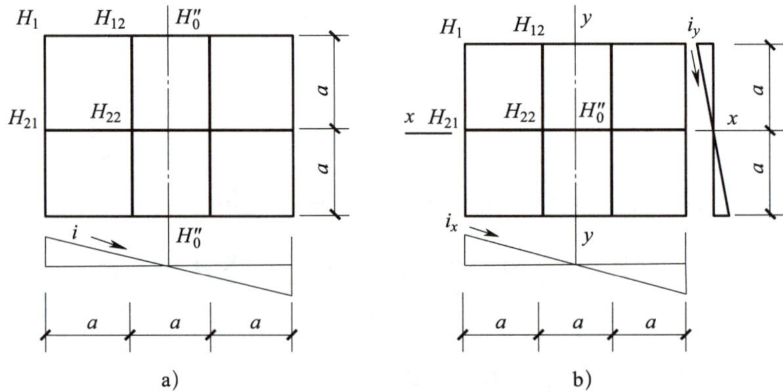

图 1–3　泄水坡度调整

a）单向泄水　b）双向泄水

3. 计算零点，标出零线

（1）计算各方格角点的施工高度

各角点的施工高度 = 设计标高 – 自然标高。计算结果中，“+”值表示填方，“–”值表示挖方。

（2）计算零点标出零线

零点的位置是根据方格角点的施工高度用几何法求出的，如图 1–4 所示，计算公式如下：

$$\frac{x}{h_1}=\frac{a-x}{h_2}$$

$$x=\frac{ah_1}{h_1+h_2}$$

式中：h_1、h_2——相邻两角点填、挖方施工高度（以绝对值代入），m；

a——方格边长，m；

x——零点距角点 A 的距离，m。

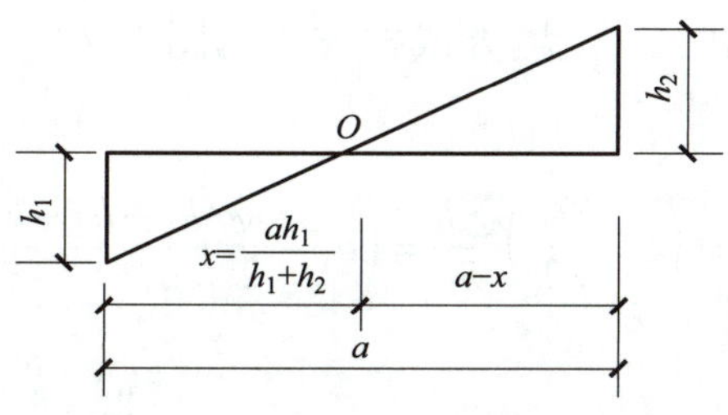

图 1-4　计算零点的位置

4. 计算方格土方工程量（四棱柱法）

（1）方格四个角点中，一点填方或挖方（见图 1-5），其挖方或填方体积为：

$$V=\frac{1}{2}bc\frac{\sum h}{3}=\frac{bch_3}{6}$$

当 $b=a=c$ 时，$V=\frac{a^2h_3}{6}$。

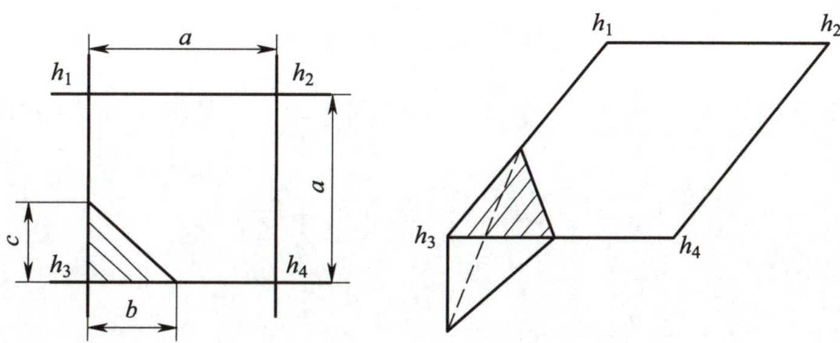

图 1-5　角点一填或一挖

（2）方格四个角点中，部分是挖方，部分是填方（见图 1-6），其挖方或填方体积分别为：

$$V_+=\frac{b+c}{2}a\frac{\sum h}{4}=\frac{a}{8}(b+c)(h_1+h_3)$$

$$V_-=\frac{d+e}{2}a\frac{\sum h}{4}=\frac{a}{8}(d+e)(h_2+h_4)$$

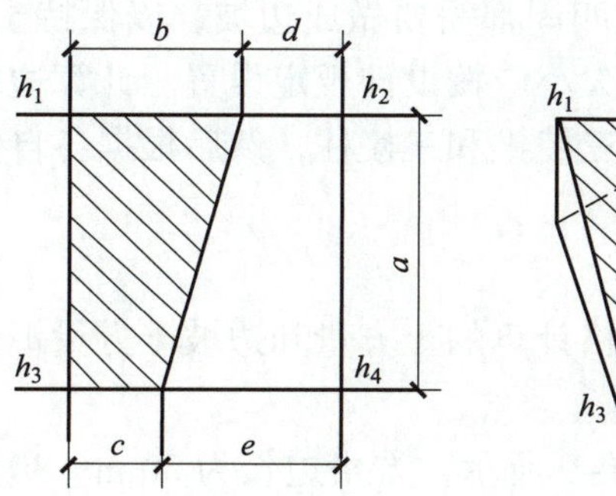

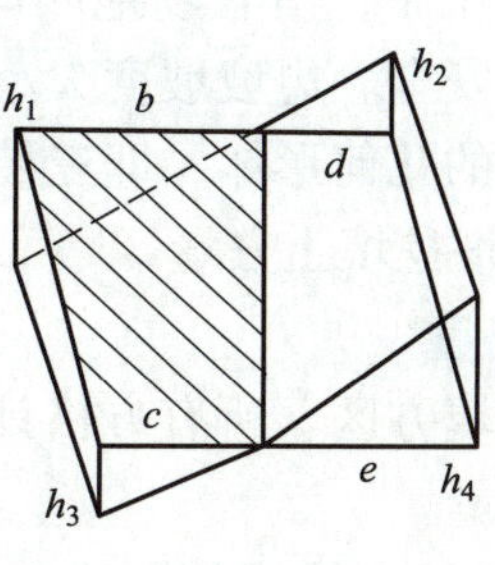

图 1-6　角点两填或两挖

（3）方格四个角点中，三点填方或挖方（见图 1–7），其挖方或填方体积分别为：

$$V=\left(a^2-\frac{bc}{2}\right)\frac{\sum h}{5}=\left(a^2-\frac{bc}{2}\right)\frac{h_1+h_2+h_3}{5}$$

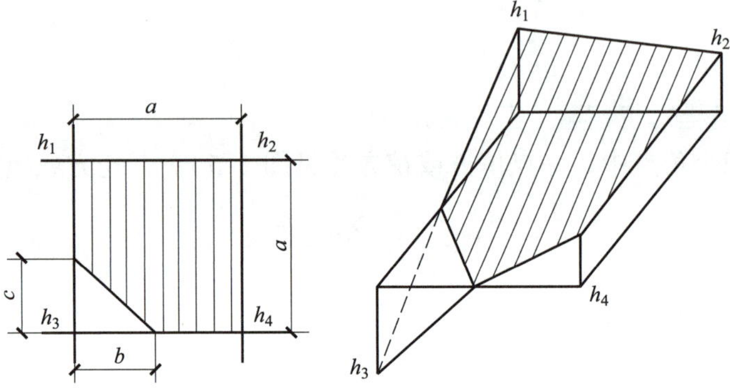

图 1–7　角点三填或三挖

（4）方格四个角点全部为挖方或填方（见图 1–8），其挖方或填方体积为：

$$V_+=\frac{a^2}{4}\sum h=\frac{a^2}{4}(h_1+h_2+h_3+h_4)$$

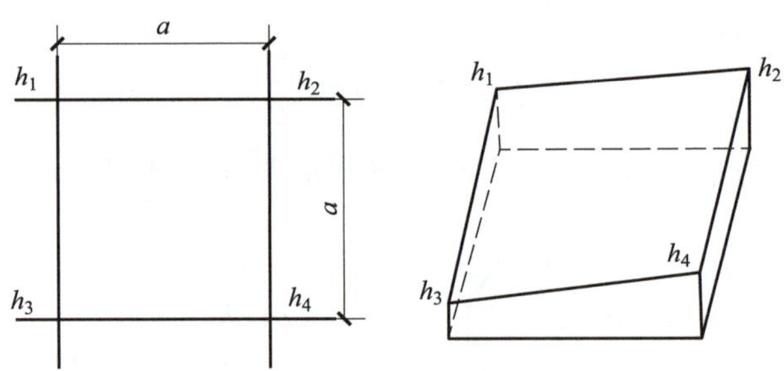

图 1–8　角点全填或全挖

5. 计算场地边坡土方量

在场地平整施工中，沿着场地四周都需要做成边坡，以保持土稳定，防止塌方，保证施工和使用的安全。边坡坡度大小应按设计规定设置。计算边坡土方量时，可将边坡划为两种近似的几何形体，即三棱锥和三棱柱，然后根据各自体积计算公式分别进行计算，求出边坡挖填土方量。

6. 计算总土方量

将挖方区（或填方区）所有方格计算的土方量和边坡土方量汇总，即得该场地挖方和填方的总土方量。

【例】某建筑场地方格网如图 1–9 所示，方格边长为 30 m × 30 m，括号内为设计标高，无括号为地面实测标高，单位均为 m。求土方量。

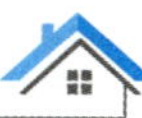

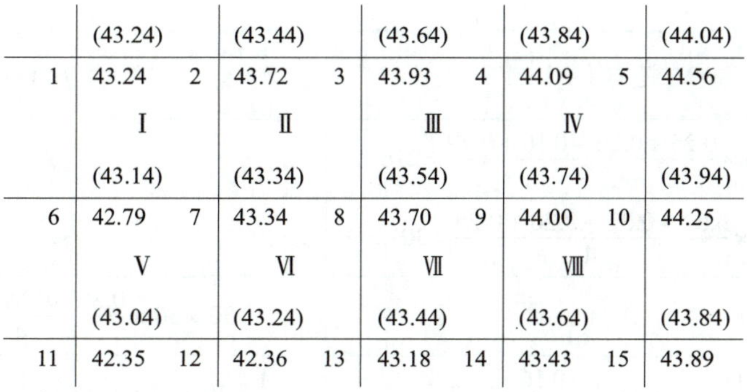

(43.24)
(43.44)
(43.64)
(43.84)
(44.04)
1 43.24
2 43.72
3 43.93
4 44.09
5 44.56
Ⅰ
Ⅱ
Ⅲ
Ⅳ
(43.14)
(43.34)
(43.54)
(43.74)
(43.94)
6 42.79
7 43.34
8 43.70
9 44.00
10 44.25
Ⅴ
Ⅵ
Ⅶ
Ⅷ
(43.04)
(43.24)
(43.44)
(43.64)
(43.84)
11 42.35
12 42.36
13 43.18
14 43.43
15 43.89

图 1-9　某建筑场地方格图

解：（1）计算零点位置

图中 1 点和 7 点为零点，需求 8–13、9–14、14–15 线上的零点，如 8–13 线上的零点为：

$$x=\frac{ah_1}{h_1+h_2}=\frac{30\times0.16}{0.16+0.26}=11.4\ (\mathrm{m})$$

另一段为 $a-x=30-11.4=18.6$（m）。

求出零点后，连接各零点即为零线，如图 1–10 所示，图上折线为零线，以上为挖方区，以下为填方区。

0
+0.28
+0.29
+0.25
+0.52
0
2
3
4
5
Ⅰ
Ⅱ
Ⅲ
Ⅳ
−0.35
7
+0.16
+0.26
+0.31
6
7
8
9
10
11.4
16.6
Ⅴ
Ⅵ
Ⅶ
Ⅷ
18.6
3.4
−0.69
−0.88
−0.26
−0.21
+0.05
11
12
13
14
15
24.2
5.8

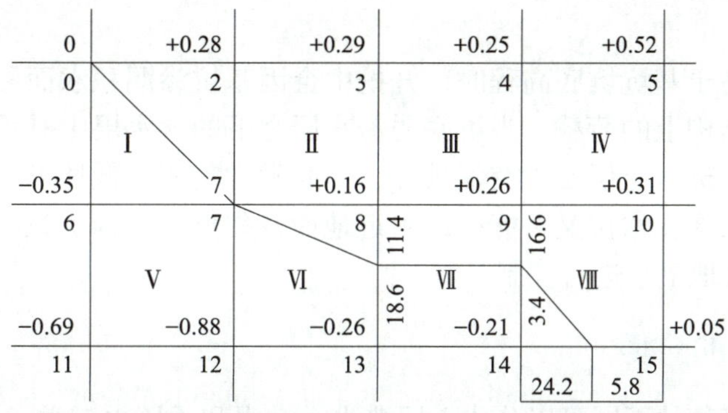

图 1–10　零线、角点挖、填高度图

（2）计算土方量

计算过程见表 1–10。

表 1–10　　**计算土方量过程**　　单位：m^3

方格编号	挖方（+）	填方（–）
Ⅰ	$\frac{1}{2}\times30\times30\times\frac{0.28}{3}=42$	$\frac{1}{2}\times30\times30\times\frac{0.35}{3}=52.5$
Ⅱ	$30\times30\times\frac{0.29+0.16+0.28}{4}=164.25$	—

续表

方格编号	挖方（+）	填方（-）
Ⅲ	$30\times30\times\frac{0.25+0.26+0.16+0.29}{4}=216$	—
Ⅳ	$30\times30\times\frac{0.52+0.31+0.26+0.25}{4}=301.5$	—
Ⅴ		$30\times30\times\frac{0.88+0.69+0.35}{4}=432$
Ⅵ	$\frac{1}{2}\times30\times11.4\times\frac{0.16}{3}=9.12$	$\frac{1}{2}(30+18.6)\times30\times\frac{0.88+0.26}{4}=207.8$
Ⅶ	$\frac{1}{2}\times(11.4+16.6)\times30\times\frac{0.16+0.26}{4}=44.1$	$\frac{1}{2}(13.4+18.6)\times30\times\frac{0.21+0.26}{4}=56.4$
Ⅷ	$\left[30\times30-\frac{(30-5.8)(30-16.6)}{2}\right]\times\frac{0.26+0.31+0.05}{5}=91.49$	$\frac{1}{2}\times13.4\times24.2\times\frac{0.21}{3}=11.35$
合计	868.46	760.05

第五节 地下水控制

当地下水位高于基坑坑底高程时，开挖中会因基坑渗漏积水而影响施工，扰动地基土，增加支护结构上的荷载。当坑底弱透水层之下的含水层中有承压水时，承压水还可能引起基底弱透水土层发生突涌破坏，为此常常需要降低地下水位。但是通过单纯地抽取地下水来降低水位又可能引起附近地面及邻近建（构）筑物、管线的沉降与变形，因而需要对地下水进行控制。

一、地下水的分类

地下水按埋藏条件不同可以分成上层滞水、潜水和承压水三类，如图 1-11 所示。

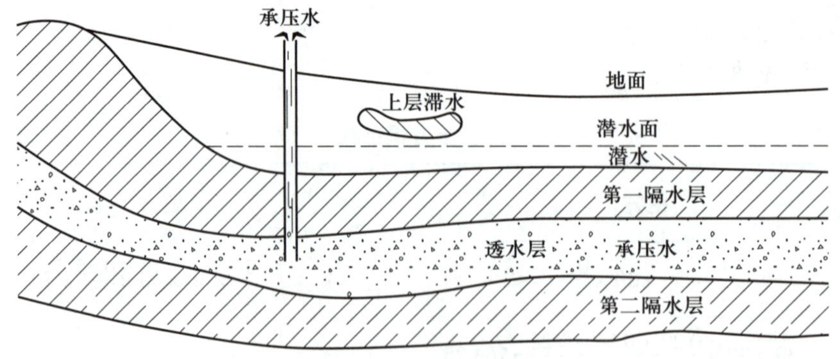

图 1-11　地下水埋藏示意图

1. 上层滞水

上层滞水是指埋藏在地表浅处局部隔水层上，具有自由水面的重力水。上层滞水分布范围有限，靠大气降水及地表水补给，水量不大并随季节变化，旱季可能干涸。

2. 潜水

潜水是指埋藏在地表下第一个连续分布的稳定隔水层之上，具有自由水面的重力水。自由水面为潜水面，水面的标高称为地下水位，地面至潜水面的距离为地下水的埋藏深度，潜水面至隔水层的距离为含水层的厚度。潜水由大气降水及河水补给，水位也有季节性变化。

3. 承压水

承压水是指埋藏在两个连续分布的稳定隔水层之间的含水层中，完全充满含水层并承受静水压力的重力水。它通常存在于卵石层中，呈倾斜状分布，在地势高处水位高，对地势低处产生静水压力。若凿井打穿承压水顶面的第一隔水层，则承压水因有压力而上涌，至某一高度稳定下来（压力大的可以喷出地面），这一水位高程称为承压水位，含水层顶面至承压水位之间的距离称为承压水头。

二、施工降排水

地下水控制的方法包括截水法、明沟排水法、井点降水法、回灌法等。基坑工程可采用单一地下水控制方法，也可采用多种地下水控制方法相结合的形式，如悬挂式截水帷幕 + 坑内降水，截水或降水 + 回灌，降水 + 截水帷幕等。

1. 截水法

截水法采用垂直防渗措施和坑底水平防渗措施，以防止地下水涌入基坑或引起地基土的渗透变形。

2. 明沟排水法

当基坑深度不大，降水深度小于 5 m，地基土为黏性土、粉土、砂土或填土，地下水为上层滞水或水量不大的潜水时，可考虑明沟排水法。

明沟排水法是在基坑开挖过程中，先在坑底设置集水井，并沿坑底的周围或中央开挖水沟，使水流入集水井内，然后用水泵抽出坑外。明沟排水法包括普通明沟排水法和分层明沟排水法。

明沟排水法一般采用截、疏、抽的排水方法。

截：在现场周围设临时或永久性排水沟、防洪沟或挡水堤，以拦截雨水、潜水流入施工区域。

疏：在施工范围内设置纵横排水沟，疏通、排出场内地表积水。

抽：在低洼地段设置集水、排水设施，然后用抽水设备抽走。抽水设备可以是离心泵或潜水泵。

普通明沟排水法是在基坑的一侧或四周设置排水明沟，在四角或每隔 20 ~ 30 m 设一集水井，排水沟始终比开挖面低 0.4 ~ 0.5 m，集水井比排水沟低 0.5 ~ 1.0 m，在集水井内设水泵将水抽排出基坑。集水井的直径或宽度一般为 0.6 ~ 0.8 m，井壁可用竹、木、砖等简易加固。集水井埋置深度随挖土而加深，保持低于挖土面 0.7 ~ 1.0 m。

当基坑挖至设计标高后，井底应低于基坑底 1.0～2.0 m，并铺 0.3 m 碎石滤水层，如图 1–12 所示。

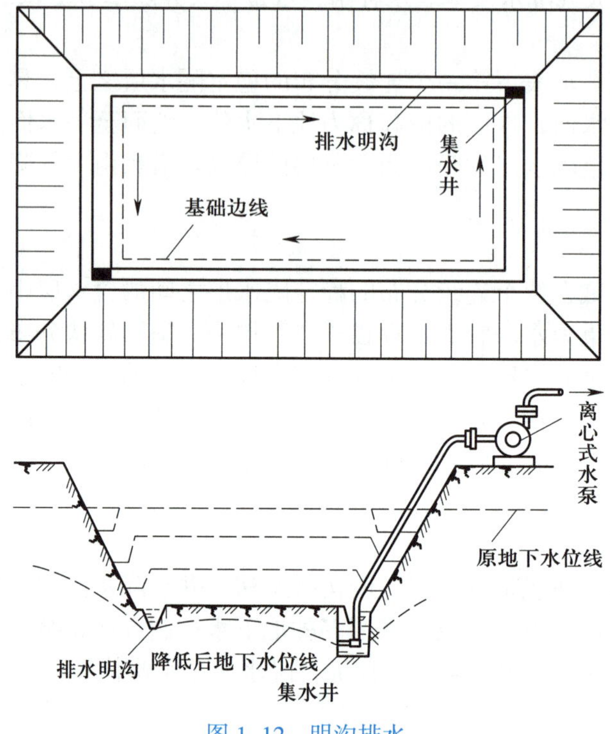

图 1–12　明沟排水

3. 井点降水法

井点降水法就是在基坑开挖前预先在基坑四周埋设一定数量的滤水管（井），在基坑开挖前和开挖过程中，利用真空原理，不断抽出地下水，使地下水位降低至坑底以下。井点降水法效果明显，可以使土壁稳定，避免流砂，防止坑底隆起，方便施工，但是有可能引起周围地面和建筑物沉降。

4. 回灌法

基坑降水时，在周围会形成降水漏斗，在降水漏斗范围内的地基土会因为有效应力的增加而发生压缩沉降，可能使对沉降和不均匀沉降敏感的建筑物或地下设施、管线等受到损害。这时除采取隔水措施之外，还可以采用回灌措施减少或避免降水带来的有害影响。回灌可采用井点、砂井、砂沟等，一般回灌井与降水井相距不小于 6 m。回灌水宜用清水，回灌水量可通过水位观测孔进行控制和调节，一般回灌水位不宜高于原地下水位标高。

三、轻型井点

1. 轻型井点设备

轻型井点设备由管路系统和抽水设备组成，如图 1–13 所示，管路系统包括滤管、井点管及总管。

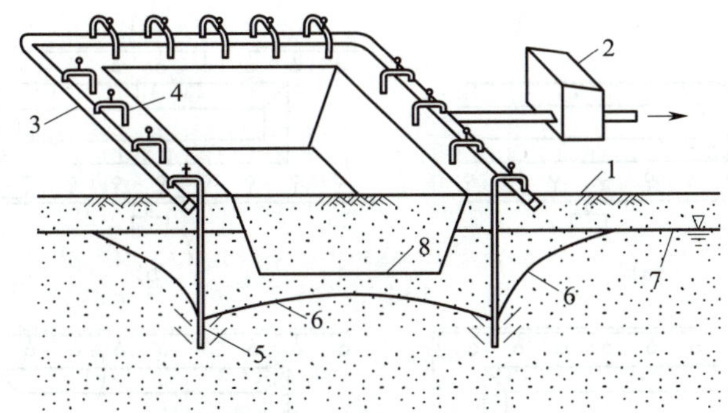

1—地面；2—水泵；3—总管；4—井点管；5—滤管；6—降落后的水位；7—原地下水位；8—基坑底。

图 1-13　轻型井点设备

滤管为进水设备，构造如图 1-14 所示，通常采用长 1.0 ~ 1.5 m、直径 38 mm 或 51 mm 的无缝钢管，管壁钻有直径为 12 ~ 19 mm 的滤孔。骨架管外面包有两层孔径不同的生丝布或塑料布滤网。为使流水畅通，在骨架管与滤网之间用塑料管或梯形铅丝隔开，塑料管沿骨架绕成螺旋形。滤网外面再绕一层粗铁丝保护网，滤管下端为一铸铁塞头。滤管上端与井点管连接。

井点管为直径 38 mm 或 51 mm、长 5 ~ 7 m 的钢管。井点管的上端用弯联管与总管相连。

集水总管为直径 100 或 127 mm 的无缝钢管，每段长 4 ~ 6 m，其上端有井点管连接的短接头，间距 0.8 m、1.0 m 或 1.2 m。

常用的抽水设备有干式真空泵、射流泵等。

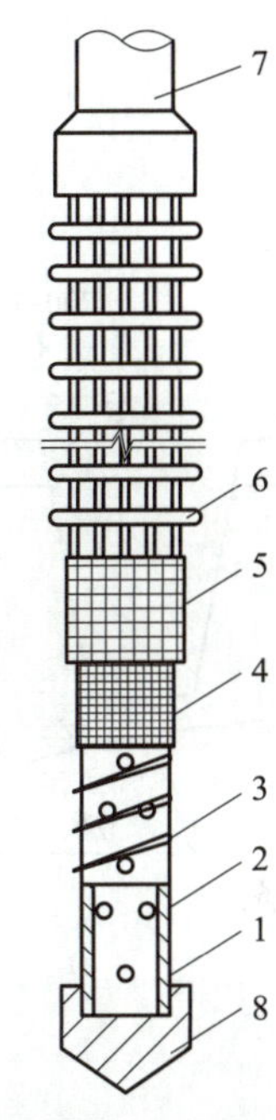

1—钢管；2—管壁上的滤孔；3—塑料管；4—细滤网；5—粗滤网；6—粗铁丝保护网；7—井点管；8—铸铁塞头。

图 1-14　滤管构造

2. 轻型井点布置

轻型井点布置分为平面布置和高程布置。根据基坑（槽）形状不同，平面布置又可分为单排布置（见图 1-15a）、双排布置（见图 1-15b）和环形布置（见图 1-15c）。当土方施工机械需进出基坑时，也可采用 U 形布置（见图 1-15d）。

单排布置适用于基坑、槽宽度小于 6 m，且降水深度不超过 5 m 的情况，井点管应布置在地下水的上游一侧，两端的延伸长度不宜小于坑槽的宽度。双排布置适用于基坑宽度大于 6 m 或土质不良的情况。环形布置适用于大面积基坑。如采用 U 形布置，则井点管不封闭的一段应在地下水的下游方向。

高程布置需确定井点管埋深，即滤管上口至总管埋设面的距离，主要考虑降低后的水位应控制在基坑底面标高以下，保证坑底干燥。高程布置可按下式计算（见图 1-16）。

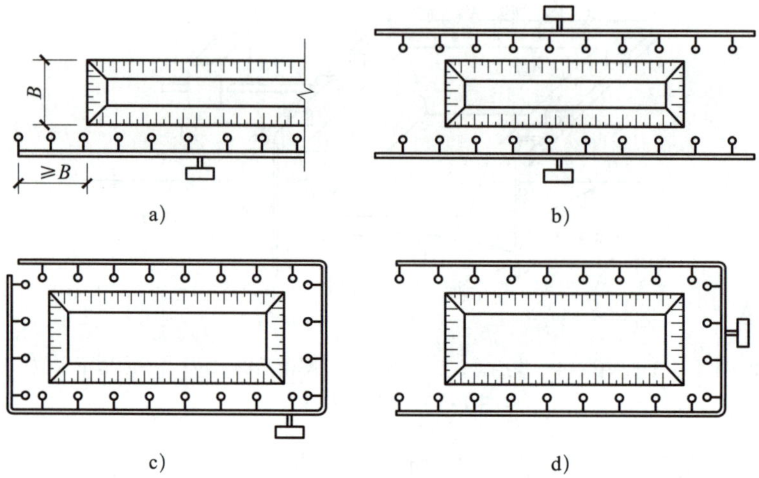

图 1–15　井点的平面布置

a）单排布置　b）双排布置　c）环形布置　d）U 形布置

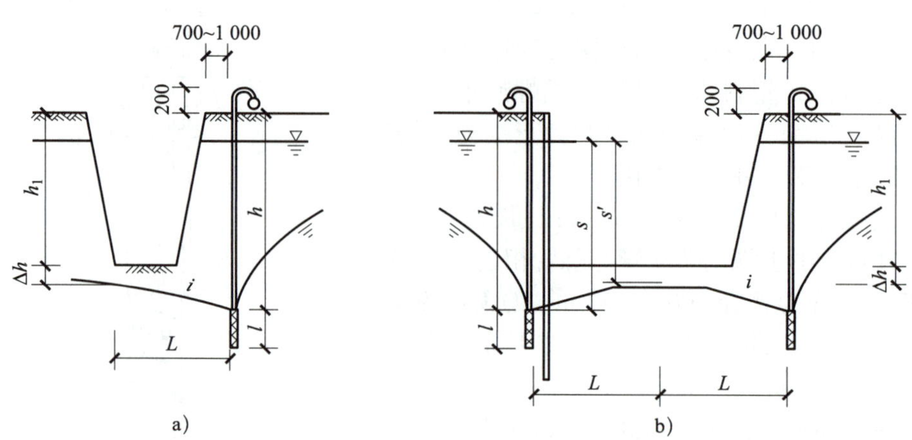

图 1–16　井点高程布置计算

$$h \geqslant h_1 + \Delta h + iL$$

式中：h_1——井管埋设面至其坑底的距离，m；

h——基坑中心处底面至降低后地下水位的距离，一般为 0.5 ~ 1.0 m；

i——地下水降落坡度，环状井点为 1/10，单排线状井点为 1/4；

L——井点管至基坑中心的水平距离，m。

3. 轻型井点的埋设与使用

轻型井点的施工程序为：放线定位→打井孔→埋设井点管→排放总管→用弯联管将井点管与总管接通→安装抽水设备→试运行。正式抽水井点管的埋设一般用水冲法进行，并分为冲孔与埋管（见图 1–17）两个过程。

冲孔时，先用起重机设备将冲管吊起并插在井点的位置上，然后开动高压水泵，将土冲松，冲管则边冲边沉。冲孔直径一般为 200 ~ 300 mm，以保证井管四周有一定

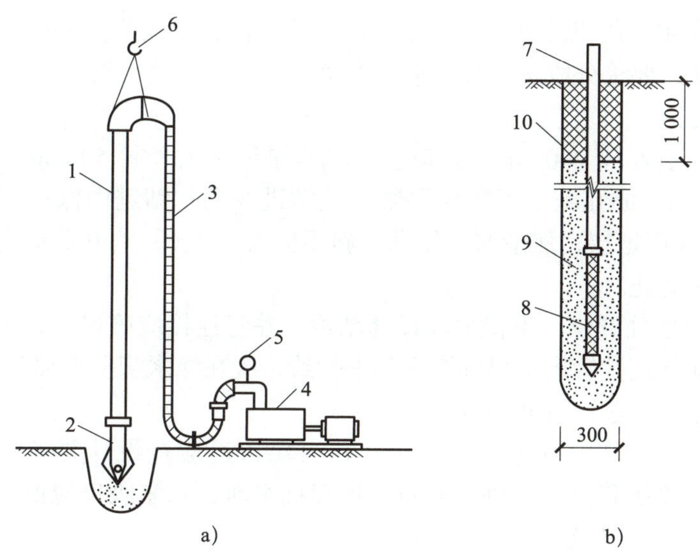

1—冲管；2—冲嘴；3—胶管；4—高压水泵；5—压力表；6—起重机吊钩；
7—井点管；8—滤管；9—填砂；10—黏土封口。

图 1-17　井点管的埋设

a）冲孔　b）埋管

厚度的砂滤层，冲孔深度宜比滤管底深 0.5 m 左右，以防冲管拔出时部分土颗粒沉于底部而触及滤管底部。

井孔冲成后，立即拔出冲管，插入井点管，并在井点管与孔壁之间迅速填灌砂滤层，以防孔壁塌土。砂滤层的填灌质量是保证轻型井点顺利抽水的关键。砂滤层一般宜选用干净粗砂，填灌均匀，并填至滤管顶上 1.0 ~ 1.5 m，以保证水流畅通。井点填砂后，需用黏土封口，以防漏气。

井点系统全部安装完毕后，需进行试抽，检查有无漏气现象。开始抽水时一般应连续抽水，若时抽时停，滤网易堵塞，也容易抽出土粒，使水混浊，并引起附近建（构）筑物由于土粒流失而沉降开裂。正常的排水是细水长流，出水澄清。试运转时如发现井管失效，应采取措施使其恢复正常，如不能恢复则应报废，另行设置新的井管。

抽水时需要经常检查井点系统工作是否正常，以及观测井中水位下降情况。如果有较多井点管发生堵塞，影响降水效果，则应逐根用高压水反向冲洗或拔出重埋。

四、管井井点

管井井点降水就是沿基坑每隔一定距离设置一个管井，或在坑内每隔一定范围设置一个管井，每个管井单独用一台水泵不断抽取管井内的地下水来降低水位。管井井点具有排水量大、降水效果好、设备简单、易于维护等特点，适用于土层、砂层，渗透系数较大、土层含水量丰富且降水较深（一般大于 6 m）的土层、砂层。

管井一般由井口、井管、过滤器及沉淀管四个部分组成。井管可用金属材料（如钢管、铸铁管、钢筋笼管等）或非金属材料（如塑料管、水泥管等）。降水管井宜采用联合洗井法，先用空压机洗井，待出水后改用活塞洗井。活塞洗井一定要将水拉出井口，形成井喷状，要求分段洗井直至水清砂净。

1. 管井施工

井管外径不宜小于 200 mm，且应大于抽水泵体最大外径 50 mm 以上，成孔孔径不应小于 650 mm。成孔施工可采用泥浆护壁钻进成孔，钻进中保持泥浆相对密度为 1.10 ~ 1.15，宜采用地层自然造浆，钻孔孔斜不应大于 1%，终孔后应清孔，直到返回泥浆内不含泥块为止。

井管安装应准确到位，不得损坏过滤结构。井管连接应确保完整无隙，避免井管脱落或渗漏。应保证井管周围填砾厚度基本一致，应在滤水管上下部各加 1 组扶正器，过滤器应刷洗干净，过滤器缝隙应均匀。

宜采用活塞和空气压缩机交替洗井，洗井结束后应按设计要求的验收指标予以验收。抽水泵应安装稳固，泵轴应垂直。连续抽水时，水泵吸口应低于井内扰动水位 2.0 m。管井的施工工艺流程如图 1–18 所示。

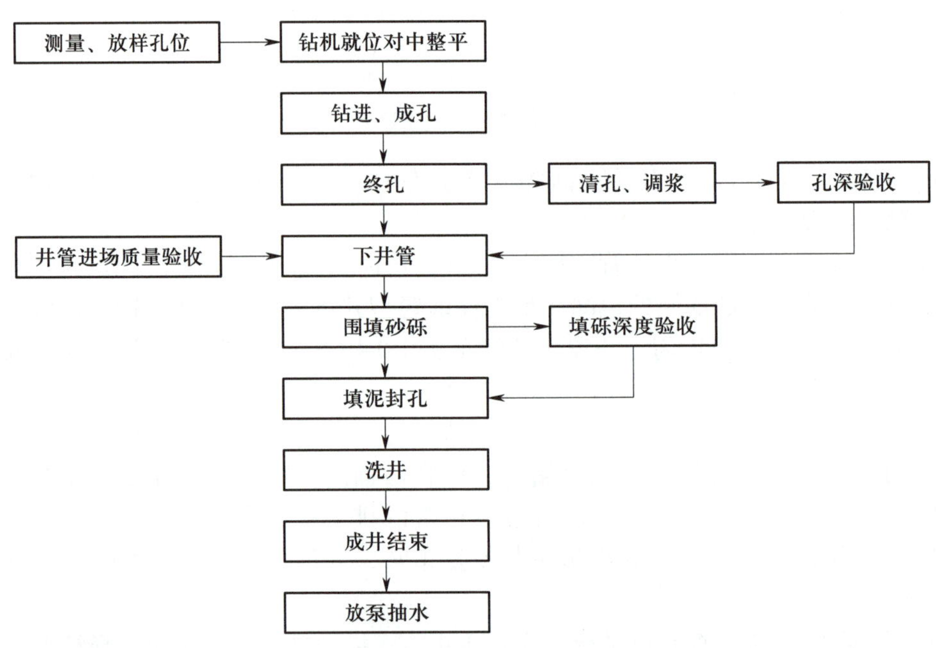

图 1–18　管井施工工艺流程

2. 封井

停止降水后，应对降水管井采取封井措施。管井封井是施工的最后一道工序，对地下结构防渗有重要影响，特别是埋置深度大的管井，应按照施工方案认真实施。封井时间和措施应符合设计要求，可以根据实际情况分阶段进行。

（1）对于基础底板浇筑前已停止降水的管井，浇筑底板前可将井管切割至垫层面附近，井管内采用黏性土或混凝土填充密实。

（2）对于基础底板浇筑前后仍需保留并持续降水的管井，应采取以下专门的封井措施：

1）基础底板浇筑前，首先应将穿越基础底板部位的过滤器更换为同规格的钢管，钢管外壁应焊接多道环形止水钢板，其外圈直径应比井管直径大 200 mm 及以上。

2）井管内可采取水下浇筑混凝土或注浆的方法进行内封闭，内封闭完成后，将基础底板面以上的井管割除。

3）在残留井管内部，管口下方约 200 mm 处及管口处应分别采用钢板焊接、封闭，该两道内止水钢板之间浇筑混凝土或注浆。

4）预留井管管口宜低于基础底板顶面 40 ~ 50 mm，井管管口焊封后，用水泥砂浆填入基础板面预留孔洞并抹平。

五、流砂

流砂是指在向上渗流作用下局部土体表面的隆起、顶穿，或粗颗粒群同时浮动而流失的现象。前者多发生于表层由黏性土与其他细粒土组成的土体或较均匀的粉细砂层中，后者多发生于不均匀的砂土层中。流砂多发生在颗粒级配均匀而细的粉、细砂中，有时在粉土中也会发生，其表现形式是所有颗粒同时从一近似于管状的通道被渗透水流冲走。流砂发展结果是使基础发生滑移或不均匀下沉，基坑坍塌，基础悬浮等，如图 1–19 所示。流砂通常是由于工程活动而引起的。

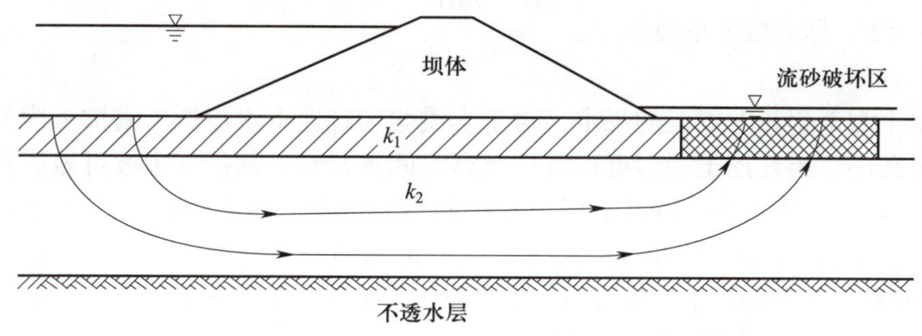

图 1–19　流砂

1. 流砂形成的原因

（1）岩性

土层由粒径均匀的细颗粒组成，土中含有较多的片状、针状矿物（如云母、绿泥石等）和附有亲水胶体的矿物颗粒，从而增加了岩土的吸水膨胀性，降低了土粒质量。因此，在不大的水流冲力下，细小土颗粒即悬浮流动。

（2）水动力条件

土体内颗粒所受的渗流作用为渗透力，当沿渗流方向的渗透力大于土的有效重度时，就能使土颗粒悬浮流动形成流土。

2. 流砂的防治措施

防止流砂的措施包括：采用不透水材料完全阻断土中的渗流路径，或者增加渗透路径，减少水力坡降；也可在渗流逸出处布置减压、压重或反滤层，以防止流土的发生。所以防止流砂的基本措施是“上游挡、下游排”。

第六节 边坡与支护

一、施工准备

施工准备工作是为了保证工程施工顺利进行而事先做好的工作。不仅在拟建工程开工之前要做好施工准备工作，而且随着工程施工的进展，在各施工阶段开工之前也要做好施工准备工作。

二、土方边坡

为了防止塌方，保证施工安全，在基坑（槽）开挖深度超过一定限度时，土壁应做成有斜率的边坡，或者增加临时支撑以保持土壁的稳定。

1. 土方放坡

（1）放坡

设 i 为边坡坡度，则：

$$i=\frac{H}{B}=\frac{1}{B/H}=1:m$$

式中：$m=B/H$，称为坡度系数。

（2）直壁开挖

根据土方工程相关规范的规定，对于土质均匀且地下水位低于基坑（槽）底或管沟底面标高的，当开挖土层湿度适宜且敞露时间不长时，其挖方边坡可做成直壁，不加支撑，但挖方深度不宜超过下列规定：密实、中密的砂土和碎石土（充填物为砂土），挖方深度不宜超过 1.00 m；硬塑、可塑的粉质黏土及粉土，挖方深度不宜超过 1.25 m；硬塑、可塑的黏土和碎石类土（填充物为黏性土），挖方深度不宜超过 1.50 m；坚硬的黏土，挖方深度不宜超过 2.00 m。

（3）按规定坡度开挖

深度超过以上数值的基坑边坡，开挖时可按相应规范选取，对于深度 5 m 以内的基坑可按表 1–11 选取。当地下水、开挖深度、荷载、土质复杂等开挖条件超过规范的规定时，可采用土力学原理计算边坡坡度。

表 1–11　深度在 5 m 以内的基坑（槽）、管沟边坡最陡坡度（不加支撑）

土的类别	边坡坡度		
	坡顶无荷载	坡顶有静载	坡顶有动载
密砂土	1 : 1.00	1 : 1.25	1 : 1.50
中密碎石土（填充物为砂土）	1 : 0.75	1 : 1.00	1 : 1.25
硬塑的轻亚黏土	1 : 0.67	1 : 0.75	1 : 1.00
中密碎石土（填充物为黏土）	1 : 0.50	1 : 0.67	1 : 0.75

续表

土的类别	边坡坡度		
	坡顶无荷载	坡顶有静载	坡顶有动载
硬塑的亚黏土、黏土	1：0.33	1：0.50	1：0.67
老黄土	1：0.10	1：0.25	1：0.33
软土（经井点降水后）	1：1.00	—	—

注：1. 静荷载指堆土或材料等，动荷载指机械挖土或汽车运输作业等。静荷载或动荷载距挖方边缘的距离应保证边坡和直立壁的稳定，堆土或材料应距挖方边缘 0.8 m 以外，高度不超过 1.5 m。

2. 当有成熟施工经验时可不受此限制。

2. 土方边坡失稳的原因

土方边坡失稳的原因主要有两个：土的抗剪强度降低或土体内的剪应力增加。具体来讲，引起土的抗剪强度降低的原因包括气候、风化使土体变软，水使土体产生润滑作用，以及粉土等受振动产生液化；引起土体内的剪应力增加的原因包括地面水渗入使土的自重增加，水渗透时产生动水压力，以及基坑（槽）顶有荷载特别是动荷载。

为了避免边坡失稳，可以对边坡做护面措施，具体方法有覆盖法、挂网法或挂网抹面法、喷射混凝土法、砂袋或砌石压坡法，如图 1-20 所示。

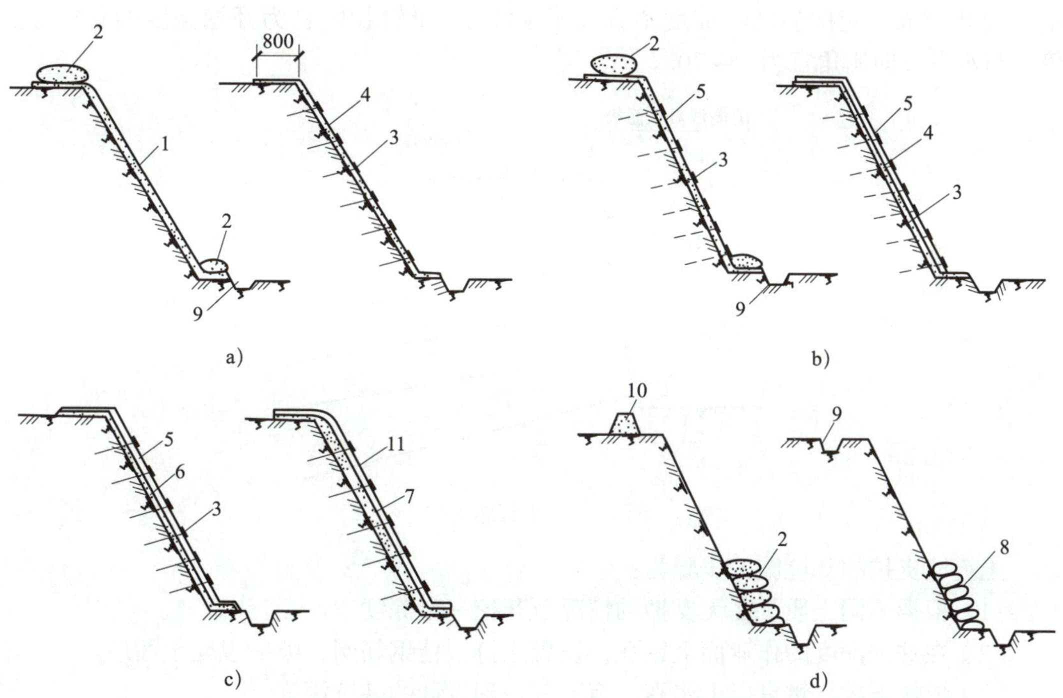

1—塑料薄膜；2—砂袋；3—插筋直径 10 ~ 12 mm；4—抹 M5 水泥砂浆；5—20 号钢丝网；
6—C20 喷射混凝土；7—C20 细石混凝土；8—M5 砂浆砌石；9—排水沟；
10—土堤；11—直径 4 ~ 6 mm 的钢筋网片，纵横间距 250 ~ 300 mm。

图 1-20 基坑边坡护面方法示意图

a）薄膜或砂浆覆盖法 b）挂网法或挂网抹面法 c）喷射混凝土法 d）砂袋或砌石压坡法

三、基坑支护形式

基坑开挖是否采用支护结构，采用何种支护结构，应根据基坑周边环境及主体建筑物地下结构的开挖深度、工程地质和水文地质、施工作业设备、施工季节等条件，因地制宜地按照经济、技术、环境综合比较确定。

1. 放坡开挖

放坡开挖是指不采用任何支护结构的基坑开挖，或者对开挖的坡面进行简单的防护。

当条件允许时，放坡开挖是最经济和快捷的基坑开挖方法。采用这种开挖方法需要满足下列条件：首先是土质条件，它适用于一般黏性土或粉土、密实碎石土和风化岩石等情况；其次是地下水条件，它适用于地下水位较低，或者采用人工降水措施的情况；最后是场地具有可放坡的空间，也要求基坑周围有堆放土料、机具的空间和交通道路，并且放坡对相邻建筑和市政设施不会产生不利影响。

2. 土钉墙支护

土钉墙支护是指由较密排列的土钉群和喷射混凝土面层所构成的一种支护，土钉锚入土体，与墙体发生作用，共同维持边坡的稳定。其中土钉是主要的受力构件，它是将一种细长的金属杆件（通常是钢筋）插入土壁中预先钻（掏）成的斜孔中，钉端焊接于混凝土面层内的钢筋网上，然后全孔注浆封孔而成，如图 1–21 所示。基坑侧壁一般开挖成一定的斜坡，坡度不宜大于 1 : 0.2。土钉长度宜为开挖深度的 0.5 ~ 1.2 倍，与水平方向俯角宜为 5°~ 20°。

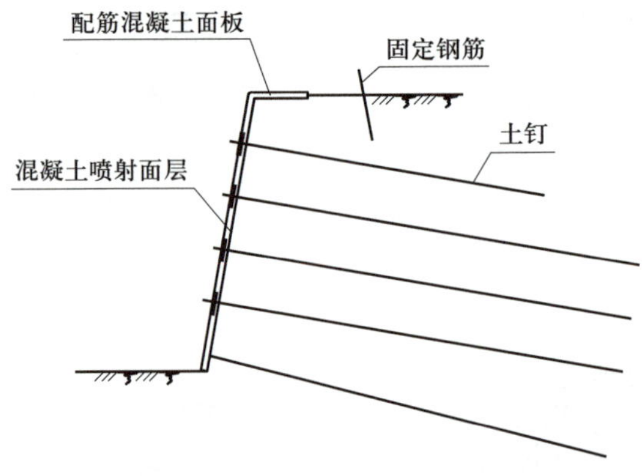

图 1–21　土钉墙支护

土钉墙支护的基坑施工步骤为：

（1）根据不同土质，在无支护的情况下开挖一定深度。

（2）在这一深度的作业面上钻孔，设置土钉，挂钢筋网，喷射混凝土面层。

（3）继续下挖，重复以上步骤，直至开挖到设计的基坑深度。

由于土钉是在土中全长注浆与周围土连接，所以增加了土体的强度。如果将含有土钉的土体作为复合土体，则土钉与土间黏结和摩擦力为内力，改善了整个土体的力学性质，因此土钉也是一种土的加筋技术。

土钉墙支护适用于一般黏性土、粉土、杂填土和素填土、非松散的砂土、碎石土

等，但不太适用于有较大粒径的卵石、碎石层，因为在这种土层钻（掏）孔比较困难。它也不适用于饱和的软黏土场地。对基坑底在地下水位以下的情况，土钉墙支护前应采用降水措施。土钉墙的喷射混凝土面层中一般应设排水孔，有时可将排水孔向上斜插入含水土层，以利于排水。

土钉全孔注浆，不施加预应力，而钢筋与土的变形模量相差很大，因而只有当土体与土钉间发生相对位移，土钉才会起到加筋作用，此时基坑侧壁的位移及基坑周围地面的沉降将是比较大的，当周边有重要建（构）筑物时不宜使用土钉墙支护。

3. 重力式水泥土墙支护

重力式水泥土墙支护是利用水泥材料作为固化剂，采用深层搅拌法或高压喷射注浆法将地基土中原状土和固化剂强行拌和，施工数排相互搭接的水泥土桩，形成格栅式或连续式的墙体，如图 1–22 所示。水泥土墙有一定的防渗能力，作为一种重力式挡土结构，使用的基坑深度不宜大于 7 m。

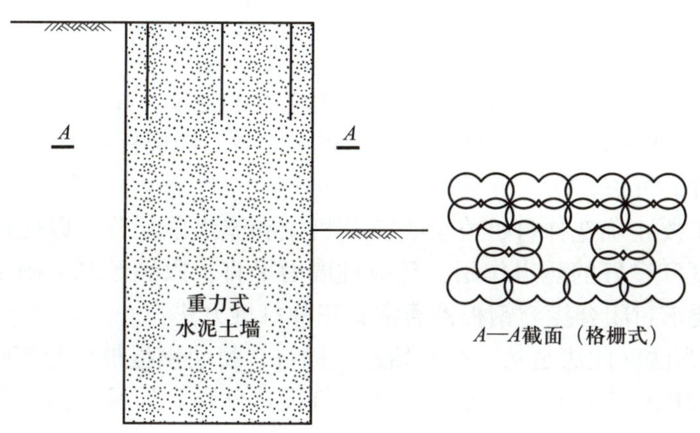

图 1–22　重力式水泥土墙支护

重力式水泥土墙支护较适用于软土地区（如淤泥地区）、含水量较大的黏性土、粉土地区等的基坑工程。

4. 板桩支护

板桩支护一般适用于开挖深度较小的基坑。板桩最原始的是木板桩，目前使用广泛的是钢板桩，也有少量的钢筋混凝土板桩。钢板桩一般适用于开挖深度不大于 7 m 的基坑，且附近无重要的建筑物和市政设施，适用的土层为黏性土、粉土、砂土和素填土，以及厚度不大的淤泥和淤泥质土，含有大颗粒的土和坚硬土层不宜使用。

（1）钢板桩的分类

1）槽形钢板桩。槽形钢板桩是一种简易的钢板桩支护挡墙，由槽钢正反扣搭接组成。槽钢长 6～8 m，型号由计算确定。其抗弯能力较弱，用于深度不超过 4 m 的基坑，顶部设一道支撑或拉锚。

2）热轧锁口钢板桩。热轧锁口钢板桩有 Z 形（见图 1–23a，又叫“波浪形”或“拉森型”）、U 形（见图 1–23b）、一字形（见图 1–23c，又叫平板桩）和组合型（见图 1–23d）。

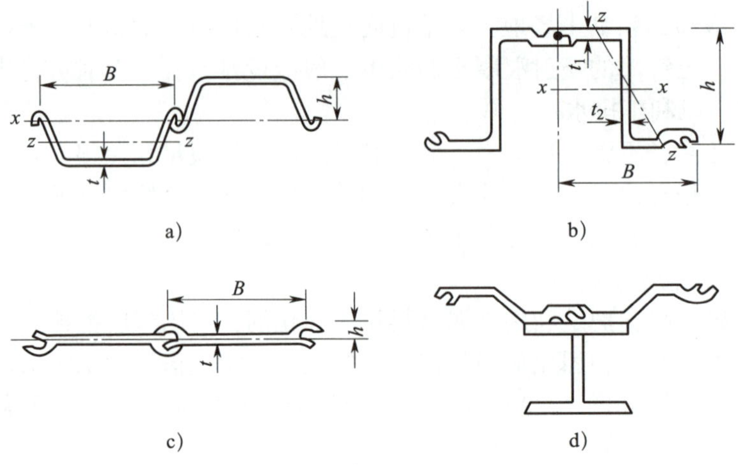

图 1-23 常用钢板桩截面形式

a）Z 形 b）U 形 c）一字形 d）组合型

钢板桩之间通过锁口互相连接，形成一道连续的挡墙。由于锁口的连接，使钢板桩连接牢固，形成整体，同时也具有较好的隔水能力。钢板桩截面积小，易于打入。

（2）钢板桩的打桩方法

钢板桩施工要正确选择打桩方法、打桩机械和流水段划分，以便使打设后的板桩墙有足够的刚度和良好的防水作用，且板桩墙面平直，以满足基础施工的要求，对封闭式板桩墙还要求封闭合拢。钢板桩通常有三种打桩方法：

1）单独打入法。此法是从一端开始逐块插打，每块钢板桩自起打到结束，中途不停顿。因此，桩机行走路线短，施工简便，打设速度快。但是，由于单块打入，所以易向一边倾斜，累积的误差不易纠正，墙面平直度难以控制。一般在钢板桩长度不大（小于 10 m）、工程要求不高时可采用此法。

2）围檩插桩法。要用围檩支架做板桩打设导向装置（见图 1-24）。围檩支架由围檩和围檩桩组成，在平面上分为单面围檩和双面围檩，在打设板桩时起导向作用。双面围檩之间的距离比两块板桩组合宽度大 8 ~ 15 mm。

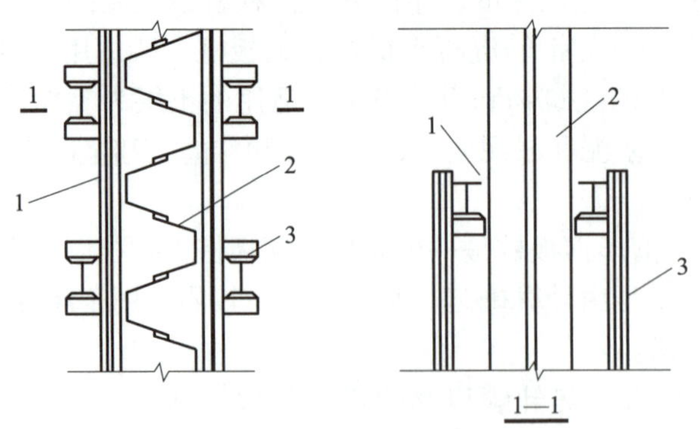

1—围檩；2—钢板桩；3—围檩支架。

图 1-24 围檩插桩法

3）分段复打法。分段复打法又称屏风法，如图 1–25 所示，是将 10 ~ 20 块钢板桩组成的施工段沿围檩插入土中一定深度，形成较短的屏风墙。操作时先将其两端的 2 块打入，严格控制其垂直度，打好后用电焊固定在围檩上，然后将其他的板桩按顺序以 1/2 或 1/3 板桩高度打入。此法可以防止板桩发生过大的倾斜和扭转，防止误差累积，有利于实现封闭合拢，且分段打设不会影响邻近板桩的施工。

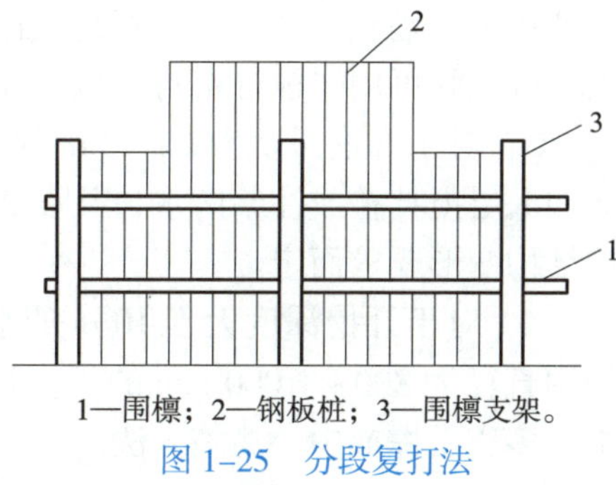

1—围檩；2—钢板桩；3—围檩支架。
图 1–25　分段复打法

5. 排桩支护

排桩支护是指由成队列式间隔布置的钢筋混凝土人工挖孔桩、钻孔灌注桩、沉管灌注桩、打入预应力管桩等组成的挡土结构。

（1）分类

排桩支护按结构形式可概括为以下几种：

1）柱列式排桩支护：对边坡土质较好、地下水位较低的场地，可利用土拱作用以稀疏的钻孔灌注桩或人工挖孔桩支挡土坡，如图 1–26a 所示。

2）连续桩墙支护：在软土中难以形成拱时，支护桩应该采取密排方式，其主要方法有桩与桩互相搭接（见图 1–26b）、两桩之间夹小桩或用高压注浆充填（见图 1–26c），锁扣钢板桩、带榫头的钢筋混凝土板桩、地下连续墙（见图 1–26d、图 1–26e）。

3）组合式支护：在地下水位较高基坑侧壁有层间承压水的软土场地，需要支护结构挡水时，可采用钻孔灌注桩排桩与水泥土桩防渗墙组合的形式，如图 1–26f 所示。

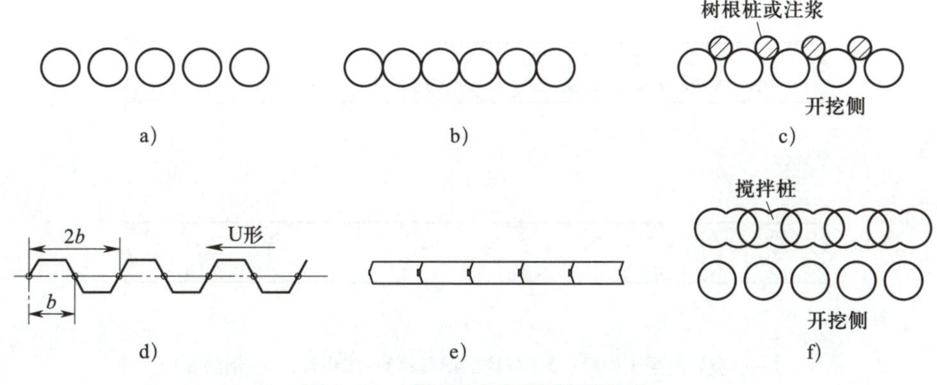

图 1–26　常用的钢板桩截面形式

（2）排桩支护结构的基本构造

1）钢筋混凝土挡土桩间距一般为 1.0 ~ 2.0 m，桩直径为 0.5 ~ 1.1 m，埋深为基坑深的 0.5 ~ 1.0 倍。桩配筋由计算确定，一般主筋直径为 14 ~ 32 mm，当为构造配筋时，每根桩不少于 8 根，箍筋采用直径 8 mm，间距 100 ~ 200 mm 布置。

2）对于开挖深度不大于 6 m 的基坑，在场地条件允许的情况下，采用重力式深层搅拌桩挡墙较为理想。当场地受限时，也可先用直径为 600 mm 的密排悬臂钻孔桩，桩与桩之间可用树根桩密封，也可在灌注桩后注浆或打水泥搅拌桩做防水帷幕。

3）对于开挖深度为 6 ~ 10 m 的基坑，常采用直径为 800 ~ 1 000 mm 的钻孔桩，后面加深层搅拌桩或注浆防水，并设 2 ~ 3 道支撑，支撑道数视土质情况、周围环境及围护结构变形要求而定。

4）对于开挖深度大于 10 m 的基坑，以往常采用地下连续墙，设多层支撑，也可采用直径为 800 ~ 1 000 mm 的大直径钻孔桩代替地下连续墙，同样采用深层搅拌桩防水，多道支撑或中心岛施工法。

5）桩顶部设置混凝土冠梁连接，冠梁宽度不宜小于桩径，高度不宜小于 400 mm，混凝土强度等级宜大于 C20。

6. 地下连续墙支护

地下连续墙是利用特制的成槽机械在泥浆（又称稳定液，如膨润土泥浆）护壁的情况下进行开挖，形成一定槽段长度的沟槽；再将在地面上制作好的钢筋笼放入槽段内。采用导管法进行水下混凝土浇筑，完成一个单元的墙段，各墙段之间以特定的接头方式（如用接头管或接头箱做成的接头）相互连接，形成一道连续的地下钢筋混凝土墙，如图 1–27 所示。基坑土方开挖时，地下连续墙既可挡土，又可挡水，也可作为建筑物的承重结构。

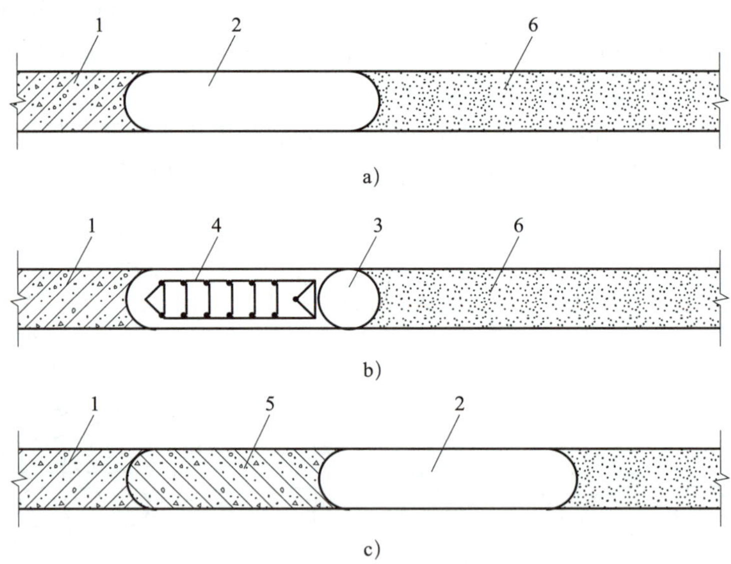

1—已浇好混凝土槽段；2—开挖的槽段；3—接头管；4—钢筋笼；
5—新浇筑的混凝土槽段；6—待开挖槽段。

图 1–27 地下连续墙施工

a）单元槽段开挖沟槽 b）在槽内放入接头管和钢筋笼 c）浇筑槽内混凝土

（1）地下连续墙施工特点

地下连续墙整体性好，刚度大，因而结构和地基变形小；施工时噪声低，振动小，无挤土，对周围环境影响小，对沉降和变形较易控制，比其他类型挡墙具备更多优点，

但成槽需专用设备，施工难度较大，如仅用于施工期间临时挡土，则工程造价高，不够经济。地下连续墙适用于地下水位高的软土地基，或基坑开挖深度大，且与邻近的建筑物、道路等市政设施相距较近的深基坑支护。

（2）地下连续墙施工工艺

地下连续墙施工工艺流程如图 1–28 所示。

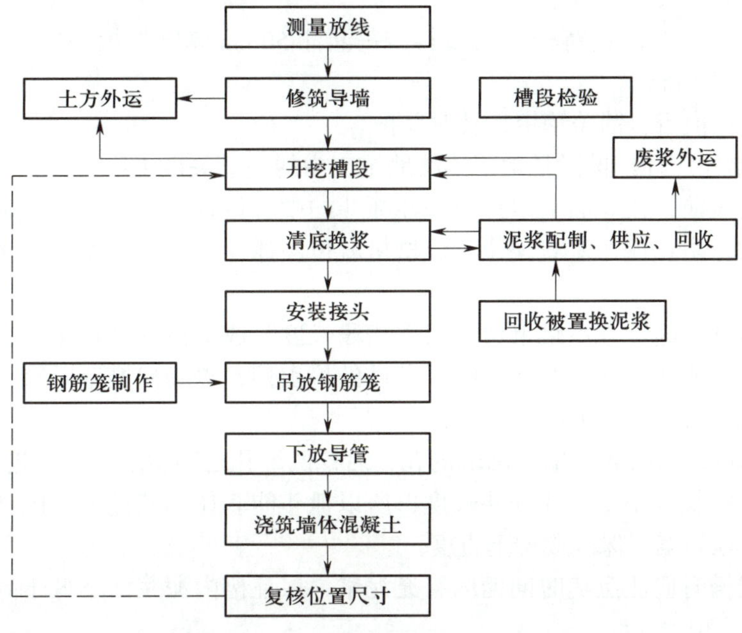

图 1–28　地下连续墙施工工艺流程

1）修筑导墙。导墙是控制地下连续墙各项指标的基准，它起着支护槽口土体，承受地面荷载和稳定泥浆液面的作用。对于地质情况比较好的地方，可以直接施做导墙，对于松散层可以通过地表注浆进行地基加固及防渗堵漏，如图 1–29 所示。导墙的施工步骤如下：

图 1–29　地下连续墙导墙

①导墙沟槽开挖后立即将导墙中心线引至沟槽中，控制模板施工。

②导墙主筋用直径 12 mm 的螺纹钢，钢筋间距按 150 mm 排列；水平钢筋置于内侧，采用直径 8 mm 的圆钢，钢筋间距按 200 mm 排列。

③导墙模板采用木模板，沿纵向设 4 道钢管支撑加固，间距 30 cm，沿高度方向每 1 m 设一道钢管支撑。模板加固牢固，严防跑模，并保证轴线和净空的准确，沿中线方向左右偏差不大于 5 mm。

④混凝土浇筑时两边对称均匀布料，每灌注 50 cm 厚度振捣一次，以表面泛浆、混凝土面不下沉为准。

⑤混凝土拆模后，铺盖草帘，及时养护。

2）开挖槽段。开挖槽段是地下连续墙施工中的一道关键工序。其施工工艺如下：

①开挖槽段前，在导墙上定位每一斗抓斗的中心位置，并标记，以确保每次抓斗下放中心一致，防止抓斗左右偏位。成槽机就位使抓斗平行于导墙，抓斗的中心线与导墙的中心线重合。

②地下连续墙施工采用跳槽法，根据槽段长度与成槽机的开口宽度，确定首开幅和闭合幅，保证成槽机切土时两侧临界条件的均衡性，以确保槽壁垂直，部分槽段采取“两钻一抓”的施工方法。

③单元槽段成槽时先挖槽段两端的孔，后挖两个孔之间留下的未被挖掘过的隔墙。因为孔间隔墙的长度小于抓斗开斗长度，所以抓斗能套住隔墙挖掘，同样能使抓斗吃力均衡，有效地纠偏，保证成槽垂直度。

④开挖成槽时应注意随时向槽内补充泥浆，保证槽内泥浆面不低于导墙顶面以下 0.3 m，以利于槽内稳定。

⑤当出现槽壁坍塌迹象时，如漏浆、出土量超过设计断面量、导墙及作业面沉降、泥浆随气泡向地面溢出、挖槽机在升降中有阻力等，应将挖槽机提出地面，然后用黏土回填，待槽壁稳定后重新进行挖槽。

⑥加强观测，若发生异常情况，要及时妥善处理并通知设计、监理和业主。

3）泥浆制备。泥浆主要是在地下连续墙挖槽过程中起护壁作用，其质量好坏直接影响地下连续墙的质量与安全。成槽机挖槽的过程中边挖槽边向槽内输送泥浆，槽内泥浆液面必须高过地下水位线 1.0 m 以上并低于导墙面 0.2～0.5 m，泥浆的密度比水要大，它在槽内能压制地下水向槽内渗漏，以不使槽壁的土体坍塌，同时泥浆通过自身的质量也能稳定槽壁土体。泥浆还能形成泥皮，在槽段内的槽壁上形成一层泥皮也可防止地下水向槽内渗漏。

泥浆储备应根据地下连续墙的开槽土方量、挖槽时泥浆的损失量、地下连续墙的施工进度等综合因素，同时结合泥浆的制备速度综合考虑。泥浆制备严格按照试验配比进行，在使用之前一定要经过泥浆性能检测，合格后方可使用。新鲜泥浆制备完成后必须静置 24 h，待其充分水化后方可使用。

在挖槽过程中，泥浆由储备池不断输送至开挖的槽段内，保持泥浆液面符合要求。混凝土灌注过程中，在灌注的地下连续墙槽段上架设泥浆泵，边灌注边用泥浆泵将槽段内的泥浆抽送至泥浆储备池，同时可以将泥浆池内的泥浆输送至成槽机正在开挖的

下一个地下连续墙槽段内。混凝土灌注时，从槽段内回收的泥浆要经过泥浆分离器，以提高泥浆的循环使用率。

4）浇筑墙体混凝土。在钢筋笼下放完成后，应立即进行混凝土浇筑架的架设安装。混凝土灌注质量直接影响地下连续墙的质量，一般地下连续墙采用水下浇筑混凝土，所使用的混凝土坍落度为 18～22 cm。灌注混凝土之前，先下放导管，导管底距离地下连续墙底悬空 30～50 cm。导管安装时应注意接头的连接紧密，每个接头连接处都应该加有密封圈，混凝土灌注时在导管口放置一个充气球胆，以防止导管漏气漏水。

第七节 土方开挖

场地平整之后，利用设计提供的基点坐标经过放线定位之后，就可以进行土方开挖。

一、土方开挖的施工机械

土方工程的施工机械种类很多，有推土机、铲运机、挖掘机、平地机、松土机及各种碾压、夯实机械等。而在房屋建筑工程中，尤以推土机、铲运机和挖掘机应用最广，以下将就这几种机械的性能、适用范围及施工方法做重点介绍。

1. 推土机

推土机是一种在拖拉机前端悬装推土刀的铲土运输机械。推土机作业时，机械向前开行，放下推土刀切削土壤，碎土堆积在刀前，待逐渐积满以后，略提起推土刀，使刀刃贴着地面推移碎土，推到指定地点以后，提刀卸土，然后掉头或倒车返回铲掘地点。推土机牵引力大，生产率高，工作装置简单牢固，操纵灵便，能进行多种作业，应用甚为广泛。

推土机适用于推挖一至三类土，用于平整场地、移挖作填、回填土方、堆筑堤坝，以及配合挖土机集中土方、修路开道等。推土机的作业效率与运距有很大关系，表 1-12 列有推土机直铲作业时的经济运距。

表 1-12 推土机直铲作业时的经济运距

行走装置	机型	经济运距 /m	备注
履带式	大型 中型 小型	50～100（最远 150） 60～100（最远 120） <50	上坡用小值 下坡用大值
轮胎式	—	50～80（最远 150）	—

推土机按照推土刀的安装形式分为固定推土刀推土机（见图 1-30a）和回转推土刀推土机（见图 1-30b）两种。

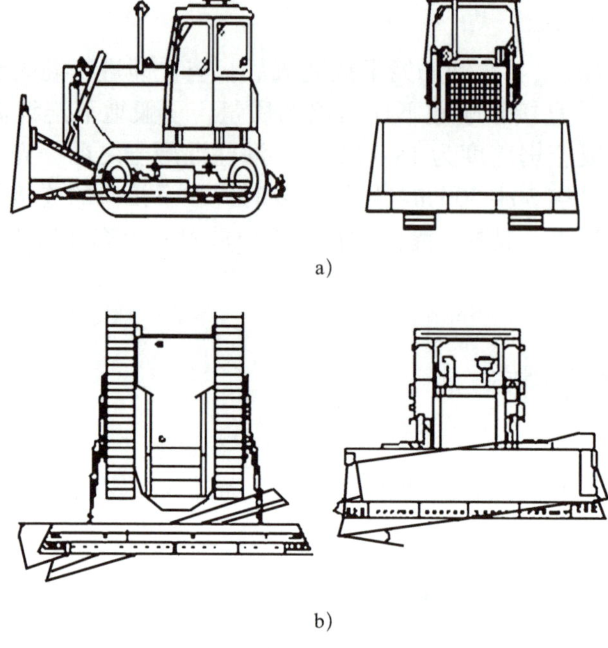

a)

b)

图 1-30　履带式推土机

a）固定推土刀推土机　b）回转推土刀推土机

按照行走装置的形式分类，推土机可分为履带式推土机和轮胎式推土机两种。推土机经济运距在 100 m 以内，效率最高的运距为 60 m。为提高生产效率，可采用下坡推土法（见图 1–31）、槽形推土法及并列推土法（见图 1–32）等。

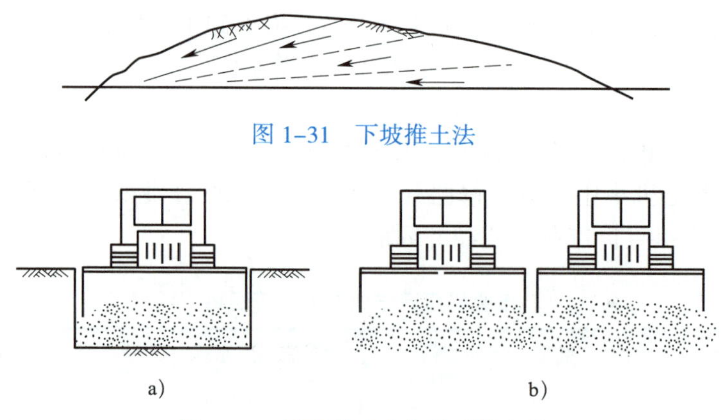

图 1–31　下坡推土法

a)　　b)

图 1–32　槽形推土法与并列推土法

a）槽形推土法　b）并列推土法

2. 铲运机

铲运机是一种利用铲斗铲削土壤，并将碎土装入铲斗进行运送的铲土运输机械。它能够完成铲土、装土、运土、卸土和分层填土、局部碾实的综合作业，适用于铁路、道路、水利、电力等工程平整场地工作。铲运机具有操纵简单、不受地形限制、能独

立工作、行驶速度快、生产效率高等优点，适用于一类至二类土，如铲削三类以上土时，需要预先松土。

铲运机由铲斗（工作装置）、行走装置、操纵机构和牵引机等组成。铲运机工作过程包括：放下铲斗，打开斗门，向前开行，斗前刀片切削土壤，碎土进入铲斗并装满（见图 1–33a），提起铲斗，关上斗门，进行运土（见图 1–33b）；到卸土地点后打开斗门，卸土，并调节斗的位置，利用刀片刮平土层（见图 1–33c）；卸土完毕，返回。

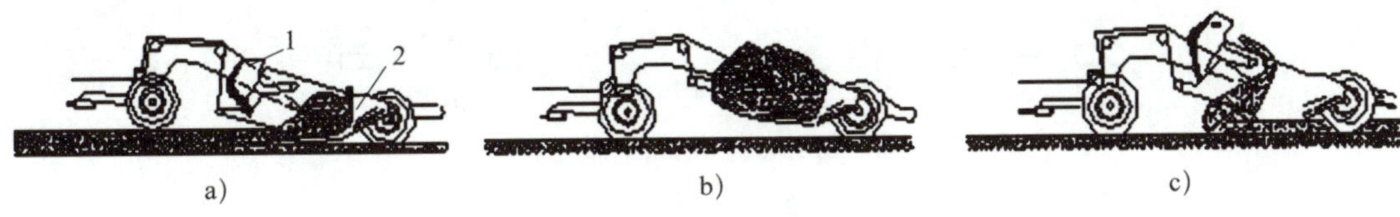

1—斗门；2—斗体。

图 1–33　铲运机的作业过程

a）铲土　b）运土　c）卸土

铲运机分为自行式和拖式两种。自行式铲运机（见图 1–34a）经济运距可达 1 500 m 以上，具有结构紧凑、机动性大、行驶速度高等优点，已得到广泛应用。拖式铲运机（见图 1–34b）需要有拖拉机牵引作业，适用于土质松软的丘陵地带，其经济运距一般为 50 ~ 500 m。

图 1–34　铲运机

a）自行式铲运机　b）拖式铲运机

铲运机运行路线和施工方法视工程大小、运距长短、土的性质和地形条件等而定。其运行线路可采用环形路线或“8”字形路线（见图 1–35）。采用下坡铲法、跨铲法、推土机助铲法等，可缩短装土时间，提高土斗装土量。

3. 挖掘机

基坑土方开挖一般均采用挖掘机施工。挖掘机按行走方式分为履带式和轮胎式两种，按传动方式分为机械传动和液压传动两种，按土斗作业装置分为正铲挖掘机、反铲挖掘机、抓铲挖掘机及拉铲挖掘机，使用较多的是前三种。挖掘机的斗容量有 0.2 m^3、0.4 m^3、1.0 m^3、1.5 m^3、2.5 m^3 等多种。挖掘机利用土斗直接挖土，因此也称单斗挖土机。

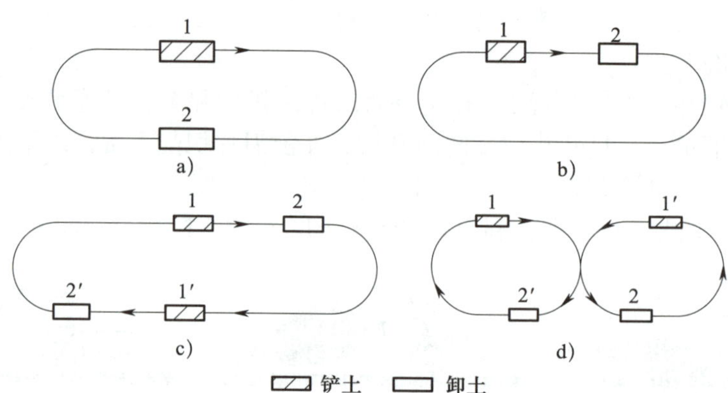

图 1-35　铲运机开行路线

a）环形路线 1　b）环形路线 2　c）大环形路线　d）“8”字形路线

（1）正铲挖掘机

正铲挖掘机的外形如图 1-36 所示。它适用于开挖停机面以上的土方，且需与汽车配合完成整个挖运工作。正铲挖掘机挖掘力大，适用于开挖含水量较小的一类土和经爆破的岩石及冻土，一般用于大型基坑工程，也可用于场地平整施工。

正铲挖掘机的开挖方式根据开挖路线与汽车相对位置的不同分为正向开挖、侧向装土和正向开挖、后方装土两种（见图 1-37），前者生产效率较高。

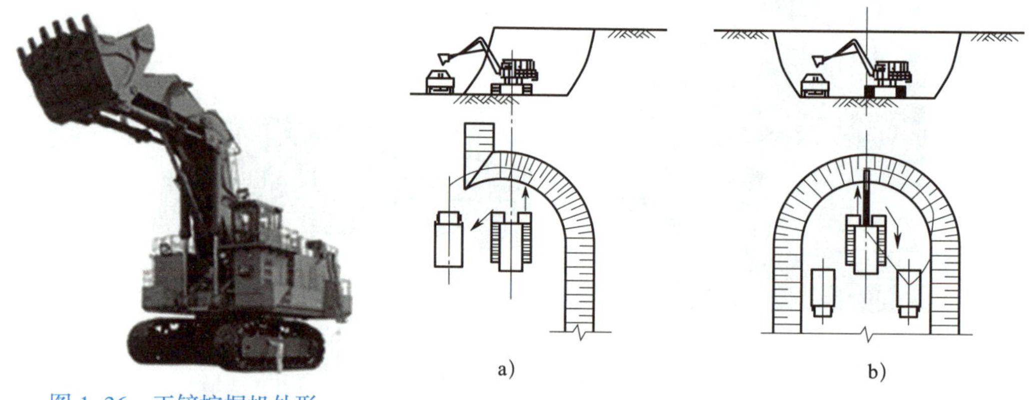

图 1-36　正铲挖掘机外形

图 1-37　正铲开挖方式

a）正向开挖、侧向装土　b）正向开挖、后方装土

（2）反铲挖掘机

反铲挖掘机的外形如图 1-38 所示。反铲挖掘机适用于开挖一类至三类的砂土或黏土，主要用于开挖停机面以下的土方。

反铲挖掘机可以采用沟端开挖法（见图 1-39a），即反铲停于沟端，后退挖土，向沟一侧弃土或装汽车运走，也可采用沟侧开挖法（见图 1-39b），即反铲停于沟侧，沿沟边开挖，可将土弃于距沟较远的地方，装车回转角度较小，但边坡不易控制。

（3）抓铲挖掘机

机械传动抓铲挖掘机的外形如图 1-40 所示，它适用于开挖较松软的土。

图 1–38　反铲挖掘机外形

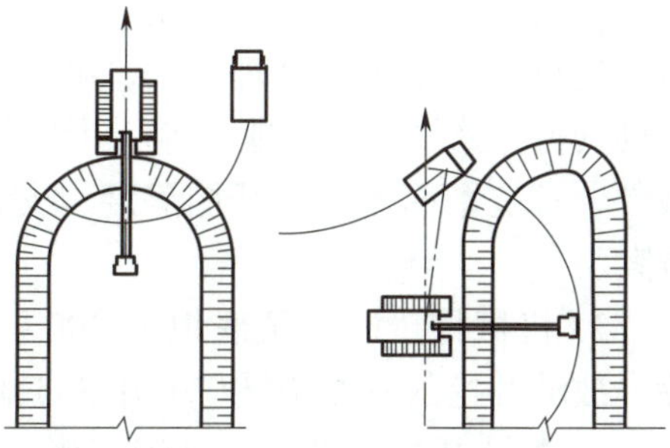

a)　b)

图 1–39　反铲开挖方式

a）沟端开挖法　b）沟侧开挖法

对施工面狭窄而深的基坑、深槽、深井，采用抓铲挖掘机可取得理想效果，也可用于场地平整中土堆与土丘的挖掘。抓铲挖掘机还可用于挖取水中淤泥、装卸碎石、矿渣等松散材料。抓铲挖掘机也有采用液压传动操纵抓斗作业的。

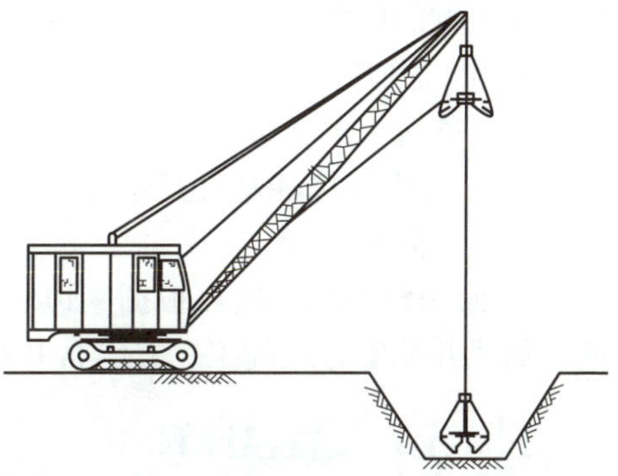

图 1–40　机械传动抓铲挖掘机外形

（4）拉铲挖掘机

拉铲挖掘机适用于一类至三类土的挖掘，可开挖停机面以下的土方，如较大基坑（槽）和沟渠，挖取水下泥土，也可用于大型场地平整、填筑路基、堤坝等。拉铲挖掘机的外形及工作状况如图 1–41 所示。

图 1–41　拉铲挖掘机外形及工作状况

二、土方开挖的基本原则

《建筑地基基础工程施工质量验收标准》（GB 50202—2018）规定土方开挖的顺序、方法必须与设计工况和施工方案相一致，并遵循“开槽支撑，先撑后挖，分层开挖，严禁超挖”的原则。具体要求如下：

1. 土方工程施工前应综合考虑土方量、土方运距、土方施工顺序、地质条件等因素，进行土方平衡，合理调配，减少重复挖运。合理确定土方机械的作业线路、运输车辆的行走路线、弃土地点等。并结合工程地质与水文地质条件、环境保护要求、场地条件、基坑平面尺寸、开挖深度、支护形式等情况确定开挖的方法和顺序，编制施工方案。

2. 机械挖土时，坑底以上 200 ~ 300 mm 范围内的土方应采用人工修底的方式挖除。放坡开挖的基坑边坡应采用人工修坡的方式。

3. 基坑开挖应进行全过程监测，采用信息化施工和动态控制方法，根据基坑支护体系和周边环境的监测数据，适时调整基坑开挖的施工顺序和施工方法。

4. 土方工程冬期施工时，应采取防冻、防滑的技术措施。

5. 土方工程施工前，应采取有效的地下水控制措施。基坑内地下水位应降至拟开挖下层土方的底面以下不小于 0.5 m。

6. 基坑开挖的分层厚度应控制在 3 m 以内，并应配合支护结构的设置和施工的要求，邻近基坑边的局部深坑宜在大面积垫层完成后开挖。

7. 设有内支撑的基坑开挖应遵循“先撑后挖、限时支撑”的原则，减少基坑无支撑暴露的时间和空间。

8. 面积较大的基坑可根据周边环境保护要求、支撑布置形式等因素，采用盆式开挖、岛式开挖等方式施工，并结合开挖方式及时形成支撑或基础底板。

三、土方工程量计算

1. 基坑土方量计算

基坑土方量可近似地按拟柱体体积公式计算，如图 1-42 所示。

$$V=\frac{H}{6}(A_1+4A_0+A_2)$$

式中：H——基坑深度，m；

A_1——基坑上底面面积，m²；

A_2——基坑下底面面积，m²；

A_0——基坑中截面面积，m²。

2. 基槽土方量计算

基槽土方量可沿长度方向分段计算，如图 1-43 所示。

$$V_1=\frac{L_1}{6}(A_1+4A_0+A_2)$$

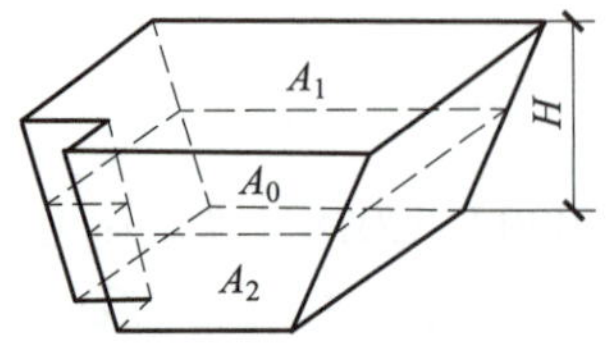

图 1-42　基坑土方量计算

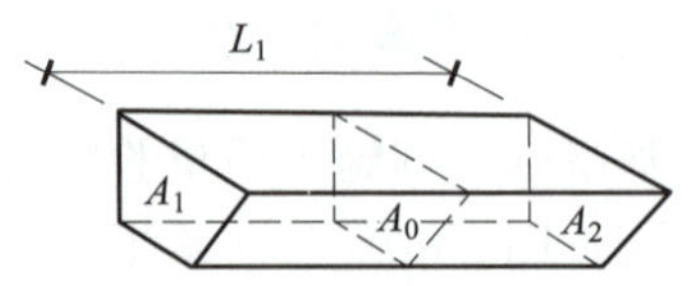

图 1-43　基槽土方量计算

式中：V_1——第一段土方量，m^3；

L_1——第一段的长度，m。

总土方量为各段土方量之和，即：

$$V=V_1+V_2+\cdots+V_n$$

式中：V_1、V_2、…、V_n——各分段的土方量，m^3。

若该段内基槽横截面形状、尺寸不变，其土方量即为该段横截面的面积乘以该段基槽的长度，即 $V=A\times L$。

【例】某基坑底面边长为 10 m×10 m，挖深 4 m，按 1∶0.5 放坡，最初可松性系数为 1.20，挖出的土用装载量为 4 m^3 的汽车运走，求需要运输的车次。

解：放坡宽度 $B=mh=0.5\times4=2$（m）

则上口边长为：$10+2\times2=14$（m）

根据公式：$V=\dfrac{H}{6}(A_1+4A_0+A_2)$

$H=4$ m，$A_1=14\times14=196$（m^2），$A_2=10\times10=100$（m^2），$A_0=12\times12=144$（m^2）

代入上述公式得：$V=581$（m^3）

需要运输的车次为：$581\times1.20\div4\approx174$（次）

第八节　土方填筑与压实

当基坑的土方开挖至基础施工完成，应及时组织回填，不要晾槽时间过久，避免边坡塌方或基底遭到破坏。填筑时注意土方的压实，保证土体的密实度。在土方填筑前，应清除基底上的垃圾、树根等杂物，抽除坑穴中的水和淤泥。

一、回填土土料的选择

选择回填土土料应符合设计要求。如设计无要求时，应符合下列规定：

1. 碎石类土、砂土（使用细、粉砂时应取得设计单位同意）和爆破石渣，可用作表层以下的填料；含水量符合压实要求的黏性土，可用作各层填料；碎块草皮和有机质含量（质量分数）大于 8% 的土，仅用于无压实要求的填方工程；淤泥和淤泥质土一般不能用作填料，但在软土或沼泽地区，经过处理其含水量符合压实要求后，可用于填方中的次要部位；含盐量符合规定的盐渍土，一般可以使用，但填料中不得含有盐晶、盐块或含盐植物的根茎。

2. 碎石类土或爆破石渣用作填料时，其最大粒径不得超过每层铺填厚度的 2/3（当使用振动辗时，不得超过每层铺填厚度的 3/4）。铺填时，大块料不应集中，且不得填在分段接头处或填方与山坡连接处。填方内有打桩或其他特殊工程时，块（漂）石填料的最大粒径不应超过设计要求。

二、土方填筑施工要求

填方前，应根据工程特点、填料种类、设计压实系数、施工条件等合理选择压实机具，并确定填料含水量控制范围、铺土厚度和压实遍数等参数。对于重要的填方工程或采用新型压实机具时，上述参数应通过填土压实试验确定。

填土时应先清除基底的树根、积水、淤泥和有机杂物，并分层回填、压实。填土应尽量采用同类土填筑。如采用不同类填料分层填筑，上层宜填筑透水性较小的填料，下层宜填筑透水性较大的填料。填方基土表面应做成适当的排水坡度，边坡不得用透水性较小的填料封闭。填方施工应接近水平的分层填筑。当填方位于倾斜的地面时，应先将斜坡挖成阶梯状，然后分层填筑，以防填土横向移动。填方工程应分层铺土压实，分层厚度根据压实机具而定，见表 1–13。

表 1–13 填土分层厚度要求

压实机具	每层铺土厚度 /mm	每层压实遍数
平碾压路机	250 ~ 300	6 ~ 8
羊足碾压路机	200 ~ 350	8 ~ 16
振动碾压路机	250 ~ 350	3 ~ 4
柴油打夯机	200 ~ 250	3 ~ 4
人工打夯	<200	3 ~ 4

注：1. 斜坡上的土方回填应将斜坡改成阶梯形，以防填方滑动；
2. 填方区如有积水、杂物和软弱土层等，必须进行换土回填，换土回填也分层进行；
3. 回填基坑和管沟时，应从四周或两侧分层、均匀、对称进行，以防基础和管道在土压力下产生偏移和变形。

分段填筑时，每层接缝处应做成斜坡形，辗迹重叠 0.5 ~ 1.0 m，上、下层错缝距离应不小于 1 m。

三、土方压实施工方法

土方压实的施工方法有碾压法、夯实法和振动压实法三种，此外还可利用运土工具压实。

1. 碾压法

碾压法常用的工具有平碾压路机和羊足碾压路机。

（1）平碾压路机

平碾压路机如图 1–44 所示，适用于碾压黏性和非黏性土。平碾的运行速度决定其生产效率，在压实填方时，碾压速度不宜过快，一般碾压速度不超过 2 km/h。

（2）羊足碾压路机

羊足碾压路机如图 1–45 所示，适用于压实中等深度的粉质黏土、粉土、黄土等，一般用拖拉机牵引作业。

图 1–44　平碾压路机

图 1–45　羊足碾压路机

2. 夯实法

夯实法是利用夯锤自由下落的冲击力来夯实土壤，主要用于小面积的回填土。

夯实机具类型较多，有木夯、石夯、蛙式打夯机（见图 1–46），以及利用挖土机或起重机装上夯板后的夯土机等。其中蛙式打夯机轻巧灵活、构造简单，在小型土方工程中应用最广。

四、土方压实质量要求

土方压实后要达到一定的密实度要求。土方的密实度要求和质量指标通常以压实系数 λ_c 表示。压实系数是土的施工控制干密度 ρ_d 和土的最大干密度 ρ_{dmax} 的比值。压实系数一般根据工程结构性质、使用要求及土的性质确定。

土方压实后的实际干密度应有 90% 以上符合设计要求，其余 10% 的最低值与设计值的差不得大于 0.08 g/cm^3，且差值应较为分散。

图 1–46　蛙式打夯机

若土的实际干密度 $\rho_0 \geqslant \rho_d$（ρ_d 为施工控制干密度），则压实合格；若 $\rho_0<\rho_d$，则压实不够，应采取相应措施来提高压实质量。

思考练习题

1. 土由哪几部分组成？土中三相比例变化对土的性质有什么影响？

2. 地基处理的目的是什么？

3. 某建筑场地方格网如图 1–47 所示，方格边长为 20 m × 20 m，请计算各方格角点施工高度。

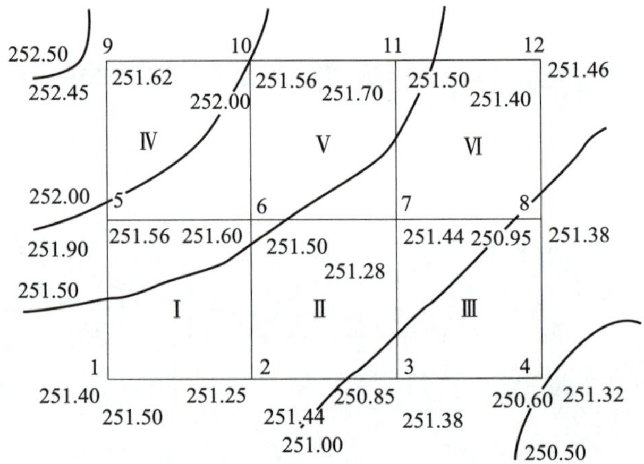

图 1–47　某建筑场地方格网

4. 轻型井点降水的设备组成有哪些？

5. 什么是流砂？流砂产生的原因有哪些？如何防治？

6. 某工程开挖体积为 2 000 m^3 的基坑，同时需要填筑一个 800 m^3 的洼地，余土用斗容量 4 m^3 的卡车外运，请计算运土需多少车次（K_s=1.22，K'_s=1.07）。

7. 影响土方压实的主要因素有哪些？

第二章 基础施工

在建筑物的设计和施工中，地基和基础占有很重要的地位，它们对建筑物的安全使用和工程造价有着很大的影响，因此，正确选择地基基础的类型十分重要。在选择地基基础类型时，主要考虑两个方面的因素：一是建筑物的性质（包括用途、重要性、结构形式、荷载性质和荷载大小等），二是地基的工程地质和水文地质情况（包括岩土层的分布、岩土的性质和地下水等）。

第一节 浅基础施工

如果地基内是良好的土层或者上部有较厚的良好土层，一般将基础直接做在天然土层上，这种地基叫作天然地基。置于天然地基上、埋置深度小于 5 m 的一般基础（柱基或墙基），以及埋置深度虽超过 5 m，但其深度小于基础宽度的大尺寸的基础（如箱形、筏形基础），在计算承载力时基础的侧面摩擦阻力不必考虑，统称为天然地基上的浅基础。

一、常见基础的分类

1. 按基础材料分类

按基础材料分类，常见基础可分为砖基础、毛石基础、灰土基础（石灰与黏性土的体积比为 3∶7~2∶8）、三合土基础（石灰、砂、骨料的体积比为 1∶2∶4 或 1∶3∶6）、混凝土和毛石混凝土基础、钢筋混凝土基础、木基础等。

2. 按基础的构造和形式分类

（1）独立基础

独立基础有柱下独立基础和墙下独立基础两种。独立基础是柱基础的主要形式，根据其构造形式又可分为：

1）壳体基础：按壳的形状可分为正圆锥壳、内倒球壳、内倒锥壳，以及 M 形组合壳、内球外锥组合壳等。

2）墩式基础：埋深一般不大于 3 m，采用人工挖孔，然后原孔浇筑毛石混凝土。墩式基础为单独（独立）无筋扩展基础的一种形式。

3）杯口基础：为便于立柱子，在基础上面留有洞口。该类基础称为杯口基础，多用于装配式钢筋混凝土柱基础。

（2）条形基础

条形基础的长度远大于宽度，基础窄而长。条形基础一般是指墙下条形基础，适用于荷载分布较均匀、地基土层承载力较大的均质地基。

（3）联合基础

联合基础按其形式不同可分为：

1）柱下条形基础：同排上若干柱子的基础联合在一起所构成的基础。当上部结构荷载较大，地基承载力或地基土不均匀，采用单独柱基不能满足承载力或地基变形要求，加大加深基础受限时，可采用柱下条形基础。

2）柱下十字交叉基础：将柱子的基础沿纵、横柱列线方向均连接起来所构成的格状（网状）基础。当上部结构荷载较大，地基承载力或地基土不均匀，采用柱下条形基础不能满足承载力或地基变形要求时，可采用柱下十字交叉基础。

3）筏形基础：柱下或墙下的平板式或梁板式钢筋混凝土基础。筏形基础在构造上犹如倒置的钢筋混凝土楼盖，可分为梁板式和平板式两种类型。如果地基特别软，荷载又很大，十字交叉条形基础的底面积还不能满足要求，可采用筏形基础。

4）箱形基础：由底板、顶板、侧墙及一定数量内隔墙构成的整体刚度较好的单层或多层钢筋混凝土基础，适用于软弱不均匀地基上面积小、平面形状简单、荷载大的重型建筑物及对不均匀沉降要求严格的建筑物或建筑设备。

二、独立基础施工构造要求与施工要点

独立基础一般设在柱下，常用的断面形式有杯形、阶梯形、锥形等，如图 2-1 所示，材料通常采用钢筋混凝土、素混凝土等。当柱为现浇时，独立基础与柱子是整浇在一起的；当柱为预制时，通常将基础做成杯口形，然后将柱子插入，并用细石混凝土嵌固，此时称为杯形基础。

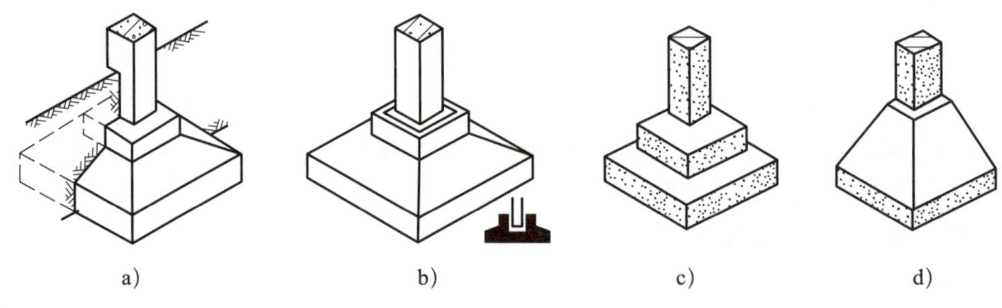

图 2-1　独立基础

a）现浇基础　b）杯形基础　c）阶梯形基础　d）锥形基础

1. 构造要求

（1）轴心受压基础一般采用正方形。偏心受压基础应采用矩形，长边与弯矩作用方向平行，长、短边边长之比一般为 1.5～2.0，最大不应超过 3.0。

（2）锥形基础的边缘高度不宜小于 200 mm，也不宜大于 500 mm。阶梯形基础的每阶高度宜为 300～500 mm，当基础高度为 500～900 mm 时用两阶，当基础高度大于 900 mm 时用三阶，基础长、短边相差过大时，短边方向可减少一阶。柱基础下通

常要做混凝土垫层，垫层的混凝土强度等级应为 C20，厚度不宜小于 70 mm，一般为 70 ~ 100 mm，每边伸出基础 50 ~ 100 mm。

（3）底板钢筋一般采用 HRB400 级钢筋；钢筋保护层厚度，有垫层时不小于 35 mm，无垫层时不小于 70 mm；混凝土强度等级不应低于 C25，当位于潮湿环境时不应低于 C25。底板配筋宜沿长边和短边方向均匀布置，且长边钢筋放置在下排。钢筋直径不宜小于 10 mm，间距不宜大于 200 mm，也不宜小于 100 mm。

（4）钢筋混凝土独立柱基础插筋的型号、直径、数量及间距应与上部柱内的纵向钢筋相同；插筋的锚固及与柱纵向受力钢筋的搭接长度应符合《混凝土结构设计规范》（GB 50010—2010）（2015 年版）和《建筑抗震设计规范》（GB 50011—2010）（2016 年版）的要求；箍筋直径与上部柱内的箍筋直径相同，在基础内不应少于两个箍筋；在柱内纵筋与基础纵筋搭接范围内，箍筋的间距应加密且不大于 100 mm；基础的插筋应伸至基础底面，用光圆钢筋（末端有弯钩）时放在钢筋网上。

2. 施工要点

（1）独立基础钢筋绑扎时，施工前弹出钢筋位置线，以确保钢筋绑扎后位置的正确性。钢筋绑扎时确保相交点每点都绑扎。底排筋用混凝土垫块或塑料卡垫起，以确保保护层厚度。

（2）钢筋绑扎及相关专业施工完成后立即进行模板安装，模板采用小钢模或木模，利用架子管或方木加固。当锥形基础坡度小于 30° 时，采用斜模板支护，利用螺栓与底板钢筋拉紧，防止上浮，模板上部设透气及振捣孔；当锥形基础坡度等于 30° 时，利用钢丝网防止混凝土下坠，上口设井字木控制钢筋位置。不得用重物冲击模板，不准在吊帮的模板上搭设脚手架，保证模板的牢固和严密。

（3）混凝土施工。

1）混凝土浇筑应分层连续进行，间歇时间不超过混凝土初凝时间，一般不超过 2 h。为保证钢筋位置正确，先浇 1 层 5 ~ 10 cm 厚混凝土固定钢筋。阶梯形基础每一阶梯高度整体浇筑，每浇完一阶梯停顿 0.5 h 待其下沉，再浇上一层。分层下料，每层厚度为振捣棒的有效振动长度。防止由于下料过厚、振捣不实或漏振、侧模的根部砂浆涌出等原因造成蜂窝、麻面或孔洞。

2）混凝土振捣采用插入式振捣器，插入的间距不大于振捣器作用部分长度的 1.25 倍。上层振捣棒插入下层 3 ~ 5 cm。尽量避免碰撞预埋件、预埋螺栓，防止预埋件移位。

3）混凝土浇筑后，表面比较大的混凝土使用平板振捣器振一次，然后用刮杠刮平，再用木抹子搓平。收面前必须校核混凝土表面标高，不符合要求处立即整改。

4）已浇筑完的混凝土应在 12 h 左右覆盖和浇水。一般常温养护不得少于 7 d，特种混凝土养护不得少于 14 d。养护设专人检查落实，防止由于养护不及时造成混凝土表面裂缝。

（4）模板拆除。侧面模板在混凝土强度能保证其棱角不因模板拆除而损坏时方可拆模，拆模前设专人检查混凝土强度，拆除时采用撬棍从一侧顺序拆除，不得采用大锤砸或撬棍乱撬，以免造成混凝土棱角破坏。

三、条形基础施工要点

条形基础一般是指墙下条形基础，因其窄而长，一般用作墙基。刚性条形基础适用于荷载分布较均匀、地基土层承载力较大的均质地基。柔性条形基础能抵抗一定的不均匀沉降及不受刚性角的限制，可适用于上部结构荷载稍大、地基承载力稍低的地基。

1. 刚性条形基础

砖基础多用于低层建筑的墙下基础。其优点是可就地取材，砌筑方便，但强度低且抗冻性差，因此在寒冷而潮湿的地区不宜采用。为保证耐久性，砖的强度等级不低于 MU10，砌筑砂浆不低于 M5。砖基础剖面一般砌成阶梯形，通常称其为大放脚。大放脚从垫层上开始砌筑，为保证大放脚的刚度，宜采用两皮一收方式或两皮一收与一皮一收相间砌筑（即二一间隔收砌筑法）的方式，每砌一阶，基础两边各收 1/4 砖长，一皮即一层砖，标准尺寸为 62.5 mm。砖基础如图 2–2 所示。

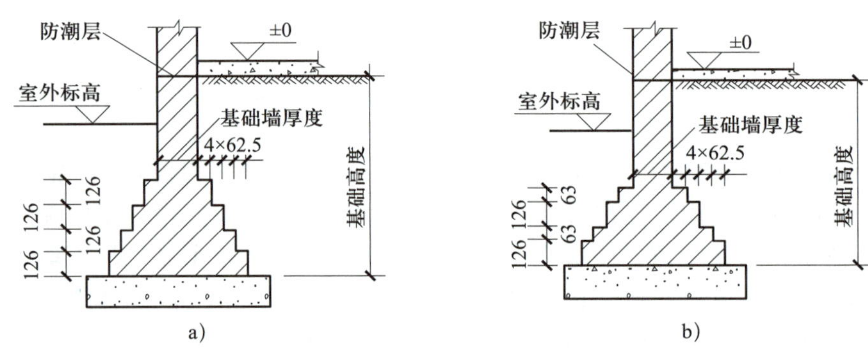

图 2–2　砖基础

a）两皮一收　b）二一间隔收

2. 柔性条形基础

（1）墙下条形基础施工

墙下条形基础如图 2–3 所示，其施工要点如下。

1）在混凝土浇筑前应先进行基底清理和验槽，轴线、基坑尺寸和土质应符合设计规定。

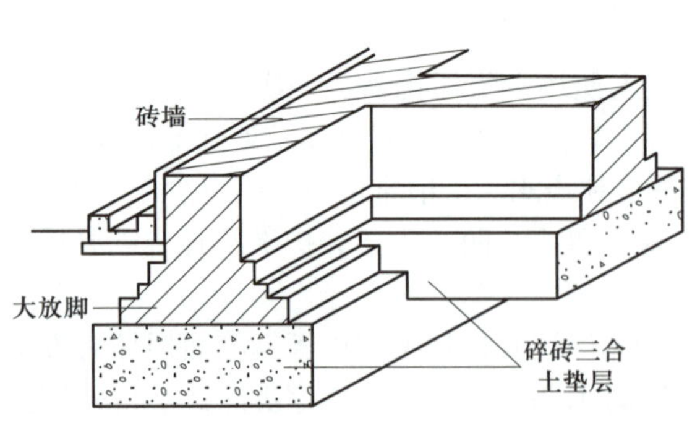

图 2–3　墙下条形基础

2）在基坑验槽后应立即浇筑垫层混凝土，宜用表面振捣器进行振捣，要求表面平整。当垫层达到一定强度后，方可支模、铺设钢筋网片。

3）在基础混凝土浇筑前，应清理模板，进行模板预检和钢筋的隐蔽工程验收。对于锥形基础，应注意锥体斜面坡度的正确，斜面部分的模板应随混凝土浇筑分段支设并顶压紧，以防模板上浮变形，边角处的混凝土必须注意捣实。严禁斜面部分不支模，用铁锹拍实。

4）基础混凝土宜分层连续浇筑完成。

5）基础上有插筋时，要将插筋加以固定，以保证其位置正确。

6）基础混凝土浇筑完应用草帘等覆盖并浇水加以养护。

（2）柱下条形基础施工

柱下条形基础如图 2–4 所示，其施工要点如下。

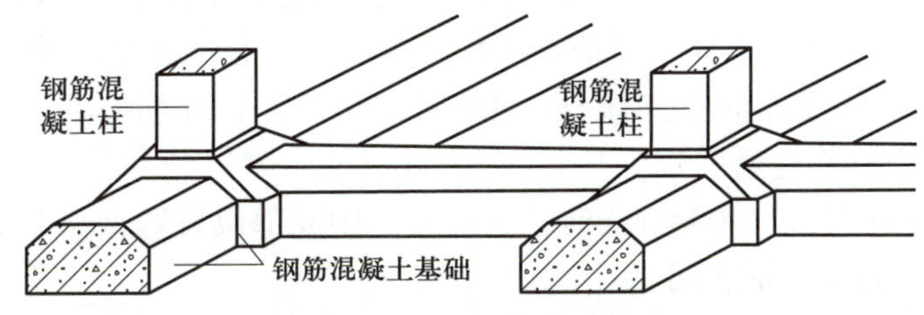

图 2–4　柱下条形基础

1）柱下条形基础梁的高度宜为柱距的 1/4 ~ 1/8。翼板厚度不应小于 200 mm。当翼板厚度大于 250 mm 时，宜采用变厚度翼板，其坡度宜小于或等于 1 : 3。

2）条形基础的端部宜向外伸出，其长度宜为第一跨跨距的 0.25 倍。

3）现浇柱与条形基础梁的交接处，其平面尺寸不应小于图 2–5 的规定。

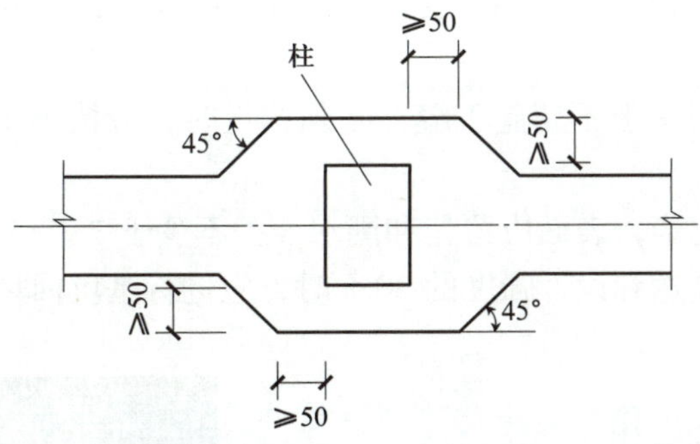

图 2–5　现浇柱与条形基础梁交接处平面尺寸

4）条形基础梁顶部和底部的纵向受力钢筋除需满足计算要求外，顶部钢筋按计算配筋全部贯通，底部通长钢筋不应少于底部受力钢筋截面总面积的 1/3。

5）柱下条形基础的混凝土强度等级不应低于 C25。

6）条形基础底板受力钢筋的最小直径不宜小于 10 mm，间距不宜大于 200 mm，也不宜小于 100 mm。墙下钢筋混凝土条形基础纵向分布钢筋的直径不小于 8 mm，间距不大于 300 mm。当有垫层时，钢筋保护层的厚度不小于 40 mm，无垫层时不小于 70 mm。

四、筏形基础构造要求与施工要点

1. 构造要求

（1）筏形基础的混凝土强度等级不应低于 C30。

（2）对于 12 层以上建筑的梁板式筏形基础，其底板厚度与最大双向板格的短边净跨之比不应小于 1/14，且板厚不应小于 400 mm；其他梁板式筏形基础的板厚不应小于 300 mm，且板厚与最大双向板格的短边净跨之比不应小于 1/14。

（3）梁板式筏形基础的底板和基础梁内的配筋除需满足计算要求外，纵横方向底部钢筋尚应有 1/3 ~ 1/2 贯通全跨，其配筋率不应小于 0.15%，顶部钢筋按计算全部贯通。平板式筏基柱下板带中，柱宽及其两侧各 0.5 倍板厚且不大于 1/4 板跨的有效范围内，其钢筋配置量不应小于柱下板带钢筋数量的一半，且能承受部分不平衡弯矩，柱下板带和跨中板带的底部钢筋应有 1/3 ~ 1/2 贯通全跨，且配筋率不应小于 0.15%，顶部钢筋按计算配筋全部连通。

（4）当筏板厚度大于 2 000 mm 时，宜在板厚中间部位设置直径不小于 12 mm、间距不大于 300 mm 的双向钢筋网。

2. 施工要点

筏形基础如图 2-6 所示，其施工要点如下。

（1）施工前，如地下水位较高，可采用人工降低地下水位至基坑底不少于 500 mm，以保证在无水情况下进行基坑开挖和基础施工。

（2）施工时，可采用先在垫层上绑扎底板、梁的钢筋和柱子锚固插筋，浇筑底板混凝土，待达到设计强度的 25% 后，再在底板上支梁模板，继续浇筑完梁部分混凝土；也可采用底板和梁模板一次同时支好，混凝土一次连续浇筑完成，梁侧模板采用支架支承并固定牢固。

（3）混凝土浇筑时一般不留施工缝，必须留设时，应按施工缝要求处理，并应设置止水带。

（4）混凝土浇筑完毕，表面应覆盖和洒水养护不少于 7 d。

（5）当混凝土强度达到设计强度的 30% 时，应进行基坑回填。

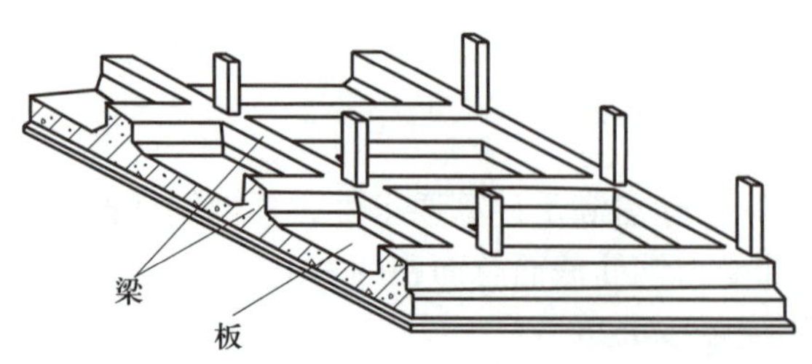

图 2-6　筏形基础

五、箱形基础构造要求与施工要点

1. 构造要求

（1）箱形基础混凝土强度等级不应低于 C25。

（2）箱形基础的内、外墙应沿上部结构柱网和剪力墙纵横均匀布置，墙体的水平截面总面积不宜小于箱形基础外墙外包尺寸水平投影面积的 1/10。对基础平面长宽比大于 4 的箱形基础，其纵墙水平截面面积不得小于外墙外包尺寸水平投影面积的 1/18。

（3）箱形基础的高度应满足结构承载力和刚度的要求，其值不宜小于箱形基础长度的 1/20，并不宜小于 3 m，箱形基础的长度不包括底板悬挑部分。

（4）箱形基础的底板厚度、墙体厚度应根据实际受力情况、整体刚度及防水要求确定，底板厚度不应小于 300 mm。

（5）外墙厚度不应小于 250 mm，内墙厚度不应小于 200 mm。墙体内应设置双面钢筋，竖向和水平钢筋的直径不应小于 12 mm，间距不应大于 300 mm。除上部为剪力墙外，内、外墙的墙顶处宜配置两根直径不小于 20 mm 的通长构造钢筋。

（6）顶、底板的钢筋配置除满足局部弯曲的计算要求外，纵横方向的支座钢筋应有 1/3 ~ 1/2 贯通全跨，且贯通钢筋的配筋率分别不应小于 0.15%、0.10%，跨中钢筋应按实际配筋全部贯通。

2. 施工要点

箱形基础如图 2–7 所示，其施工要点如下。

（1）基坑开挖前，如地下水位较高，应采取措施降低地下水位至基坑底以下 500 mm 处。当采用机械开挖时，在基坑底面标高以上保留 200 ~ 400 mm 厚的土层，采用人工清槽。基坑验槽后，应立即进行基础施工。

（2）施工时，基础底板、内外墙和顶板的支模、钢筋绑扎和混凝土浇筑可分块进行，其施工缝的留设位置和处理应符合钢筋混凝土工程施工及验收规范有关要求，外墙接缝应设止水带。

（3）基础的底板、内外墙和顶板宜连续浇筑完毕。如设置后浇带（按设计要求或按施工组织设计要求不能一次浇筑混凝土的位置可设置后浇带），应在顶板浇筑完成至少 2 周后再施工，使用比设计强度提高一级的细石混凝土。

（4）基础施工完毕，应立即回填土。

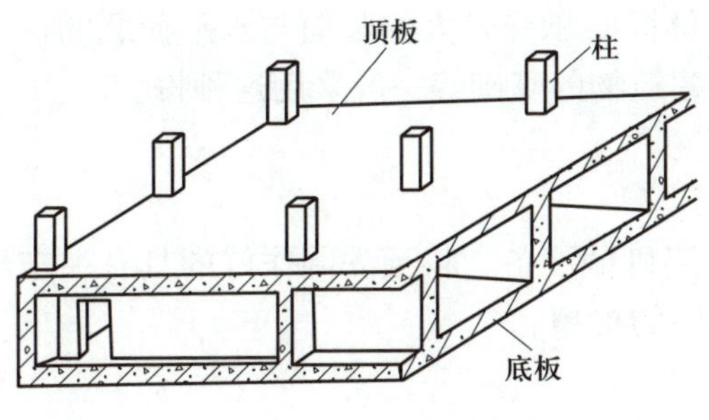

图 2–7　箱形基础

第二节 桩基础施工

桩基础是一种传统的基础形式，由沉入土中的桩和连接桩顶的承台组成。桩将承台荷载全部或部分传给地基土或岩层。桩可以大幅度提高地基承载力，减少沉降，还可以承担水平荷载和向上拉拔荷载，同时具有较好的抗震性能，应用广泛。

一、桩的分类与性能

1. 按承载性状分类

（1）摩擦型桩

摩擦型桩又可分为摩擦桩和端承摩擦桩两种。在承载能力极限状态下，摩擦桩桩顶竖向荷载基本由桩侧阻力承受，端阻力小到可以忽略不计。在承载能力极限状态下，端承摩擦桩桩顶竖向荷载主要由桩侧阻力承受。

（2）端承型桩

端承型桩又可分为端承桩和摩擦端承桩两种。在承载能力极限状态下，端承桩桩顶竖向荷载基本由桩端阻力承受，桩侧阻力小到可以忽略不计。在承载能力极限状态下，摩擦端承桩桩顶荷载主要由桩端阻力承受。

2. 按使用功能分类

（1）竖向抗压桩

竖向抗压桩主要承受从上部结构传下来的竖向荷载，该荷载由桩侧阻力和桩端阻力共同承担。它可以大幅度提高地基承载力和减少地基沉降，是使用非常广泛的一种桩。

（2）竖向抗拔桩

竖向抗拔桩是指建筑工程地下结构如果有低于周边土壤水位的部分，为了抵消土壤中水对结构产生的上浮力而打的桩，如锚桩、抗浮桩等。其主要作用机理是依靠桩身与土层的摩擦力来抵抗上浮力。

（3）水平受荷桩

水平受荷桩是指主要承受水平荷载的桩，如港口的板桩、基坑和边坡支挡结构中的排桩，桩身的稳定主要依靠桩周土的摩擦力。

（4）复合受荷桩

复合受荷桩是指能够同时承受较大的竖向与水平荷载的桩，如码头、桥梁、挡土墙及在强震区中的高层建筑物的基础等一般采用这种桩。

3. 按施工方法分类

（1）预制桩

预制桩是指借助专用机械设备，将预先制作好的具有一定形状、刚度与构造的桩杆打入、压入或振入土中的桩型。

（2）灌注桩

灌注桩是指在工程现场通过机械钻孔、钢管挤土或人力挖掘等手段在地基土中形

成的桩孔内放置钢筋笼、灌注混凝土而做成的桩。其优点是省去了预制桩的制作、运输、吊装和打入等工序，同时更能适应基岩起伏变化剧烈的地质条件。

二、预制桩施工方法与施工工艺

钢筋混凝土预制桩为使用较多的一种桩型，常用混凝土方形桩和预应力混凝土管型桩两种。方形桩边长通常为 250 ~ 500 mm，长 7 ~ 25 m，在桩的尖端设置桩靴。当长桩受运输条件与桩架高度限制时，可将桩分成数节，每节长根据桩架有效高度、制作场地和运输设备条件等考虑。

1. 桩的预制

较短的桩一般在预制厂制作，较长的桩一般在施工现场预制。

预制桩现场制作一般采用间隔重叠法生产，桩与桩间采用塑料薄膜或隔离剂（可涂皂脚、废机油或黏土石灰膏）隔开，以保证起吊时不互相黏结。叠浇层数应由地面允许荷载和施工要求而定，一般不超过四层，上层桩必须在下层桩的混凝土达到设计强度等级的 30% 以后方可进行浇筑（见图 2-8）。

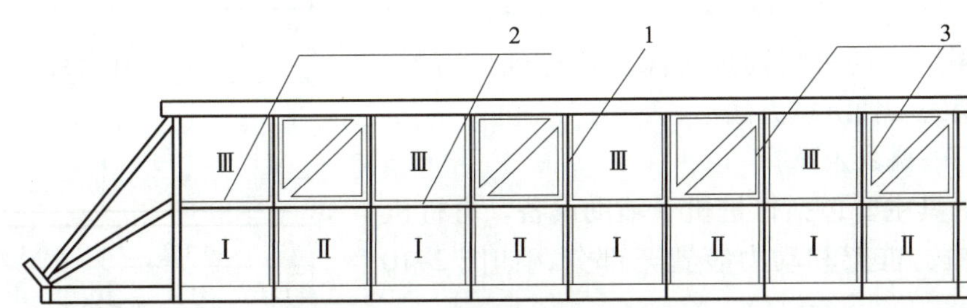

1—侧模板；2—隔离剂或隔离层；3—卡具；
Ⅰ—第一批浇筑桩；Ⅱ—第二批浇筑桩；Ⅲ—第三批浇筑桩。

图 2-8　间隔重叠法施工

桩的主筋上端以伸至最上一层钢筋网之下为宜，并应连成“┏━┓”形，这样能更好地接受和传递桩锤的冲击力。主筋必须位置正确，桩身混凝土保护层要均匀，不可过厚，否则打桩时容易剥落，桩身保护层厚不宜小于 30 mm。

钢筋混凝土预制桩的钢筋骨架的主筋连接宜采用对焊。主筋接头配置在同一截面内的数量，当采用闪光对焊和电弧焊时，不得超过 50%；同一根钢筋两个接头的距离应大于 30d（d 为主筋直径），且不小于 500 mm。预制桩的混凝土浇筑工作应由桩顶向桩尖连续浇筑，严禁中断。制作完成后，应洒水养护不少于 7 d。

制作完成的预制桩应在每根桩上标明编号及制作日期，如设计不埋设吊环，则应标明绑扎点位置。预制桩的几何尺寸允许偏差为：横截面边长 ±5 mm，桩顶对角线之差 10 mm，混凝土保护厚度 ±5 mm，桩身弯曲矢高不大于 0.1% 桩长，桩尖中心线 10 mm，桩顶面平整度小于 2 mm。预制桩制作质量还应符合下列规定：

（1）桩的表面应平整、密实，掉角深度不应超过 10 mm，且局部蜂窝和掉角的缺损总面积不得超过该桩表面全部面积的 0.5%，且不得过分集中。

（2）由于混凝土收缩产生的裂缝，其深度不得大于 20 mm，宽度不得大于 0.25 mm；

横向裂缝长度不得超过边长或管径的一半；不得有贯穿裂缝。

（3）桩顶和桩尖处不得有蜂窝、麻面、裂缝和掉角。

2. 桩的起吊、运输和堆放

钢筋混凝土预制桩应在混凝土达到设计强度等级的 70% 后方可起吊，达到设计强度等级的 100% 时才能运输和打桩。

桩在起吊和搬运时必须平稳，并且不得损坏。吊点应符合设计要求，一般吊点的设置如图 2-9 所示。

桩的运输可用平板拖车，桩下宜设活动支座。桩经过运输后还须对其外形进行检查。

桩的堆放应遵守下列规定：堆放场地应平整、坚实，不得产生不均匀沉降。每皮桩应有垫木垫起，垫木位置应与吊点在同一垂直线上。堆放层数不宜超过四层。不同规格桩应分别堆放。

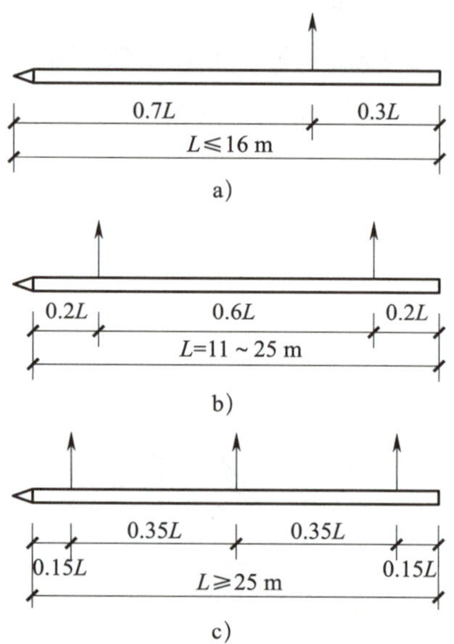

图 2-9　桩的合理吊点

a）一点起吊　b）两点起吊　c）三点起吊

3. 锤击沉桩施工

锤击沉桩施工就是利用桩锤的冲击机械能克服土对桩的阻力，使桩沉到预定深度或达到持力层。这是最常用的一种沉桩方法。

（1）打桩机具及选择

打桩机具主要包括打桩机及辅助设备。打桩机主要有桩锤、桩架和动力装置三部分，如图 2-10 所示。

1）桩锤。桩锤是对桩施加冲击，将桩打入土中的主要机具。桩锤主要有蒸汽锤、柴油锤和液压锤等，目前应用最多的是柴油锤。

图 2-10　打桩机

桩锤的选用应根据地质条件、桩型、桩的密集程度、单桩竖向承载力及现有施工条件等决定，可参考表 2–1 进行选择。

表 2–1　　桩锤的选择

<table>
<tr><th colspan="3" rowspan="2">锤型</th><th colspan="6">柴油锤</th></tr>
<tr><th>20</th><th>25</th><th>35</th><th>45</th><th>60</th><th>72</th></tr>
<tr><td colspan="2" rowspan="4">锤的动力性能</td><td>冲击部分质量 /t</td><td>2.0</td><td>2.5</td><td>3.5</td><td>4.5</td><td>6.0</td><td>7.2</td></tr>
<tr><td>总质量 /t</td><td>4.5</td><td>6.5</td><td>7.2</td><td>9.6</td><td>15.0</td><td>18.0</td></tr>
<tr><td>冲击力 /kN</td><td>2 000</td><td>2 000 ~ 2 500</td><td>2 500 ~ 4 000</td><td>4 000 ~ 5 000</td><td>5 000 ~ 7 000</td><td>7 000 ~ 10 000</td></tr>
<tr><td>常用冲程 /m</td><td colspan="6">1.8 ~ 2.3</td></tr>
<tr><td colspan="2" rowspan="2">桩的截面</td><td>混凝土预制桩的边长或直径 /cm</td><td>25 ~ 35</td><td>35 ~ 40</td><td>40 ~ 45</td><td>45 ~ 50</td><td>50 ~ 55</td><td>55 ~ 60</td></tr>
<tr><td>钢管桩的直径 /cm</td><td colspan="3">40</td><td>60</td><td>90</td><td>90 ~ 100</td></tr>
<tr><td rowspan="4">持力层</td><td rowspan="2">黏性土、粉土</td><td>一般进入深度 /m</td><td>1.0 ~ 2.0</td><td>1.5 ~ 2.5</td><td>2.0 ~ 3.0</td><td>2.5 ~ 3.5</td><td>3.0 ~ 4.0</td><td>3.0 ~ 5.0</td></tr>
<tr><td>静力触探比贯入度平均值 /MPa</td><td>3</td><td>4</td><td>5</td><td colspan="3">>5</td></tr>
<tr><td rowspan="2">砂土</td><td>一般进入深度 /m</td><td>0.5 ~ 1.0</td><td>0.5 ~ 1.5</td><td>1.0 ~ 2.0</td><td>1.5 ~ 2.5</td><td>2.0 ~ 3.0</td><td>2.5 ~ 3.5</td></tr>
<tr><td>标准贯入击数（未修正）</td><td>15 ~ 25</td><td>20 ~ 30</td><td>30 ~ 40</td><td>40 ~ 45</td><td>45 ~ 50</td><td>50</td></tr>
<tr><td colspan="3">常用的控制贯入度 /（cm/10 击）</td><td>—</td><td>2 ~ 3</td><td>—</td><td>3 ~ 5</td><td>4 ~ 8</td><td>—</td></tr>
<tr><td colspan="3">设计单桩极限承载力 /kN</td><td>400 ~ 1 200</td><td>800 ~ 1 600</td><td>2 500 ~ 4 000</td><td>3 000 ~ 5 000</td><td>5 000 ~ 7 000</td><td>7 000 ~ 10 000</td></tr>
</table>

2）桩架。桩架的作用是支持桩身和桩锤，将桩吊到打桩位置，并在打入过程中引导桩的方向，保证桩锤沿着所要求的方向冲击。常用的桩架形式有滚筒式桩架、多功能桩架和履带式桩架。

选择桩架时，应考虑桩锤的类型、桩的长度和施工条件等因素。桩架的高度由桩的长度、桩锤高度、桩帽厚度及所用滑轮组的高度来确定。此外，还应留 1 ~ 3 m 的高度作为桩锤的伸缩余地。

桩架高度 = 桩长 + 桩锤高度 + 桩帽高度 + 滑轮组高度 +

（1 ~ 2 m）的起锤工作余地

3）动力装置。打桩机的动力装置主要根据所选的桩锤性质而定。选用蒸汽锤需配备蒸汽锅炉；用压缩空气来驱动，需考虑电动机或内燃机的空气压缩机；用电源做动力，则应考虑变压器容量和位置、电缆规格及长度、现场供电情况等。

（2）打桩前的准备工作

1）处理障碍物。打桩前，应认真处理高空、地上和地下障碍物，如地下管线、旧有基础、树木杂草等。

2）平整场地。在建筑物基线以外 4～6 m 范围内的整个区域或桩机进出场地及移动路线上，应做适当平整压实，并做适当坡度，保证场地排水良好。

3）材料、机具的准备。桩机进场后，按施工顺序铺设轨道，选定位置架设桩机和设备，接通水电，进行试机，并移机至桩位，力求桩架平稳垂直。

4）进行打桩试验。

5）确定打桩顺序。为了保证质量和进度，防止周围建筑物被破坏，打桩前根据桩的密集程度、桩的规格、长短及桩架移动是否方便等因素来选择正确的打桩顺序。

常用的打桩顺序一般有自两侧向中间打（见图 2–11a）、逐排打（见图 2–11b）、自中间向四周打（见图 2–11c）和分段打设（见图 2–11d）。根据施工经验，打桩的顺序以自中间向四周打和分段打为佳。

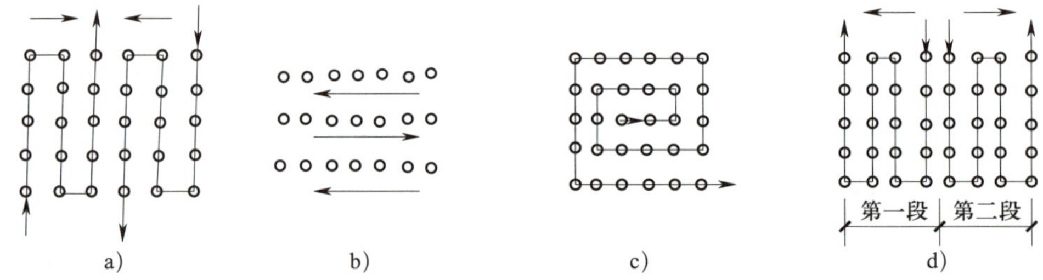

图 2–11 打桩顺序

a）自两侧向中间打 b）逐排打 c）自中间向四周打 d）分段打

6）抄平放线，定桩位，设标尺。在沉桩现场或附近区域应设置数量不少于 2 个的水准点，用于抄平场地标高和检查桩的入土深度。根据建筑物的轴线控制桩，按设计图样要求定出桩基础轴线（偏差值≤ 20 mm）和每个桩位（偏差值≤ 10 mm）。打桩施工前，应在桩架或桩侧面设置标尺，以观测、控制桩的入土深度。

7）垫木、桩帽和送桩。

（3）打桩

打桩的工艺流程为：吊桩就位、打桩、接桩、送桩。

桩架就位后，由起重机将桩运至桩架下，利用桩架上动力装置提升桩至直立，将桩尖准确地对在桩位上，放下桩帽套入桩顶。检查桩的垂直度，偏差不得超过 0.5%，在桩自重和锤重作用下，桩会沉入土中一定深度，待下沉停止，再检查、校核，合格后即可进行打桩。为防止击碎桩顶，应在桩锤与桩帽、桩帽与桩之间安放衬垫材料（如硬木等）作为缓冲。

打桩应采用“重锤低击、低提重打”的方法，以取得良好效果。打桩时，应随时观察桩锤反弹和贯入度变化，如出现贯入度突增或桩锤回弹异常，应暂停锤击，并查明情况。

4. 静力压桩施工

静力压桩是指在软弱土层中，利用静压力（压桩机自重及配重）将预制桩逐节压

入土中的一种沉桩法。这种方法节约钢筋和混凝土，降低工程造价，而且施工时无噪声、无振动、无污染，对周围环境的干扰小，适用于软土地区、城市中心或建筑物密集处的桩基础工程，以及精密工厂的扩建工程。

静力压桩机有机械式和液压式之分，根据顶压桩的部位又分为在桩顶顶压的顶压式压桩机和在桩身抱压的抱压式压桩机。目前使用的多为液压式静力压桩机，压力可达 6 000 kN 甚至更大，如图 2-12 所示是液压式静力压桩机。

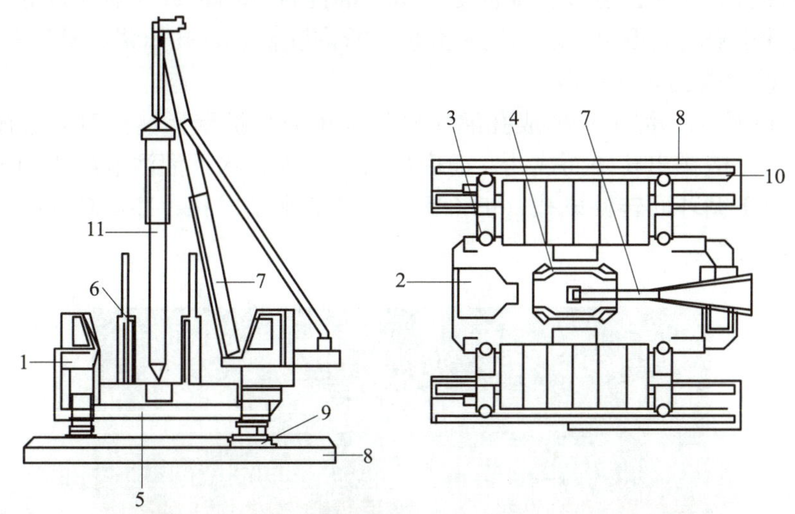

1—操纵室；2—电气控制台；3—液压系统；4—导向架；5—配重；6—夹持装置；7—吊桩把杆；8—支腿平台；9—横向行走与回转装置；10—纵向行走装置；11—桩。

图 2-12　液压式静力压桩机

静力压桩一般分节进行，逐段接长。当第一节桩压入土中，其上端距地面 1 m 左右时，将第二节桩接上，继续压入。对每一节桩的压入，各工序应连续。其接桩方法有焊接法、硫黄胶泥锚接法等。静力压桩沉桩程序如图 2-13 所示。

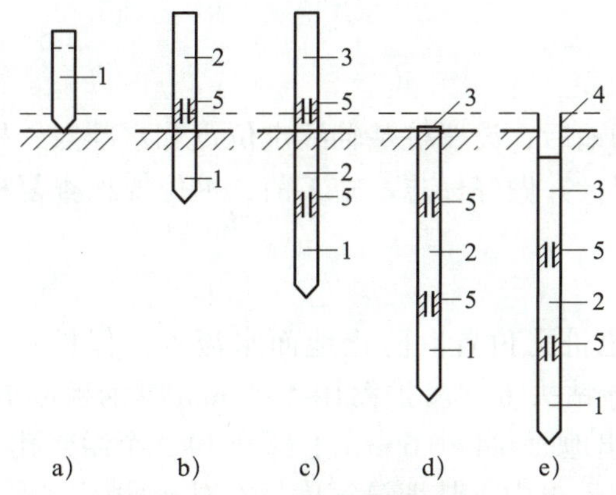

1—第一段桩；2—第二段桩；3—第三段桩；4—送桩；5—接桩处。

图 2-13　静力压桩沉桩程序

a）准备压第一段桩　b）接第二段桩　c）接第三段桩　d）整根桩压入地面　e）采用送桩，压桩至完毕

三、钻孔灌注桩的施工

钻孔灌注桩是直接在桩位上就地成孔，然后在孔内安放钢筋笼灌注混凝土而成。钻孔灌注桩能适应各种地层，无须接桩，施工时无振动、无挤土、噪声小，宜在建筑物密集地区使用。钻孔灌注桩施工的缺点是操作要求严格，施工后需较长的养护期方可承受荷载，成孔时有大量土渣或泥浆排出。根据成孔工艺不同，钻孔灌注桩分为干作业成孔灌注桩、泥浆护壁成孔灌注桩、沉管灌注桩和爆扩成孔灌注桩等。钻孔灌注桩施工工艺近年来发展很快，还出现了夯扩沉管灌注桩、钻孔压浆成桩等新工艺。

1. 泥浆护壁成孔灌注桩施工

如图 2–14 所示，泥浆护壁成孔灌注桩是利用泥浆护壁，钻孔时通过循环泥浆将钻头切削下的土渣排出孔外而成孔，而后吊放钢筋笼，水下灌注混凝土而成桩。成孔方式有正（反）循环回转钻成孔、正（反）循环潜水钻成孔、冲击钻成孔、冲抓锥成孔、钻斗钻成孔等。

图 2–14　泥浆护壁成孔灌注桩施工

（1）测定桩位

平整清理好施工场地后，设置桩基轴线定位点和水准点，根据桩位平面布置施工图，定出每根桩的位置，并做好标志。施工前，桩位要检查复核，以防被外界因素影响而产生偏移。

（2）埋设护筒

护筒的作用是固定桩孔位置，防止地面水流入，保护孔口，增高桩孔内水压，防止坍孔，成孔时引导钻头方向。护筒用 4 ~ 8 mm 厚钢板制成，内径比钻头直径大 100 ~ 200 mm，顶面高出地面 0.4 ~ 0.6 m，上部开 1 ~ 2 个溢浆孔。埋设护筒时，先挖去桩孔处表土，将护筒埋入土中，其埋设深度，在黏土中不宜小于 1 m，在砂土中不宜小于 1.5 m。其高度要满足孔内泥浆液面高度的要求，孔内泥浆液面应保持高出地下水位 1 m 以上。采用挖坑埋设时，坑的直径应比护筒外径大 0.8 ~ 1.0 m。护筒中心与桩位

中心线偏差不应大于 50 mm，对位后应在护筒外侧填入黏土并分层夯实。

（3）泥浆制备

泥浆的作用是护壁、携砂排土、切土润滑、冷却钻头等，其中以护壁为主。

泥浆的制备方法应根据土质条件确定：在黏土和粉质黏土中成孔时，可注入清水，以原土造浆，排渣泥浆的密度应控制在 1.1 ~ 1.3 g/cm^3；在其他土层中成孔，泥浆可选用高塑性（$I_p \geq 17$）的黏土或膨润土制备；在砂土和较厚夹砂层中成孔时，泥浆密度应控制在 1.1 ~ 1.3 g/cm^3；在穿过砂夹卵石层或容易坍孔的土层中成孔时，泥浆密度应控制在 1.3 ~ 1.5 g/cm^3。施工中应经常测定泥浆密度，并定期测定黏度、含砂率和胶体率。泥浆的控制指标为黏度 18 ~ 22 s、含砂率不大于 8%、胶体率不小于 90%。为了提高泥浆质量，可加入外掺料，如增重剂、增黏剂、分散剂等。施工中废弃的泥浆、泥渣应按环保的有关规定处理。

（4）成孔

回转钻成孔是国内灌注桩施工中最常用的方法之一，按排渣方式不同分为正循环回转钻成孔（见图 2-15）和反循环回转钻成孔（见图 2-16）两种。

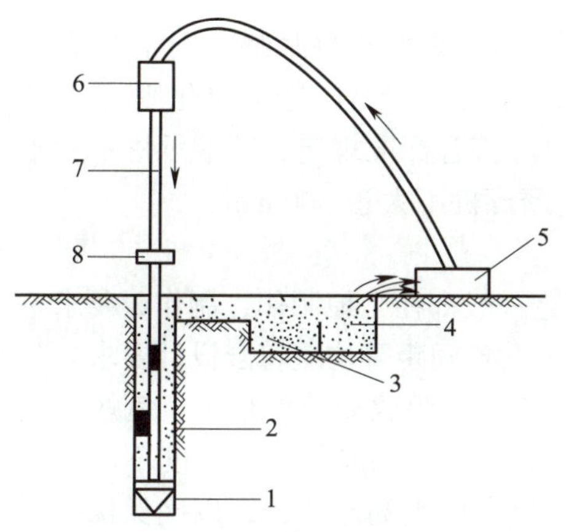

1—钻头；2—泥浆循环方向；3—沉淀池；4—泥浆池；5—泥浆泵；6—水龙头；7—钻杆；8—钻机回转装置。

图 2-15　正循环回转钻机工作原理

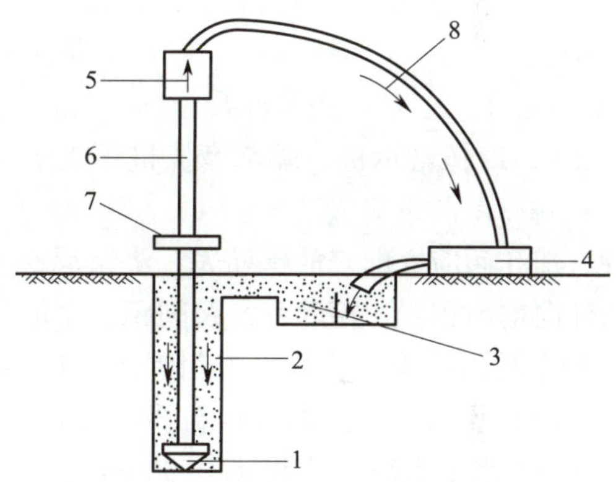

1—钻头；2—新泥浆流向；3—沉淀池；4—砂石泵；5—水龙头；6—钻杆；7—钻机回转装置；8—混合液流向。

图 2-16　反循环回转钻机工作原理

1）正循环回转钻成孔是由钻机回转装置带动钻杆和钻头回转切削破碎岩土，由泥浆泵往钻杆输送泥浆，泥浆沿孔壁上升，从溢浆孔溢出流入泥浆池，经沉淀处理返回循环池。正循环成孔泥浆的上返速度低，携带土粒直径小，排渣能力差，岩土重复破碎现象严重，适用于填土、淤泥、黏土、粉土、砂土等地层，对于卵砾石含量不大于 15%、粒径小于 10 mm 的部分砂卵砾石层和软质基岩及较硬基岩也可使用。桩孔直径不宜大于 1 000 mm，钻孔深度不宜超过 40 m。一般砂土层用硬质合金钻头钻进时，转速取 40 ~ 80 r/min，较硬或非均质地层中转速可适当调慢。钢粒钻头钻进时，转速取 50 ~ 120 r/min，大桩取小值，小桩取大值；牙轮钻头钻进时，转速一般取 60 ~ 180 r/min。在松散地层中，应以冲洗液畅通和钻渣清除及时为前提，灵活确定钻压；

在基岩中钻进时，可以通过配置加重铤或重块来提高钻压。对于硬质合金钻钻进成孔，钻压应根据地质条件、钻杆与桩孔的直径差、钻头形式、切削具数目、设备能力和钻具强度等因素综合确定。

2）反循环回转钻成孔是指由钻机回转装置带动钻杆和钻头回转切削破碎岩土，利用泵吸、喷射、气举等措施抽吸循环护壁泥浆，挟带钻渣从钻杆内腔抽吸出孔外的成孔方法。根据抽吸原理不同，反循环回转钻成孔可分为泵吸反循环、喷射（射流）反循环和气举反循环三种施工工艺。泵吸反循环是直接利用砂石泵的抽吸作用使钻杆的水流上升而形成反循环；喷射反循环是利用射流泵射出的高速水流产生负压使钻杆内的水流上升而形成反循环；气举反循环是利用送入压缩空气使水循环，钻杆内水流上升速度与钻杆内外液柱重度差有关，随孔深增大而效率提高。当孔深小于 50 m 时，宜选用泵吸或喷射反循环；当孔深大于 50 m 时，宜采用气举反循环。

（5）清孔

当钻孔达到设计要求深度并经检查合格后，应立即进行清孔。清孔的目的是清除孔底沉渣，以减少桩基的沉降量，提高承载能力，确保桩基质量。清孔方法有真空吸泥渣法、射水抽渣法、换浆法和掏渣法。

清孔应达到以下标准才算合格：一是对孔内排出或抽出的泥浆，用手摸捻应无粗粒感，孔底 500 mm 以内的泥浆密度小于 1.25 g/cm^3（原土造浆的孔则应小于 1.1 g/cm^3）；二是在浇筑混凝土前，孔底沉渣允许厚度符合标准规定，即端承桩不大于 50 mm，摩擦端承桩、端承摩擦桩不大于 100 mm，摩擦桩不大于 300 mm。

（6）吊放钢筋笼

清孔后应立即安放钢筋笼、浇筑混凝土。钢筋笼一般都在工地制作，制作时要求主筋环向均匀布置，箍筋直径及间距、主筋保护层、加劲箍间距等均应符合设计要求。分段制作的钢筋笼，其接头采用焊接的形式且应符合施工及验收规范的规定。钢筋笼主筋净距必须大于 3 倍的骨料粒径，加劲箍宜设在主筋外侧，钢筋保护层厚度不应小于 35 mm（水下混凝土不得小于 50 mm）。可在主筋外侧安设钢筋定位器，以确保保护层厚度。为了防止钢筋笼变形，可在钢筋笼上每隔 2 m 设置一道加强箍，并在钢筋笼内每隔 3～4 m 装一个可拆卸的十字形临时加劲架，在吊放入孔后拆除。吊放钢筋笼时应保持垂直，缓缓放入，防止碰撞孔壁。

若造成坍孔或安放钢筋笼时间太长，应进行二次清孔后再浇筑混凝土。

2. 沉管灌注桩施工

沉管灌注桩的施工过程如图 2–17 所示。

沉管灌注桩又称套管成孔灌注桩，是利用锤击打桩法或振动沉桩法，将带有活瓣式桩靴或带有预制混凝土桩靴的钢套管沉入土中，然后边拔套管边灌注混凝土而成。若配有钢筋，则在浇筑混凝土前先吊放钢筋骨架。利用锤击沉桩设备沉管、拔管，称为锤击沉管灌注桩；利用激振器的振动沉管、拔管，称为振动沉管灌注桩。

（1）锤击沉管灌注桩

锤击沉管灌注桩的机械设备由桩管、桩锤、桩架、卷扬机滑轮组和行走机构组成，如图 2–18 所示。

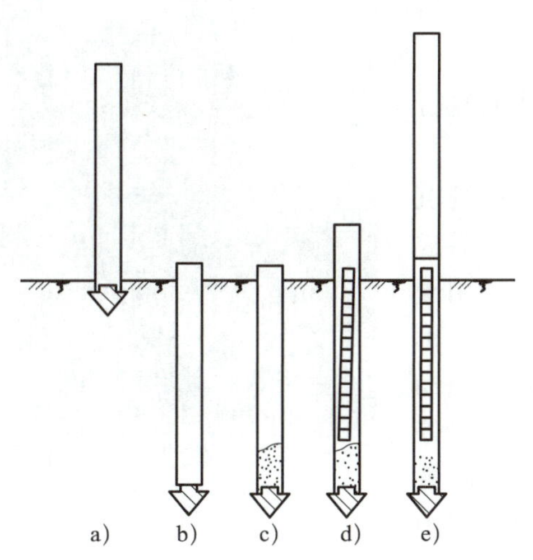

图 2-17　沉管灌注桩施工过程

a）就位　b）沉管　c）开始灌注混凝土

d）下钢筋笼继续浇筑混凝土　e）拔管成桩

图 2-18　锤击沉管灌注桩

锤击沉管灌注桩适用于一般黏性土、淤泥质土、砂土和人工填土地基，但不能在密实的砂砾石、漂石层中使用。它的施工程序一般为：定位埋设混凝土预制桩尖→桩机就位→锤击沉管→灌注混凝土→边拔管、边锤击、边继续灌注混凝土（中间插入吊放钢筋笼）→成桩。

施工时，用桩架吊起钢桩管，对准埋好的预制钢筋混凝土桩尖。桩管与桩尖连接处要垫以麻袋、草绳，以防地下水渗入管内。缓缓放下桩管，套入桩尖压进土中，桩管上端扣上桩帽，检查桩管与桩锤是否在同一垂直线上，桩管垂直度偏差不大于 0.5% 时即可锤击沉管。先用低锤轻击，观察无偏移后再正常施打，直至符合设计要求的沉桩标高，并检查管内无泥浆或进水后，即可浇筑混凝土。管内混凝土应尽量灌满，然后开始拔管。凡灌注配有不到孔底的钢筋笼的桩身混凝土时，第一次混凝土应先灌至笼底标高，然后放置钢筋笼，再灌混凝土至桩顶标高。第一次拔管高度应控制在能容纳第二次所需灌入的混凝土量为限，不宜拔得过高。在拔管过程中，应用专用测锤或浮标检查混凝土面的下降情况。

锤击沉管桩混凝土强度等级不得低于 C20，每立方米混凝土的水泥用量不宜少于 300 kg。混凝土坍落度在配钢筋时宜为 80~100 mm，无筋时宜为 60~80 mm。碎石粒径在配有钢筋时不大于 25 mm，无筋时不大于 40 mm。预制钢筋混凝土桩尖的强度等级不得低于 C30。混凝土充盈系数（实际灌注混凝土体积与按设计桩身直径计算体积之比）不得小于 1.0，成桩后的桩身混凝土顶面标高应至少高出设计标高 500 mm。

（2）振动沉管灌注桩

振动沉管灌注桩是利用振动桩锤（又称激振器，见图 2-19）和振动冲击锤将桩管沉入土中，然后灌注混凝土而成的。这两种灌注桩与锤击沉管灌注桩相比，更适合于稍密及中密的砂土地基施工。振动沉管灌注桩和振动冲击沉管桩的施工工艺完全相同，只是前者用振动桩锤沉桩，后者用振动冲击锤沉桩。

图 2–19　振动桩锤

振动沉管灌注桩可采用单打法、反插法或复打法施工。

单打法是一般正常的沉管方法，它是将桩管沉入设计要求的深度后，边灌混凝土边拔管，最后成桩。单打法适用于含水量较小的土层，且宜采用预制桩尖。桩内灌满混凝土后，应先振动 5 ~ 10 s，再开始拔管，边振边拔，每拔 0.5 ~ 1.0 m 停拔，振动 5 ~ 10 s，如此反复进行，直至桩管全部拔出。拔管速度在一般土层内宜为 1.0 m/min，用活瓣桩尖时宜慢，用预制桩尖时可适当加快速度，在软弱土层中拔管速度宜为 0.3 ~ 0.8 m/min。

反插法是在拔管过程中边振边拔，每次拔管 0.5 ~ 1.0 m，再向下反插 0.3 ~ 0.5 m，如此反复并保持振动，直至桩管全部拔出。在桩尖处 1.5 m 范围内，宜多次反插以扩大桩的局部断面。穿过淤泥夹层时，应放慢拔管速度，并减小拔管高度和反插深度。在流动性淤泥中不宜使用反插法。

复打法是在单打法施工完拔出桩管后，立即在原桩位再放置第二个桩尖，再第二次下沉桩管，将原桩位未凝结的混凝土向四周土中挤压，扩大桩径，然后第二次灌混凝土和拔管。采用全长复打的目的是提高桩的承载力。局部复打主要是为了处理沉桩过程中所出现的质量缺陷，如发现或怀疑出现颈缩、断桩等缺陷，局部复打深度应超过断桩或颈缩区 1 m 以上。复打必须在第一次灌注的混凝土初凝之前完成。

（3）沉管灌注桩施工中常见问题的分析与处理

1）断桩。断桩的裂缝为水平或略带倾斜，一般贯通整个截面，常常出现于地面以下 1 ~ 3 m 软硬土层交接处。

断桩产生的原因主要有以下几点：桩距过小，邻桩施打时土因挤压而产生水平推力和隆起上拔力；软硬土层传递水平力不同，对桩产生剪应力；桩身混凝土终凝不久，强度弱，承受不了外力的影响。

避免断桩的措施有以下几点：布桩应坚持少桩疏排的原则，桩与桩之间中心距离不宜小于 3.5 倍桩径；桩身混凝土强度较低时，尽量避免振动和外力的干扰，因此要合理确定打桩顺序和桩架行走路线；采用跳打法或控制时间法，以减少对邻桩的影响。控制时间法指在邻桩混凝土初凝以前，必须把影响范围内的桩施工完毕。

断桩的检查与处理措施有以下几点：在浅层（2 ~ 3 m）发生断桩，可用重锤敲击桩头侧面，同时用脚踏在桩头上，如桩已断，会感到浮振；深处断桩目前常用动测或开挖的办法检查。断桩一经发现，应将断桩段拔出，将孔清理后，略增大面积或加上

铁箍连接，再重新浇筑混凝土补做桩身。

2）颈缩桩。颈缩桩又称瓶颈桩，是指部分桩径缩小、桩截面面积不符合设计要求。

颈缩桩产生的原因有以下几点：拔管过快，管内混凝土存量过少，混凝土本身和易性差，出管扩散困难造成颈缩；在含水量大的黏性土中沉管时，土体受到强烈扰动和挤压，产生很高的孔隙水压力，拔管后，这种水压力便作用到新浇筑的混凝土桩上，使桩身发生不同程度的颈缩现象。

颈缩桩的防治措施有以下几点：在容易产生颈缩的土层中施工时，要严格控制拔管速度，采用"慢拔密击"；混凝土坍落度要符合要求，且管内混凝土必须略高于地面，以保持足够的压力，使混凝土出管扩散正常。

施工时可设专人随时测定混凝土的下落情况，遇有颈缩现象，可采取复打处理。

3）桩尖进水、进泥沙。桩尖进水、进泥沙常见于地下水位高、含水量大的淤泥和粉砂土层，是由桩管与桩尖接合处的垫层不紧密或桩尖被打破所致。处理办法：可将桩管拔出，修复改正桩靴缝隙，或将桩管与预制桩尖接合处用草绳、麻袋垫紧后，用砂回填桩孔后重打；如果只受地下水的影响，则当桩管沉至接近地下水位时，用水泥砂浆灌入管内约 0.5 m 做封底，并再灌 1 m 高的混凝土，然后继续沉桩。若管内进水不多（小于 200 mm），可不做处理，只在灌第一槽混凝土时酌情减少用水量即可。

4）吊脚桩。吊脚桩即桩底部的混凝土隔空，或混凝土中混入泥沙而形成松软层。形成吊脚桩的原因是混凝土桩尖质量差，强度不足，沉管时被打坏而挤入桩管内，且拔管时冲击振动不够，桩尖未及时被混凝土压出或活瓣未及时张开。

为了防止出现吊脚桩，要严格检查混凝土桩尖的强度（不应小于 C30），以免桩尖被打坏而挤入管内。沉管时，用吊砣检查桩尖是否有缩入管内的现象。如果有，应及时拔出纠正，并将桩孔填砂后重打。

四、桩基础施工的质量控制、施工中常见问题的分析与处理

1. 沉入桩质量控制、问题分析与处理

沉入桩包括锤击沉桩、静力压桩等。沉入桩施工时，要注意在初期桩的下沉速度要慢，并随时控制桩位和桩的方向。

（1）沉入桩质量控制

1）施工前，应将地下障碍物清理干净，整平场地或使沉入桩设备底盘保持水平（尤其桩位范围），必要时可用钎探了解地下情况。

2）尽量详细地查清桩位处地下土质、障碍物，选择好沉桩方法，避免出现贯入度异常。

3）要事前摸清桩位地质及地下障碍物，要合理安排沉桩的顺序，根据不同土质及桩数多少，分别采取由中间向四周打桩法或分段打桩法，可防止出现桩不能沉入的问题。

4）初沉桩时，如发现桩不垂直，应及时纠正，稳桩要垂直。

5）钻孔埋桩时，钻孔垂直偏差严格控制在 1% 以内。埋桩时，桩身顺孔埋入。

（2）沉入桩问题分析及处理

1）沉桩中，相邻桩产生横向位移或桩身垂直偏差过大。

处理：把沉入一定深度发生倾斜的桩拔出，清理完障碍物或回填素土后重新沉桩。如桩帽与桩接触面处及替打木不平整，应进行处理后方可继续沉入。

2）桩被打入时，其每次锤击桩的贯入度突然减小或者突然增大。

处理：当贯入度突然减小时，不要硬打，应查明原因，对症处理。当贯入度突然增大，并发生桩身倾斜时，管桩可用灌水、铁钩、电钳、照明等方法探明是否破断。如探测不明，则应拔出桩后进行处理。

3）桩身不下沉，反而发生桩身颤动，锤回弹或桩身上涌。

处理：当锤回弹时，可偏移桩位，加装铁靴，射水配合沉桩。当桩身上涌时，涌起量过大的应做冲击试验，不合格的桩要进行复打。

2. 钻孔灌注桩质量控制及问题分析

（1）钻孔灌注桩质量控制

1）在钻头锥顶和提升钢丝绳之间应设置保证钻头自动转向的装置。

2）冲击成孔质量控制应符合以下要求：开孔时，应低锤密击。当表土为淤泥、细砂等软弱土层时，可加黏土块夹小片石反复冲击造壁，孔内泥浆面应保持稳定。进入基岩后，应采用大冲程、低频率冲击，当发现成孔偏移时，应回填片石至偏孔上方300～500 mm处，然后重新冲孔。应采取有效的技术措施防止扰动孔壁、坍孔、扩孔、卡钻和掉钻及泥浆流失等事故。每钻进4～5 m应验孔一次，在更换钻头前或容易缩孔处均应验孔。进入基岩后，非桩端持力层每钻进300～500 mm和桩端持力层每钻进100～300 mm，应清孔取样一次，并应做记录。

3）冲孔中遇到斜孔、弯孔、梅花孔、坍孔及护筒周围冒浆、失稳等情况时，应停止施工，采取措施后方可继续施工。

4）大孔径桩孔可分级成孔，第一级成孔直径应为设计桩径的0.6～0.8倍。

5）清孔宜按下列规定进行。

①稳定性差的孔壁应采用泥浆循环或抽渣筒排渣，清孔后灌注混凝土之前的泥浆指标应满足规范要求。当采用抽渣筒排渣时，应及时补给泥浆。

②清孔时，孔内泥浆面应符合规定要求。

③灌注混凝土前，孔底沉渣允许厚度应符合《建筑桩基技术规范》（JGJ 94—2008）的规定。

6）浆渣处理。《建筑桩基技术规范》（JGJ 94—2008）规定：应对废弃的浆、渣进行处理，不得污染环境。不经处理的泥浆如果直接排放，会对环境造成污染，随着环保意识及文明施工要求的提高，对废弃泥浆、渣土的处理越来越受到重视。

（2）钻孔灌注桩问题分析及处理

1）孔壁坍塌：成孔过程中孔壁上土层不同程度的坍落。

①产生：孔壁坍塌常出现在冲（钻）孔桩施工现场地质环境中带有较厚的砂层、淤泥层、卵石层等夹层部位的成孔过程中。由于砂层、淤泥层和卵石层的整体性较差，当施工至夹层时，桩孔位置被掏空，遇到冲（钻）孔桩施工的外力作用，夹层部位的孔壁不稳定而又采用一般地质条件中使用的泥浆，护壁不能保持完整性而向桩孔内坍落。若在石灰岩地区施工，当桩孔碰到地下溶洞、溶槽、井或地下河时，桩孔内泥浆

面会因泥浆漏走而骤然下降，使桩孔壁上部突然失去泥浆静压力的作用而向桩孔内坍塌。

②处理：常用的处理方法是选用胶体率较高的黏土块来造浆，同时增大泥浆密度，坍孔较严重的可向桩孔内加黏土块夹小石片，反复冲击造壁。在孔壁坍塌段投入石子黏土，重新开钻，并调整泥浆密度和液面高度。使用冲孔机时，填入混合料后低锤密击，造成坚固孔壁后，再正常冲击。若以上方法仍没有效果，那么，在征得设计人员同意后可采用其他有效的处理方法。

2）偏孔：成孔过程中出现孔位偏移或孔身倾斜、垂直度不满足规范的要求。

①产生：引起偏孔的原因有土层软硬不均、桩架不稳固、导杆不垂直等。桩孔位置有较大的探头石，或桩施工现场地质岩层走向的坡度很大，桩孔内出现一边软一边硬的地质情况，使钻头或冲锤挤向软的一边而引起偏孔。在粉细砂或石泥软土层中成孔，冲进或钻进过快，都会引起轻微的坍孔，使孔径增大，此时，孔壁对钻头或冲锤的约束减少，如不及时控制好进尺速度，很容易使冲锤或钻头因摆动偏向一方，导致偏孔。

②处理：发生偏孔后，将桩架重新安装牢固、平稳垂直，钻孔成孔的多改用冲锤成孔来矫正；偏孔不严重的可用低锤密冲来矫正；偏孔较严重的，可向桩孔内回填片石和黏土块，然后用低锤密冲反复矫正；如偏移过大，应填入石子黏土，重新成孔。

3）孔底沉渣隔层：孔底残留石渣过厚，孔脚涌进泥沙或坍落泥土沉底。

①产生：这是泥浆护壁成孔灌注桩施工容易出现的较严重的施工质量问题。造成这种施工质量问题的原因主要有以下几种。

a. 清孔阶段的遗留因素。岩渣粒径过大，清孔的泥浆无法使其呈现悬浮状态并带出桩孔而成为永久性沉渣；清孔后的泥浆密度过大，以致在灌注混凝土时，混凝土的冲击力不能完全将桩孔底部的泥浆翻起，造成混浆；清孔之后到灌注混凝土期间的间歇时间过长，使原来已处于悬浮状态的岩渣沉回桩孔底部，这些沉淀的岩渣过厚不能被翻起而成为永久性沉渣，造成施工质量问题。

b. 混凝土灌注阶段的影响因素。浇筑混凝土、安放钢筋笼时碰撞孔壁造成坍孔落土；导管下端距离桩孔底部过高，影响混凝土的冲击力对桩孔底部泥浆的翻起效果，并可能造成初始灌注的混凝土无法包裹导管的下端，造成混浆或夹层；初始灌注的混凝土的坍落度过小，流动性差，影响混凝土的冲击作用而造成底部混浆；导管内壁过于粗糙，光洁度不足，降低了初始混凝土灌注时球胆在导管中的下落速度，影响混凝土的冲击作用，造成桩底部混浆。

②预防和处理。防止和处理桩底沉渣过厚或混浆的措施有以下几种：

a. 认真检查清孔阶段的岩渣粒径，以及清孔后的泥浆密度。为了提高泥浆的清孔效果，可在泥浆中加入外加剂碳酸钠，一般掺入量为泥浆土质量的0.1%~0.3%。外加剂碳酸钠可以提高泥浆的胶体率和稳定性。

b. 严格控制清孔后的停置时间。若时间过长，应利用灌注混凝土的导管重新清孔，再进行水下混凝土的灌注工作。

c. 严格控制导管下端到桩孔底部的距离，该距离通常为30~50 cm，且不超过

50 cm。确保初始灌注的混凝土数量能盖过导管下端，且使导管的初始埋置深度不小于 1 m。

d. 严格控制混凝土的坍落度，确保混凝土的流动性。经常清理导管内壁，以确保其光洁度，从而避免初始混凝土灌注时球胆在导管中的下落速度降低，或造成导管堵塞，影响桩芯混凝土的灌注质量。

e. 对于桩长大于 35 m 的冲（钻）孔桩，在采用正循环施工清孔没有把握时，应利用真空泵采用反循环施工对桩孔底部沉渣进行清孔，以确保成桩后的桩底沉渣厚度不超过施工规范的允许厚度。

f. 注意泥浆浓度及孔内水位变化，施工时注意保护孔壁；第二次清渣时设置专用泥管，同时下混凝土导管及做好混凝土浇筑的准备工作。在高压泥浆泵作用下，孔中碎渣处于悬浮状态，此时立即浇筑混凝土，这样桩底沉渣可减少到最小程度。

g. 做好清孔工作，使沉渣厚度在规范允许范围内：端承桩≤ 50 mm，摩擦桩≤ 100 mm。

4）夹泥或软弱夹层：桩身混凝土混入泥土或形成浮浆泡沫软弱夹层。

①产生：浇筑混凝土时孔壁坍塌，或导管下口埋入混凝土高度太小，泥浆被喷翻，掺入混凝土中。

②预防和处理：经常注意混凝土表面标高变化和保持导管下端埋入混凝土中的深度，一般宜控制在 2 ~ 4 m；在钢筋笼放入孔内 4 h 内应浇筑混凝土。

5）流砂：成孔时发现大量流砂涌塞孔底。

①产生：孔外水压力大于孔内水压力，孔壁土松散。

②处理：流砂严重时可抛入碎砖石、黏土，用锤冲入流砂层，阻止流砂涌入。

6）断桩：桩身混凝土带有软弱夹层。

①产生：造成这一质量问题的常见原因是在水下混凝土的灌注过程中，导管的提升控制不当，致使导管下端提离了混凝土面，然后不做任何处理又插回混凝土中继续施工；或出现导管堵塞后无法疏通，需要将导管提出桩孔疏通，致使混凝土灌注工作中断，而继续施工时对前后的衔接问题处理不当，造成前阶段混凝土面的泥浆等杂质不能被完全排出而遗留在衔接面上。

②处理：断桩质量问题的处理采用与孔底沉渣隔层相同的处理方法。

3. 沉管灌注桩质量控制、问题分析及处理

（1）沉管灌注桩质量控制

1）设置桩尖和桩管：按照施工放样的桩位中心，先设置预制钢筋混凝土桩尖。桩架安装必须水平，桩管应垂直套入桩尖，两者在同一轴线上。

2）沉管：在振动沉管过程中，不得有偏心，并随时检查预制钢筋混凝土桩尖有无破损，桩管有无偏移或倾斜，若有上述情况应立即纠正。桩管内不允许进入水或泥浆，当有水或泥浆进入时，应灌入 1.5 m 高的封底混凝土后再开始沉桩。

3）灌注混凝土：每次向管桩内灌注混凝土时应尽量多灌，用长桩管打短桩时，混凝土可一次灌足；打长桩时，第一次灌入桩管的混凝土应尽量灌满。

4）拔管：开始拔管时，应测得混凝土确已流出桩管后，才可继续拔管。由于采用

了预制桩尖振动沉入的桩管，应先振 5～10 s 再开始拔管，边振边拔。每上拔 1 m，应停拔并振动 5～10 s。如此反复操作直至桩管全部拔出。拔管速度应控制在 0.8 m/min 以内。

5）桩帽：管桩打设完成后，按设计图样要求设置桩帽钢筋、支立模板、浇筑桩帽混凝土，及时覆盖养护。

（2）沉管灌注桩问题分析及处理

1）锤击和振动过程的振动力向周围土体扩散，靠近沉管周围的土体以垂直振动为主，一定距离外的土体以水平振动为主，再加上侧向挤土作用易把初凝固的邻桩振断，尤其在软、硬土层交界处最易产生颈缩和断桩。

处理：合理选择沉管设备，沉管施工时做好周围建筑物、构筑物的保护。

2）拔管速度快是导致沉管桩出现颈缩、夹泥或断桩等质量问题的主要原因，特别是在饱和淤泥或流塑状淤泥质软土层中成桩时。

处理：沉管施工时加强观测，控制好拔管速度。

3）当桩间距过小时，邻桩施工易引起地表隆起和土体挤压，产生的振动力、上拔力和水平力会使初凝的桩被振断或拉断，或因挤压而颈缩。

处理：合理布置桩间距。

4）当预制桩尖强度不足，沉管过程中被击碎后塞入管内，拔管至一定高度后下落，又被硬土层卡住未落到孔底，形成桩身下段无混凝土的吊脚桩。

处理：合理设计沉管灌注桩的混凝土强度等级。

五、桩筏基础

桩筏基础是桩基和筏板基础的合称。桩基是人工地基，而筏板是结构的组成部分，是基础，对于有地下室的建筑经常用筏板基础。如果荷载较大，地基土的承载力不能满足承载力要求或沉降要求，那么可采用桩筏基础的地基处理方式。

桩与筏板之间采用刚性连接，整体刚度由筏板刚度和桩基支撑刚度决定。工程实践中如需对整体刚度进行调节，可通过调整筏板刚度和桩基支撑刚度实现。筏板刚度可通过筏板厚度调整，而桩基支撑刚度可通过改变桩长、桩径及桩距等调整，但不同桩径、不同桩长的布桩方式受上部结构形式和地质条件的影响，应用范围受限制。

1. 什么情况下需采用桩基础？
2. 按施工方法不同，桩可分成哪几类？
3. 预制桩制作、搬运、堆放有哪些要求？
4. 什么叫泥浆护壁成孔灌注桩？
5. 清孔方法有几种？清孔要求有哪些？孔底沉渣有何规定？
6. 什么叫沉管灌注桩？根据沉管方式不同，它又分为哪两种形式？

第三章 脚手架工程施工

脚手架是建筑施工过程中必须使用的重要设施，是高处作业时施工人员通行、存放材料的必要条件。脚手架随着工程进度进行搭设和拆除，它对建筑施工进度、工作效率、工程质量及工人的人身安全有着直接的影响。因此，脚手架的构造、搭设质量不可疏忽大意，必须将其看成工程施工中的一个重要组成部分。

第一节 脚手架概述

一、脚手架的概念

脚手架是为保证高处作业安全、顺利进行而搭设的工作平台或作业通道。高处作业的工人可在脚手架上行走，也可在其上存放材料、进行短距离的水平运输，在结构施工、装修施工和设备的安装施工中，都需要按照作业需要搭设脚手架。

二、脚手架的分类

脚手架的种类很多，也有不同的分类方法。

1. 按所用材料分类

按所用材料分类，脚手架可分为木脚手架、竹脚手架和金属脚手架，其中金属脚手架又可分为扣件式脚手架、碗扣式脚手架、盘扣式脚手架、门式脚手架等。

2. 按构造形式分类

按构造形式分类，脚手架可分为落地式脚手架、悬挑式脚手架、桥式脚手架、悬吊式脚手架、外挂式脚手架、升降式脚手架等。

3. 按搭设位置分类

按搭设位置分类，脚手架可分为外脚手架和里脚手架。

（1）外脚手架按搭设安装的方式又可分为四种基本形式，即落地式脚手架、悬挑式脚手架、悬吊式脚手架及升降式脚手架。

（2）里脚手架如搭设高度不大时，一般用小型工具式的脚手架；如搭设高度较大时，可用移动式脚手架或满堂搭设的脚手架。

三、脚手架的基本要求

脚手架的基本要求是：工作面满足工人操作、材料堆置和运输的需要；结构有足够的强度、稳定性，变形满足要求；装拆简便，便于周转使用。

目前脚手架的发展趋势是采用高强度金属材料制作、具有多种功能的组合式脚手架，可以适用不同情况作业的要求。

第二节　脚手架的施工

一、落地式脚手架

1. 扣件式脚手架

（1）基本构造

扣件式脚手架的组成结构包括由标准的钢管杆件（立杆、横杆、斜杆）和特制扣件组成的脚手架骨架与脚手板、防护构件、连墙件等，其搭设如图 3–1 所示。

1）钢管杆件：一般采用外径 48 mm、壁厚 3.6 mm 的 Q235 级焊接钢管或无缝钢管。用于立杆、纵向水平杆、斜杆的钢管最大长度不宜超过 6.5 m，最大质量不宜超过 25 kg，以便人工搬运。用于横向水平杆的钢管长度宜为 1.5 ~ 2.2 m，以适应脚手板的长度。

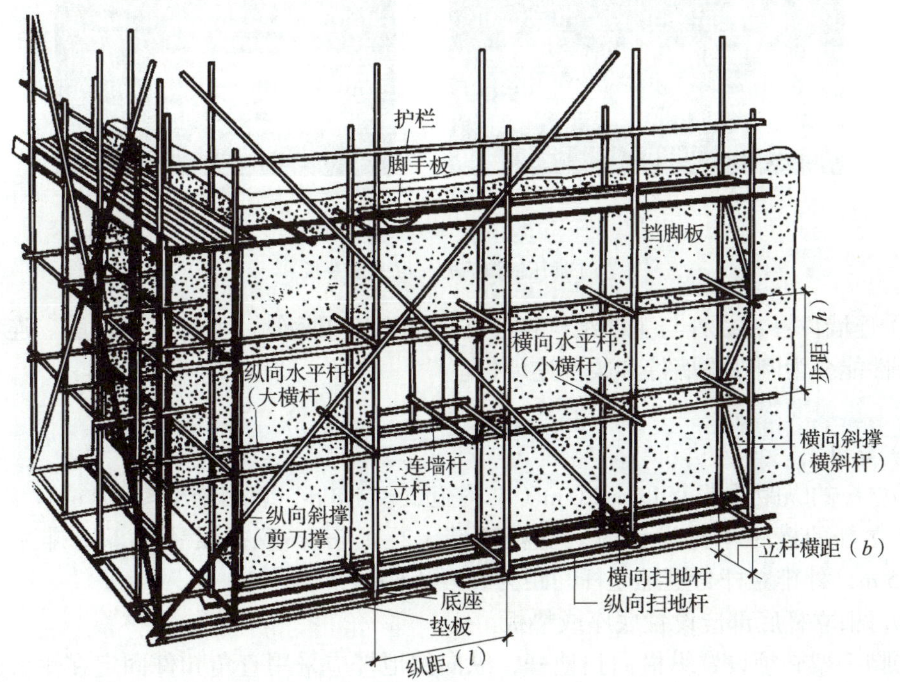

图 3–1　扣件式脚手架搭设示意图

2）扣件：用铸铁铸成，其基本形式有三种，即供两根成任意角度相交钢管连接用的旋转扣件（见图 3–2a）、供两根成垂直相交钢管连接用的直角扣件（见图 3–2b）和供两根对接钢管连接用的对接扣件（见图 3–2c）。

3）脚手板：一般采用冲压钢脚手板、杉木板或松木板、竹脚手板，如图 3–3 所示。

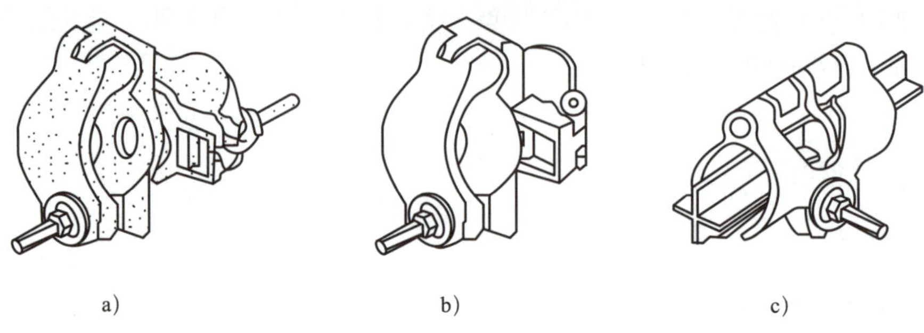

a）　　b）　　c）

图 3–2　扣件

a）旋转扣件　b）直角扣件　c）对接扣件

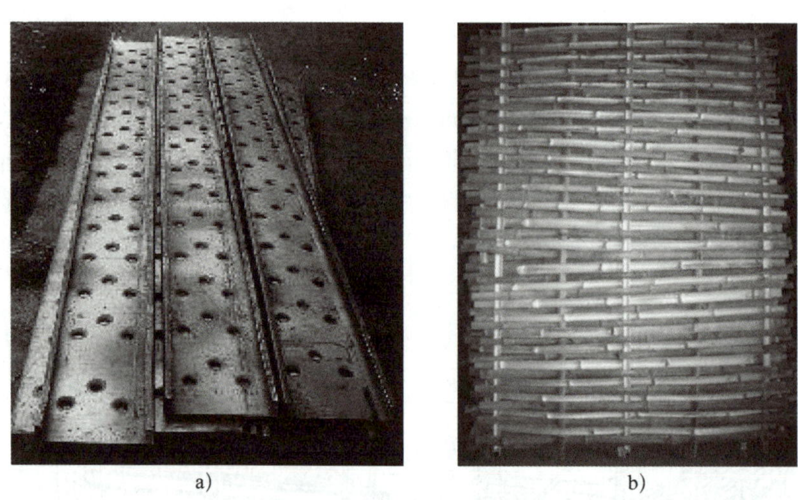

a）　　b）

图 3–3　脚手板

a）冲压钢脚手板　b）竹脚手板

4）连墙件：将立杆与主体结构连接在一起，可用钢管、型钢或粗钢筋。连墙件根据传力性能分为刚性连墙件和柔性连墙件。

（2）搭设要求

1）立杆。

①立杆的纵距通常为 1.2 ~ 2.0 m（结构施工≤ 1.8 m，装修施工≤ 2.0 m）。

②立杆的横距单排设置时，立杆离墙 1.2 ~ 1.4 m；双排设置时，里排立杆离墙 0.4 ~ 0.5 m，外排立杆与里排立杆间距为 0.9 ~ 1.5 m。

③每根立杆底部应设置底座或垫板。

④脚手架必须设置纵横向扫地杆，纵向扫地杆应采用直角扣件固定在距底座上皮不大于 200 mm 处的立杆上，横向扫地杆也应采用直角扣件固定在紧靠纵向扫地杆下

方的立杆上。

⑤立杆接头必须采用对接扣件对接连接，且应错位不小于 500 mm；各接头中心至主节点的距离不宜大于步距的 1/3。

2）水平杆。

①纵向水平杆与立杆的交点处必须设置横向水平杆。

②纵向水平杆的对接扣件应交错布置，两根相邻纵向水平杆的接头不宜设置在同步或同跨内，不同步或不同跨两个相邻接头在水平方向错开的距离不应小于 500 mm，各接头中心至最近主节点的距离不宜大于纵距的 1/3。

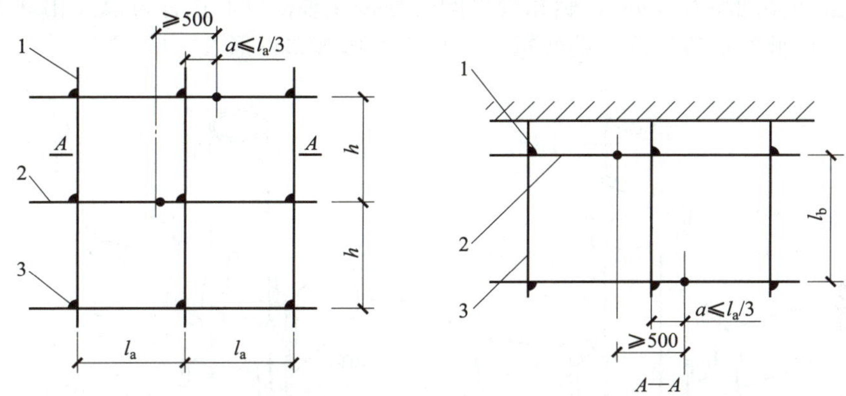

1—立杆；2—横向水平杆；3—纵向水平杆。

图 3-4　水平杆示意图

3）连墙件。

①对高度 24 m 以上的双排脚手架必须采用刚性连墙件与建筑物可靠连接。

②连墙件布置最大间距见表 3-1。

③连墙件应从底层第一步纵向水平杆处开始设置。

表 3-1　连墙件布置最大间距

脚手架高度		竖向间距	水平间距	每根连墙件覆盖面积 /m^2
双排	≤ 50 m	$3h$	$3l_a$	≤ 40
	> 50 m	$2h$	$3l_a$	≤ 27
单排	≥ 24 m	$3h$	$3l_a$	≤ 40

注：h——步距，l_a——纵距。

4）剪刀撑。

①高度在 24 m 以下的单双排脚手架，均必须在外侧立面的两端各设置一道剪刀撑，并应由底至顶连续设置，中间各道剪刀撑之间的净距不应大于 15 m。

②高度在 24 m 以上的双排脚手架，应在外侧立面整个长度和高度上连续设置剪刀撑。

③剪刀撑斜杆的接长宜采用搭接。搭接长度不应小于 1 m，应采用不少于 2 个旋转扣件固定。

④剪刀撑斜杆应用旋转扣件固定在与之相交的横向水平杆的伸出端或立杆上。

2. 碗扣式脚手架

（1）基本构造

碗扣式脚手架由钢管立杆、横杆、碗扣接头等组成。其基本构造和搭设要求与扣件式脚手架类似，不同之处主要在于碗扣接头。

碗扣接头是由上碗扣、下碗扣、横杆接头和上碗扣的限位销等组成，如图 3–5 所示。在立杆上焊接下碗扣和上碗扣的限位销，将上碗扣套入立杆内；在横杆和斜杆上焊接插头；组装时，将横杆和斜杆插入下碗扣内，压紧并旋转上碗扣，利用限位销固定上碗扣。碗扣间距 600 mm，碗扣处可同时连接 4 根横杆。横杆可以互相垂直或偏转一定角度，由此组成直线形、曲线形、直角交叉形等多种形式。

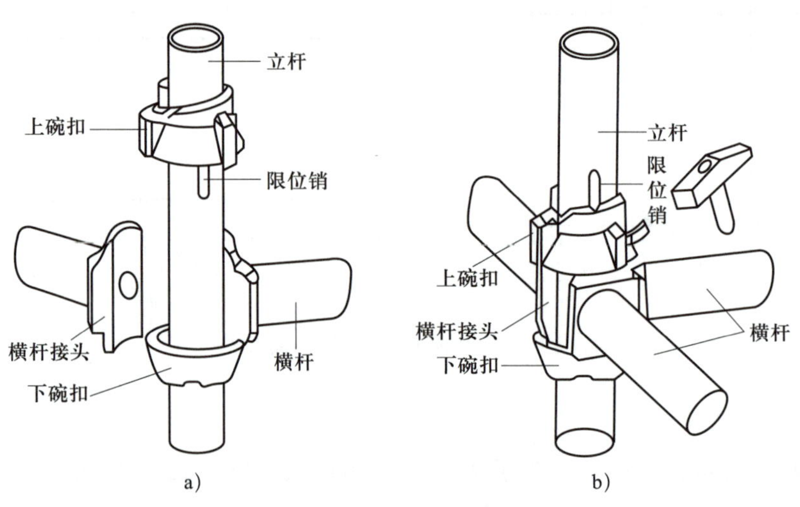

图 3–5　碗扣接头构造

a）连接前　b）连接后

碗扣接头具有很好的强度和刚度，下碗扣轴向抗剪的极限强度可达 170 kN，横杆接头的抗弯能力在跨中集中荷载作用下可达 6 ~ 9 kN · m。

（2）搭设要求

碗扣式脚手架采用工厂化生产，其碗扣间距有一定模数，因此搭设时立杆的纵、横间距及步高均应按一定模数布设。

碗扣式钢管脚手架立柱横距一般为 1.2 m，纵距根据脚手架荷载可为 1.2 m、1.5 m、1.8 m 或 2.4 m，步距为 1.8 m 或 2.4 m。搭设时立杆的接长缝应错开，第一层立杆应用长 1.8 m 的立杆错开布置，往上均用 3.0 m 的长杆，至顶层再用 1.8 m 和 3.0 m 两种长度找平。高 30 m 以下脚手架的垂直度偏差应不大于 1/200，高 30 m 以上脚手架的垂直度偏差应控制在 1/400 ~ 1/600，总高垂直度偏差不应大于 100 mm。

3. 盘扣式脚手架

（1）基本构造

盘扣式脚手架是一种新型脚手架，于 20 世纪 80 年代从欧洲引进，是继碗扣式脚

手架之后的升级换代产品。相比传统的钢管脚手架，盘扣式脚手架具有定型化、安全性高、美观等优点。因为是定型化产品，所以其步距、跨距都是按模数的倍数布置，工人们搭设起来更方便，且搭设起来更规范，不存在漏搭、错搭的现象。脚手架定型化也可以使用定型化的钢踏板，告别原来普通钢管的钢网片脚手板。盘扣式脚手架传力更加合理，盘扣外观镀锌银白，不需要像普通钢管还要进行刷漆防锈处理，现场更美观。

一般盘扣式脚手架包含立杆、横杆、插销、斜杆、可调底座及一些小配件，如图 3-6 所示，根据不同需求有不同的规格尺寸。

1）立杆：盘扣式脚手架立杆采用套管或插管承插连接，立杆焊接有八个孔的圆盘，分别用于横杆和斜杆的连接。立杆材质一般采用 Q355B、Q345B、Q355 和 Q235 等，圆盘间距为 500 mm，所以立杆的规格模数为 500 mm，常用长度为 0.5 ~ 2.0 m，立杆表面采用热镀锌浸镀工艺，防锈效果佳。

2）横杆：横杆两端焊接有扣接头，通过插销与立杆自锁式扣接。横杆规格模数为 300 mm，长度为 0.6 ~ 2.4 m 不等，常用的横杆规格有 1.5 m 和 1.8 m。

3）插销：用于固定水平杆与立杆。插销在水平杆上，扣接头插销孔口上面小下面大，因铆钉限制，只能往下，不能往上拿出扣接头，插销应保证在锤击自锁后不拔脱。

4）斜杆：与立杆上的圆盘扣接的斜向杆件，分为竖向斜杆与水平斜杆两类。

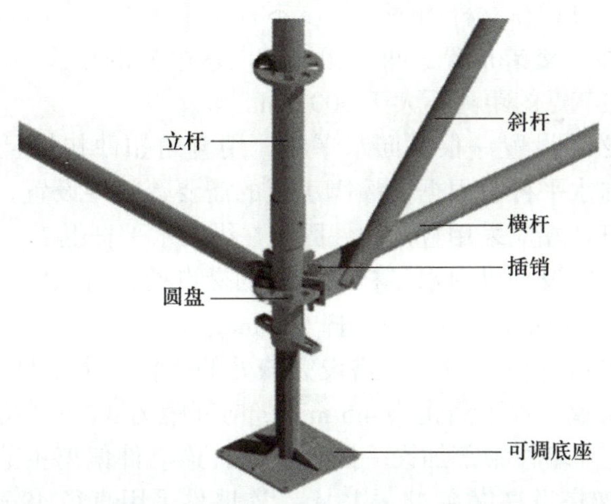

图 3-6　盘扣式脚手架的组成和连接

（2）搭设要求

1）双排外脚手架及模板支架搭设高度不宜超过 24 m；当超过 24 m 时，应另行专门设计。

2）脚手架首层立杆宜采用不同长度的立杆交错布置，错开立杆竖向距离不应小于 500 mm。

3）可根据使用需求选择架体尺寸，相邻水平杆步距宜选用 2 m。立杆纵距宜选用 1.5 m 或 1.8 m，但不宜大于 2.1 m。立杆横向距离宜选用 0.9 m 或 1.2 m。

4）双排外脚手架的斜杆应沿架体外侧纵向每 5 跨每层设置一根竖向斜杆，或每 5 跨间设置钢管剪刀撑。

5）连墙件应设置在有水平杆的盘扣节点旁，连接点至盘扣节点距离不应大于300 mm；采用钢管扣件做连墙杆时，连墙杆应采用直角扣件与立杆连接。

6）钢脚手板的挂钩必须完全扣在水平杆上，挂钩必须处于锁住状态，作业层脚手板应满铺。

4. 搭设程序及搭设应注意的问题

落地式脚手架的搭设流程为：底座垫板安放→纵向扫地杆→立杆→横向扫地杆→纵向水平杆→横向水平杆→连墙件、剪刀撑→铺脚手板→分层检查、验收。

搭设脚手架时应注意以下问题：

（1）按要求进行定位放线，垫板（4 m 长、50 mm 厚脚手板）准确放置在定位线上。

（2）纵向扫地杆采用直角扣件固定在距离底座 200 mm 处的立杆上，横向扫地杆固定在紧靠纵向扫地杆下方的立杆上。

（3）开始搭设立杆时，应每隔 6 跨搭设一道抛撑，直至连墙件安装完毕，架体稳定后根据实际情况拆除抛撑。

（4）立杆接长除顶层外，相邻立杆的对接扣件不得在同一高度内，错开距离不宜小于 500 mm；各接头中心至主节点的距离不应大于 500 mm；立杆顶部高出女儿墙 1 m，高出檐口上皮 1.5 m；立杆钢管长度不应小于 6 m。

（5）纵向水平杆设置在立杆内侧，长度不宜小于 3 跨；纵向水平杆接长采用对接扣件连接；对接扣件应交错布置，两根相邻纵向水平杆的接头不应在同步或同跨内；各接头中心至最近主节点的距离不大于 500 mm。

（6）主节点处必须设置一根横向水平杆，用直角扣件扣接且严禁拆除；作业层上非主节点处的横向水平杆宜根据支撑脚手板的需要等间距设置，最大间距不应大于 750 mm；横向水平杆两端应采用直角扣件固定在纵向水平杆上。

（7）横向水平杆应设在纵向水平杆与立杆的交点处，与纵向水平杆垂直；横向水平杆端头伸出外立杆 100 mm，伸出内立杆 500 mm。

（8）当搭设至连墙件位置时，在搭设完该处的立杆、水平杆后及时设置连墙件；连墙件宜采用菱形布置，水平间距为 4.5 m，竖向间距为 3.6 m（标准层每层楼板标高处）；首层至三层在外墙柱中部加设一道连墙件；连墙件偏离主节点的距离不应大于 300 mm；由于脚手架搭设高度在 24 m 以上，连墙件采用直径 48 mm 的钢管，与框架柱、梁固定。

（9）由脚手架两端转角处开始设置剪刀撑，剪刀撑连续设置；剪刀撑应用旋转扣件固定在与之相交的横向水平杆的伸出端或立杆上，旋转扣件中心线至主节点的距离不宜大于 150 mm；钢管接长应用两只旋转扣件搭接，接头长度不小于 1 000 mm；剪刀撑与地面夹角为 50°；立杆每隔 5 跨设置一道剪刀撑；剪刀撑每节两端用旋转扣件与立杆或水平杆扣牢。

5. 拆除应注意的问题

（1）脚手架拆除前，应清除脚手架杂物及地面障碍物，并经相关部门批准后方可进行拆除。

（2）拆除必须由上至下逐层进行，严禁上下同时作业；先拆除护身栏杆、脚手板

和横向水平杆，再依次拆除剪刀撑的上部扣件；拆除全部剪刀撑以前，必须搭设临时加固支撑，防止脚手架倾倒。

（3）连墙件必须随脚手架逐层拆除，严禁先将连墙件整层或数层拆除后再拆脚手架；分段拆除高差不应大于 2 步。

（4）拆除脚手架杆件必须由 2~3 人协同操作。拆立杆、水平杆时，应由站在中间的人向下传递，严禁抛掷。

（5）拆除作业区的周围及进出口处必须设警戒线，并派专人瞭望，严禁非作业人员进入危险区域；拆除大片脚手架时应加临时围栏；作业区内电线及其他设备有妨碍时，应事先与有关部门联系，以便采取相应措施。

（6）当脚手架拆至下部最后一根长立杆的高度时，应在适当位置搭设临时抛撑加固后再拆除连墙件。

（7）已拆下的材料必须及时清理，运至指定地点分类堆放。

二、悬挑式脚手架

1. 基本构造

悬挑式脚手架是利用建筑结构外边沿向外伸出的悬挑结构来支承外脚手架，将脚手架的荷载全部传递给建筑结构，如图 3–7 所示。悬挑式脚手架的关键是悬挑支承结构，它必须具有足够的强度、稳定性和刚度。悬挑式脚手架一般由悬挑支承结构和架体两部分组成，脚手架架体坐落（搭设）在悬挑支承结构上。

图 3–7　悬挑式脚手架

一次悬挑式脚手架高度不宜超过 20 m。

型钢悬挑式脚手架的构造如图 3–8 所示。型钢悬挑梁宜采用双轴对称截面的型钢。悬挑钢梁型号及锚固件应按设计确定，钢梁截面高度不应小于 160 mm。悬挑梁尾端应在两处及以上固定于钢筋混凝土梁板结构上。锚固型钢悬挑梁的 U 形钢筋拉环或锚固螺栓直径不宜小于 16 mm。

每个型钢悬挑梁外端宜设置钢丝绳或钢拉杆与上一层建筑结构斜拉结。悬挑梁的固定段长度不应小于悬臂段长度的 1.25 倍，固定段应采用两个及以上 U 形钢筋拉环或锚固螺栓。用于锚固的 U 形钢筋拉环或螺栓应采用冷弯成型。U 形钢筋拉环、锚固螺栓与型钢间隙应用钢楔或硬木楔楔紧。型钢悬挑梁的构造如图 3–9 所示。

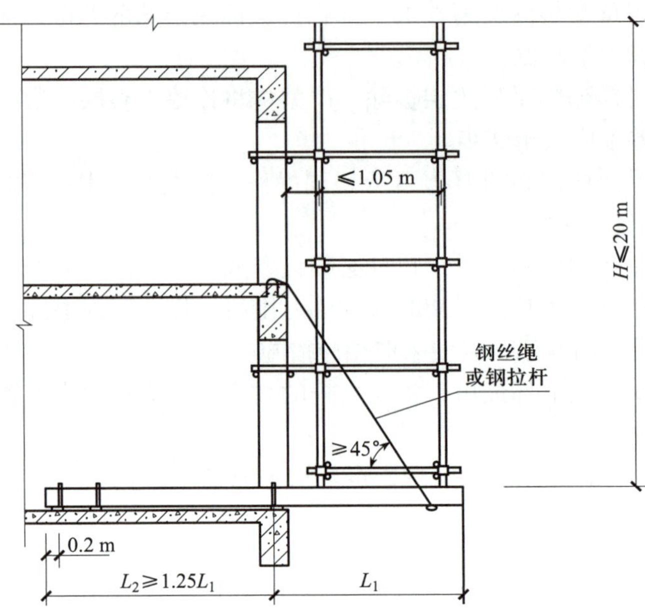

图 3-8　型钢悬挑式脚手架构造

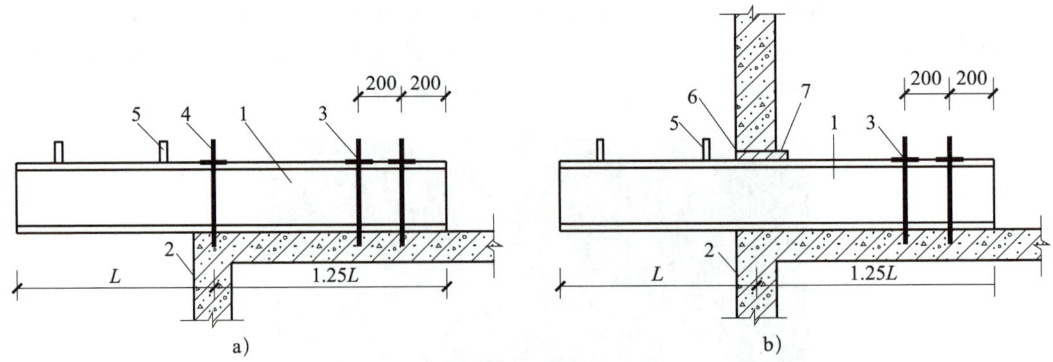

1—型钢挑梁；2—主体结构；3—锚固 U 形钢筋拉环（螺栓）；4—限位拉环（螺栓）；5—脚手架定位杆；6—预留洞口；7—木楔。

图 3-9　型钢悬挑梁构造

a）直接悬挑　b）穿墙悬挑

钢丝绳与建筑结构拉结的吊环应使用 HPB300 级钢筋，其直径不宜小于 20 mm，吊环预埋锚固长度应符合现行国家标准《混凝土结构设计规范》（GB 50010—2010）（2015 年版）中钢筋锚固的有关规定。

2. 搭设要求

（1）悬挑式脚手架立杆底部与悬挑型钢连接应有固定措施，防止滑移。

（2）悬挑架步距不应大于 1.8 m，立杆纵向间距不应大于 1.5 m。

（3）悬挑式脚手架的底层和建筑物的间隙必须封闭防护严密，以防坠物。

（4）与建筑主体结构的连接应采用刚性连墙件。连墙件间距水平方向不应大于 6 m，垂直方向不应大于 4 m。

（5）悬挑式脚手架在下列部位应采取加固措施：①架体立面转角及一字形外架两端处；②架体与塔吊、电梯、物料提升机、卸料平台等设备需要断开或开口处；③其他特殊部位。

（6）悬挑式脚手架的其他搭设要求按照落地式脚手架规定执行。

三、满堂脚手架

1. 基本构造

满堂脚手架又称满堂红脚手架，是一种在水平方向满铺搭设脚手架的施工工艺，多用于施工人员施工通道等，不能作为建筑结构的支撑体系。满堂脚手架为高密度脚手架，相邻杆件的距离固定，压力传导均匀，因此也更加稳固。满堂脚手架由立杆、横杆、斜撑、剪刀撑等组成。

满堂脚手架搭设高度不宜超过 36 m，施工层不得超过 1 层。立杆间距不小于 1.2 m × 1.2 m；施工荷载标准值大于 3 kN/m 时，立杆上应增设防滑扣件，防滑扣件应安装牢固，且顶紧立杆与水平杆连接的扣件。

（1）立杆

满堂脚手架立杆的构造应符合以下规定：

1）每根立杆底部宜设置底座或垫板。

2）脚手架必须设置纵、横向扫地杆。纵向扫地杆应采用直角扣件固定在距钢管底端不大于 200 mm 处的立杆上。横向扫地杆应采用直角扣件固定在紧靠纵向扫地杆下方的立杆上。

3）当脚手架立杆基础不在同一高度上时，必须将高处的纵向扫地杆向低处延长两跨与立杆固定，高低差不应大于 1 m。靠边坡上方的立杆轴线到边坡的距离不应小于 500 mm，如图 3–10 所示。

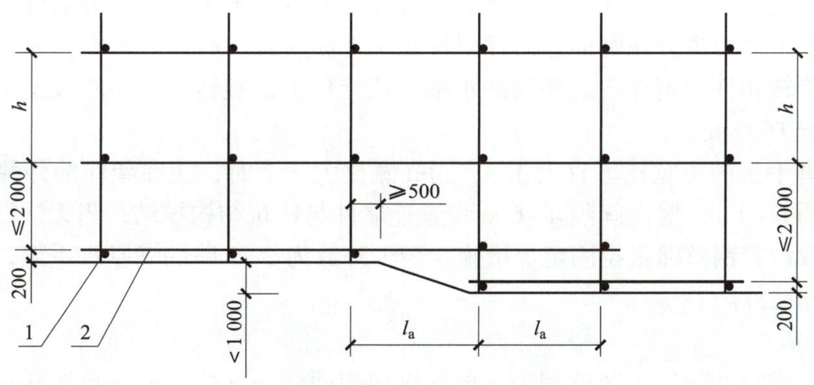

1—横向扫地杆；2—纵向扫地杆。

图 3–10　纵、横向扫地杆构造

4）当立杆采用对接接长时，立杆的对接扣件应交错布置，两根相邻立杆的接头不应设置在同步内，同步内隔一根立杆的两个相隔接头在高度方向错开的距离不宜小于 500 mm，各接头中心至主节点的距离不宜大于步距的 1/3。

（2）纵向水平杆

水平杆长度不宜小于 3 跨。纵向水平杆的构造应符合下列规定：

1）两根相邻纵向水平杆的接头不应设置在同步或同跨内，不同步或不同跨两个相邻接头在水平方向错开的距离不应小于 500 mm，各接头中心至最近主节点的距离不应大于纵距的 1/3。纵向水平杆对接接头布置如图 3-11 所示。

2）搭接长度不应小于 1 m，应等间距设置 3 个旋转扣件固定；端部扣件盖板边缘至搭接纵向水平杆杆端的距离不应小于 100 mm。

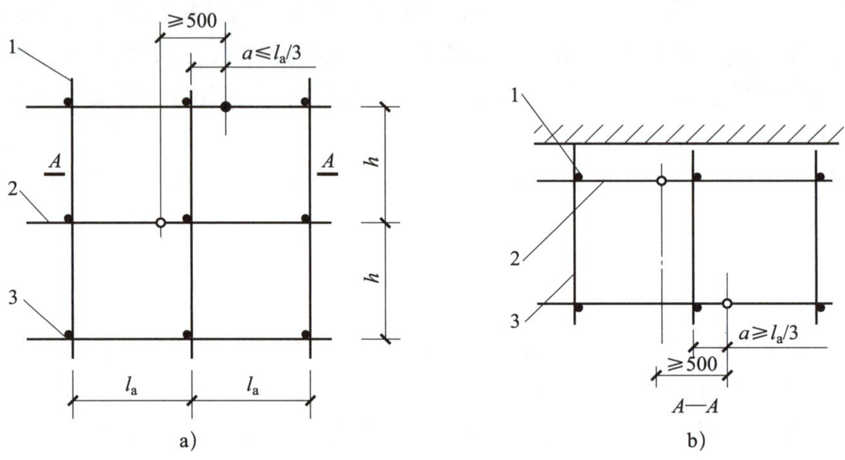

1—立杆；2—纵向水平杆；3—横向水平杆。

图 3-11　纵向水平杆对接接头布置

a）接头不在同步内（立面）　b）接头不在同跨内（平面）

满堂脚手架应在架体外侧四周及内部纵、横向每 6 ~ 8 m 由底至顶设置连续竖向剪刀撑。当架体搭设高度在 8 m 以下时，应在架顶部设置连续水平剪刀撑；当架体搭设高度在 8 m 及以上时，应在架体底部、顶部及竖向间隔不超过 8 m 分别设置连续水平剪刀撑。水平剪刀撑宜在竖向剪刀撑斜杆相交平面设置。剪刀撑宽度应为 6 ~ 8 m。剪刀撑应用旋转扣件固定在与之相交的水平杆或立杆上，旋转扣件中心线至主节点的距离不宜大于 150 mm。

满堂脚手架的高宽比不宜大于 3；当高宽比大于 2 时，应在架体的外侧四周和内部水平间隔 6 ~ 9 m、竖向间隔 4 ~ 6 m 设置连墙件与建筑结构拉结；当无法设置连墙件时，应采取设置钢丝绳张拉固定等措施。最少跨数为 2 ~ 3 跨的满堂脚手架，宜按规范规定设置连墙件。

2. 搭设

脚手架搭设的施工工艺流程为：放置纵向扫地杆→立柱→横向扫地杆→第一步纵向水平杆→第一步横向水平杆→连墙件（或加抛撑）→第二步纵向水平杆→第二步横向水平杆。

具体的搭设要求为：

（1）立杆基础

立杆底部必须设置木垫板，垫板面积不宜小于 0.1 m^2，宽度不宜小于 20 cm，厚度不宜

小于 5 cm，必须沿纵向连续设置，垫板布设必须平稳，不得悬空，以确保底板均匀受力。

（2）立杆

立杆自由端低于顶板 20 cm，其纵横间距 1.1 m。

（3）横杆

横杆应水平连续设置，横向横杆置于纵向横杆之下，用直角扣件与立柱扣紧；钢管长度不应小于 3 跨，接头宜采用对接扣件连接，并交错布置，两根相邻纵向或横向水平杆的接头不应在同步同跨内，上下两个相邻接头应错开一跨，其错开的水平距离不应小于 500 mm，各接头距立柱的距离不大于 500 mm。当水平管搭接时，其搭接长度不应小于 1 m，不少于 2 个旋转扣件固定，其固定的间距不应少于 400 mm，相邻扣件中心至杆端的距离不应小于 150 mm。

（4）纵向、横向扫地杆

每根立管的底座向上 200 mm 处必须设置纵向、横向扫地杆，并用直角扣件与立管固定。横向扫地杆固定在紧靠纵向扫地杆下方的立柱上。

（5）剪刀撑

剪刀撑在脚手架外侧立面，沿外架体长度和高度方向连续设置。垂直剪刀撑跨越 5 根立杆，斜杆与地面的夹角为 45°~60°。剪刀撑的一根斜杆扣在立柱上，另一根斜杆扣在大横杆伸出的端头上，两端分别用旋转扣件固定，在其中间增加 2~4 个扣结点。所有固定点距主节点距离不大于 15 cm。最下部的斜杆与立杆的连接点距地面的高度控制在 30 cm 内。必要时还应设置水平剪刀撑。剪刀撑的杆件连接采用搭接方式，其搭接长度≥ 100 cm，并用不少于 2 个旋转扣件固定，端部扣件盖板的边缘至杆端的距离≥ 10 cm。

（6）脚手板的铺设

脚手板可对接平铺，也可搭接铺设。对接平铺时，接头处必须设置两根横向水平杆，脚手板外伸长度为 130~150 mm，两块脚手板的外伸长度之和不大于 300 mm。搭接铺设时，接头必须设在横向水平杆上，搭接长度大于 200 mm，伸出横向水平杆的长度不小于 100 mm，严禁有超过支承横杆 250 mm 以上的探头板出现。

四、附着式升降脚手架

1. 基本构造

附着式升降脚手架是指搭设一定高度并附着于工程结构上，依靠自身的升降设备和装置，可随工程结构逐层爬升或下降的外脚手架，具有防倾、防坠的功能，如图 3-12 所示。

常见的附着式升降脚手架有两种形式：一种是连跨升降的整体附着式升降脚手架；另一种是独自升降的附着式升降脚手架，包括自升式和互升式。

附着式升降脚手架由架体结构、附着支承结构、防倾装置、防坠装置、升降装置、控制装置等组成，如图 3-13 所示。竖向主框架是附着式升降脚手架的主要承力结构，附着在主体结构上，高度与架体相同、与墙面垂直。竖向主框架与水平支承桁架和架体结构等组成具有足够承载力和支撑刚度的空间稳定结构。竖向主框架有两种形式，即平面桁架式和空间桁架式。

图 3-12　附着式升降脚手架

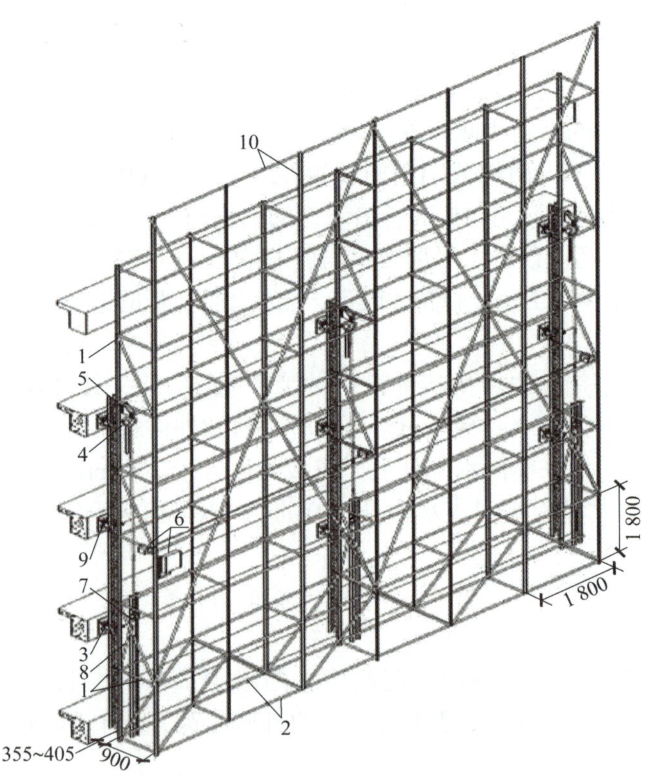

1—导轨主框；2—水平支承桁架（俗称 A、B 片）；3—附着支座；4—升降装置；5—吊挂件；6—控制箱；7—同步控制装置；8—双管吊点组件；9—锚固螺栓组件；10—架体网架。

图 3-13　附着式升降脚手架构造

附着式升降脚手架构造的尺寸规定如下：

（1）架体结构高度不应大于 5 倍楼层高。

（2）架体宽度不应大于 1.2 m。

（3）直线布置的架体支承跨度不应大于 7 m；折线或曲线布置的架体，相邻两主

框架支承点处架体外侧距离不得大于 5.4 m。

（4）架体的水平悬挑长度不得大于 2 m，且不得大于跨度的 1/2。

（5）架体全高与支承跨度的乘积不应大于 110 m^2。

2. 施工

（1）施工前的准备

按平面图先确定承力架及升降装置安装的位置和数量，在相应位置上的结构墙、柱或梁内预埋螺栓或预留螺栓孔。各层的预埋螺栓或预留螺栓孔位置要求上下一致，误差不应大于 10 mm。

加工制作型钢承力架、挑梁、斜拉杆。准备电动倒链、钢丝绳、脚手管扣件、安全网、木板等材料。

整体附着式升降脚手架的高度一般为 4~5 个施工层层高。在建筑物施工时，由于建筑物的最下几层层高往往与标准层不一致，且平面形状也往往与标准层不同，所以，一般在建筑物主体施工到 3~5 层时开始安装整体脚手架，下面几层施工时可采用落地外脚手架。

（2）安装

先安装附着支承结构，附着支承结构内侧用 M25~M30 的螺栓与主体结构固定，并将附着支承结构调平；在附着支承结构上面搭设脚手架主框；然后搭设下面的水平支承结构；再逐步搭设架体结构，随搭随设置拉结点和剪刀撑；最后安装升降装置。在架体上每个层高铺满脚手板，架体外面挂安全网。

（3）爬升

先短暂开动升降装置，将其与附着支承结构之间的吊链拉紧，使各提升点受力均匀地处在初始状态。松开附着支承结构与结构内相连的螺栓和斜拉杆，开动升降装置开始爬升。爬升的过程中，应随时观察脚手架的同步情况，如发现不同步，应及时停机进行调整。爬升到位后，安装上层附着支承结构，然后安装架体上部与结构的各拉结点。待检查符合安全要求后，可开始进行上一层的主体结构施工。

（4）下降

与爬升操作顺序相反，利用升降装置顺着爬升用的结构预留孔倒行，脚手架即可逐层下降，在脚手架下降的同时把留在墙面上的预留孔修补完毕，最后脚手架返回最下层。

（5）拆除

爬架拆除前应清理脚手架上的杂物。拆除爬架有两种方式：一种方式是与常规脚手架拆除类似，采用自上而下的顺序逐步拆除；另一种方式是用起重设备将脚手架整体吊至地面后再进行拆除。

五、斜道

斜道又称盘道、坡道，俗称马道，是供施工人员上下脚手架的坡道，通常附搭于脚手架旁，搭设形式有“一”字形和“之”字形两种，需在拐弯处设置平台。

斜道的基本构造与搭设要求如下：

1. 当架体高度在 3 步及以下时，斜道应采用“一”字形；当架体高度在 3 步以上时，斜道应采用“之”字形。

2. “之”字形斜道应在拐弯处设置平台。当只作人行通道时，平台面积不应小于 3 m^2，宽度不应小于 1.5 m；当用作运料通道时，平台面积不应小于 6 m^2，宽度不应小于 2.0 m。

3. 人行斜道坡度宜为 1∶3，运料斜道坡度宜为 1∶6。

4. 立杆的间距应根据实际荷载情况计算确定，纵向水平杆的步距不得大于 1.4 m。

5. 斜道两侧、平台外围和端部均应设剪刀撑，并应沿斜道纵向每隔 6~7 根立杆设一道抛撑，且不得少于两道。

思考练习题

1. 脚手架搭设的基本要求有哪些?
2. 简述常见的脚手架类型。
3. 简述扣件式脚手架的搭设要求。
4. 简述满堂脚手架的搭设要求。

第四章 砌体结构施工

砌筑结构工程在演变的过程中经历了石、砖、砌块。砖石历经几千年的使用，在我国已有重要的地位，至今仍在建筑工程中起着很大的作用。砖石结构虽然具有就地取材方便、保温、隔热、隔声、耐火等良好的性能，且可以节约钢材和水泥，不需要大型的施工机械，施工组织简单等优点，但它的施工仍以手工操作为主，劳动强度大，生产效率低，而且黏土砖的烧制需大量取用农田中的黏土，从而造成对农田的破坏，因而采用新型墙体材料代替普通黏土砖、改善砌体施工工艺成为其工程改革的重要发展方向。各类砌块在此过程中应运而生，并在砌体工程中开始大量使用。

第一节 砌体结构材料和工艺基础知识

一、砌体结构材料

砌体结构是指用砌筑砂浆把块材按一定规律砌筑而成的结构，块材和砂浆是砌体结构的主要材料。

1. 块材

块材分为砖、砌块和石材三种，其强度等级符号是 MU。

（1）烧结普通砖

烧结普通砖以黏土、页岩、煤矸石或粉煤灰为主要原料，经过焙烧而成，其实心或孔洞率不大于 15%，且外形尺寸符合规定。

（2）多孔砖和空心砖

多孔砖以黏土、页岩、煤矸石或粉煤灰为主要原料，经过焙烧而成，其孔径不大于 22 mm，孔洞率不小于 15%，孔的尺寸小而数量多。空心砖孔的尺寸大而数量少。目前在房屋建筑中大量采用多孔砖和空心砖，外形为直角六面体。

烧结普通砖和多孔砖的强度等级有 MU10、MU15、MU20、MU25 和 MU30 五级。

（3）蒸压灰砂砖和蒸压粉煤灰砖

蒸压灰砂砖是指以石灰和砂为主要原料，经坯料制备、压制成型、高压蒸汽养护而成的实心砖，简称灰砂砖。

蒸压粉煤灰砖是指以粉煤灰、石灰为主要原料，掺入适量石膏和集料，经坯料制备、压制成型、高压蒸汽养护而成的实心砖，简称粉煤灰砖。

灰砂砖与粉煤灰砖的规格尺寸与烧结普通砖相同。灰砂砖和粉煤灰砖均属于“节土”“利废”的产品，其强度等级有 MU15、MU20 和 MU25 三级。

（4）砌块

建筑砌筑用的砌块包括粉煤灰硅酸盐砌块、普通混凝土小型空心砌块、蒸压加气混凝土砌块等。砌块的强度等级有 MU5、MU7.5、MU10、MU15 和 MU20 五级。

2. 砂浆

砂浆的强度等级符号为 M。混凝土砌块砌筑砂浆（即砌块专用砂浆）的强度等级符号为 Mb。砂浆的作用是将块材黏结成整体并使物体受力均匀，同时因砂浆填满块材间的缝隙，所以还能降低砌体的透气性，提高其保湿性和抗冻性。砌体中常用的砂浆有水泥砂浆、混合砂浆、石灰砂浆和砌块专用砂浆四类。

砂浆的强度等级是用 70.7 mm × 70.7 mm × 70.7 mm 的立方体试块，经抗压强度试验而测得，水泥混合砂浆共分 M2.5、M5、M7.5、M10 和 M15 五级。对于施工阶段尚未硬化的新砌体，可按砂浆强度为零来确定其砌体强度。

二、砌体结构基本施工工艺

1. 施工准备

（1）基础施工已经完毕。

（2）砌体砌筑前应调配砂浆，蒸压灰砂砖砌体砂浆的黏稠度为 50 ~ 70 mm，蒸压加气混凝土砌块砌体砂浆的黏稠度为 60 ~ 80 mm。

（3）砖在砌筑前 1 ~ 2 d 应浇水润湿，润湿后含水率宜为 40% ~ 50%。严禁采用干砖或处于吸水饱和状态的砖砌筑。

（4）蒸压加气混凝土砌块在砌筑当天对砌块砌筑面喷水润湿，蒸压加气混凝土砌块的相对含水率为 40% ~ 50%。

（5）砌体施工应弹好建筑物的主要轴线及砌体的砌筑控制边线，经技术部门技术复查，检查合格后方可施工。

（6）砌体施工应设置皮数杆，并根据设计要求、砖块规格和灰缝厚度，在皮数杆上标明皮数及竖向构造的变化部位。

（7）根据皮数杆最下面一层砖的标高，可用拉线或水准仪进行抄平检查。如砌筑第一皮砖的水平灰缝厚度超过 20 mm，应先用细石混凝土找平，严禁在砌筑砂浆中掺填碎砖或用砂浆找平，更不允许采用两侧砌砖、中间填心找平的方法。

2. 工艺流程

砌体砌筑的工艺流程为：抄平→弹线→立皮数杆→排砖→盘角、挂线→砌筑及放预埋件→勾缝。

抄平：砌砖墙前，先在基础面或楼面上按标准的水准点定出各层标高，并用水泥砂浆或 C20 细石混凝土找平。

弹线：用来确定砌筑的参考线。具体操作方法是：用一条沾了墨的线，两个人每人拿一端然后弹在地上或者墙上。

立皮数杆（见图 4–1）：可控制每皮砖砌筑的竖向尺寸，并使铺灰、砌砖的厚度

均匀，保证砖皮水平。皮数杆标有砖的皮数、灰缝厚度及门窗洞、过梁、楼板的标高。它立于墙的转角处，其基准标高用水准仪校正。如墙很长，可每隔 10~20 m 再立一根。

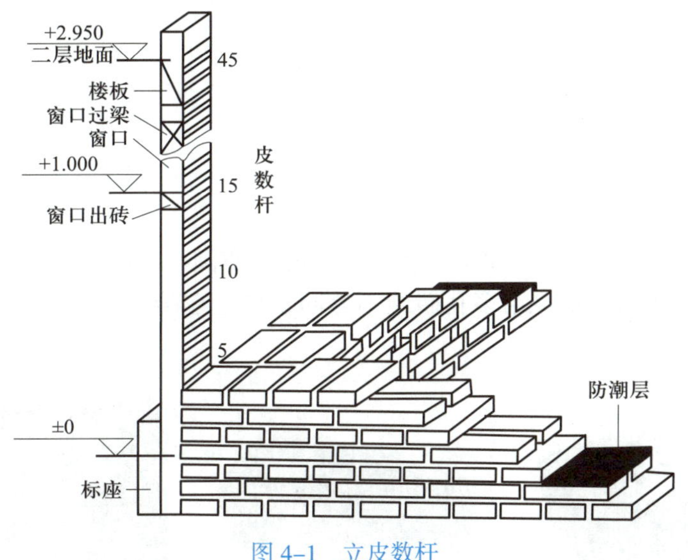

图 4–1　立皮数杆

排砖：按设计要求经测量放出轴线和门窗洞口位置的尺寸线。采用干砖排砖撂底，以砖的模数按测量放线结果标出位置尺寸，进行排砖撂底，两山墙排丁砖，前后纵墙排条砖。排砖时应严格核对门窗洞口的位置，窗间墙、垛、构造柱的尺寸是否符合排砖的模数。在保证砖砌体灰缝 8 ~ 10 mm 的前提下全盘考虑排砖撂底。排砖时要注意卫生主管道及门窗的开启不受影响，在其洞口处砌体的边缘必须用砖的合理模数，不得出现破活。

盘角、挂线：砌砖通常先在墙角以皮数杆进行盘角，然后将准线挂在墙侧，作为墙身砌筑的依据，每砌一皮或两皮，准线向上移动一次，如图 4–2 所示。

砌筑：铺灰砌砖的操作方法有很多，与各地区的操作习惯、使用工具有关。常用的砌砖工程施工方法有挤浆法、刮浆法和满口灰法，操作工具北方多用大铲，南方多用泥（瓦）刀。

图 4–2　盘角、挂线

第二节 普通多孔砖墙体砌筑工程

一、普通多孔砖墙体砌筑材料与组砌方式

1. 砌筑材料和设备

（1）多孔砖

多孔砖的孔洞率为15%~30%，孔型为圆孔或非圆孔，孔的尺寸小而数量多。具有长方形或圆形孔的承重烧结多孔砖绝不等同于只是在砖上开些洞。多孔砖如图4–3所示，主要适用于承重墙体。

图4–3 多孔砖

多孔砖兼具黏土砖和混凝土小砌块的特点，属于烧结多孔砖，材料与混凝土小砌块类同，符合砖砌体施工习惯。其使用范围、设计方法、施工和工程验收等可参照现行砌体标准，可直接替代烧结黏土砖用于各类承重、保温承重和框架填充等建筑墙体结构中，具有广泛的推广应用前景。

多孔砖产品的主规格尺寸为240 mm×115 mm×90 mm，砌筑时可配合使用半砖（120 mm×115 mm×90 mm）、七分砖（180 mm×115 mm×90 mm）或与主规格尺寸相同的实心砖等。

（2）水泥

建筑施工中一般采用强度等级为32.5的普通硅酸盐水泥或矿渣硅酸盐水泥，水泥要求有出厂合格证明。水泥进场使用前，应分批对其强度、安定性进行复验，检验批应以同一生产厂家、同一编号为一批。当在使用中对水泥质量有怀疑或水泥出厂超过三个月时，应复查试验，并按其结果使用。不同品种的水泥不得混合使用。

（3）砂

建筑施工宜用中砂，细度模数控制在2.5左右，并过5 mm孔径筛子。配制强度等级M5以下的水泥混合砂浆，砂的含泥量不超过10%；配制水泥砂浆和强度等级M5及以上的水泥混合砂浆，砂的含泥量不超过5%，且不含草根等有害杂物。

（4）掺和料

掺和料宜选用石灰膏、磨细生石灰粉、粉煤灰等，其质量应符合有关要求。生石

灰粉熟化时间不得少于 7 d；当采用磨细生石灰粉时，其熟化时间不得少于 2 d。不得使用脱水硬化的石灰膏。

（5）水

应使用饮用水或不含有害物质的洁净水，水质应符合《混凝土用水标准》（JGJ 63—2006）的规定。

（6）其他材料

其他材料包括塑化剂、防冻剂、微末剂、拉结钢筋、预埋件、过梁、梁垫等。

（7）机械设备与工具

机械设备包括砂浆搅拌机、卷扬机及井架、切割机、磅秤、翻斗车等。

工具包括吊斗、砖笼、手推车、胶皮管、筛子、铁锹、半截灰桶、小水桶、喷水壶、托线板、线坠、水平尺、小线、砖夹子、大铲、刨锛、皮数杆、钢卷尺、缝溜子、2 m 靠尺、笤帚等。

2. 组砌方式

组砌原则是砖缝横平竖直、错缝搭接、避免通缝、砂浆饱满、厚薄均匀。

（1）多孔砖墙常用组砌方式

多孔砖墙常用的组砌方式有一顺一丁、三顺一丁、梅花丁，以及五顺一丁、全顺、全丁、两平一侧和空斗墙等，如图 4–4 和图 4–5 所示。

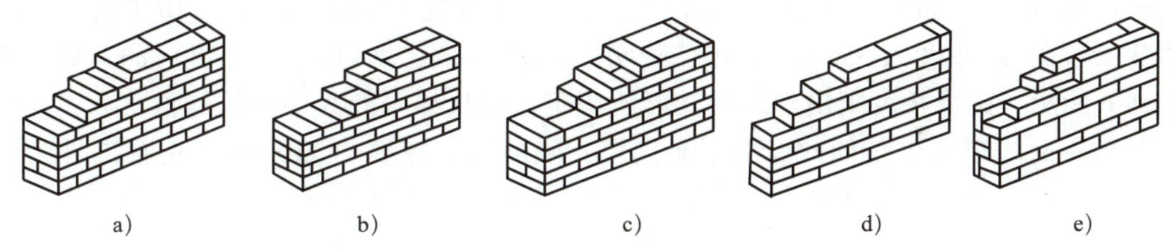

图 4–4　砌体组砌形式

a）一顺一丁　b）三顺一丁　c）梅花丁　d）全顺　e）两平一侧

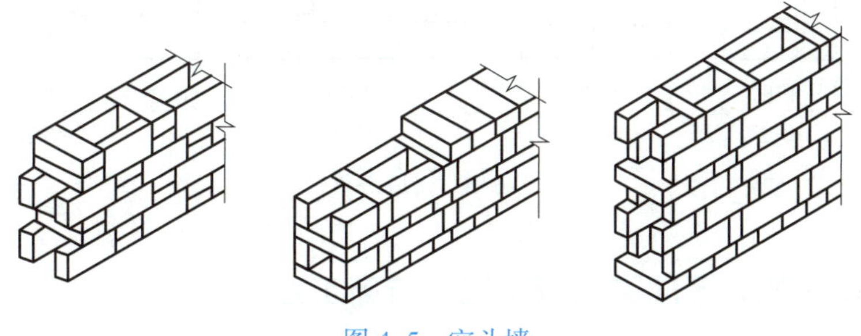

图 4–5　空斗墙

一顺一丁又称满丁满条，是指一皮砖按照顺、一皮砖按照丁的方式交替砌筑。这种砌法最常见，对工人的技术要求也较低。

三顺一丁是指三皮全部顺砖与一皮全部丁砖间隔砌成，上下皮顺砖间竖缝错开 1/2 砖长，上下皮顺砖与丁砖间竖缝错开 1/4 砖长。

梅花丁又称沙包式，是指在同一皮砖层内一块顺砖一块丁砖间隔砌筑（转角处不受此限），上下两皮间竖缝错开 1/4 砖长，丁砖必须在顺砖的中间。该砌法内外竖缝每皮都能错开，故抗压整体性较好，墙面容易控制平整，竖缝易于对齐，特别是当砖长、宽比例出现差异时竖缝易控制。因丁、顺砖交替砌筑，且操作时容易搞错，所以梅花丁比较费工，抗拉强度不如三顺一丁。梅花丁外形整齐美观，所以多用于砌筑外墙。此种砌法在头角处用“七分头”调整错缝搭接时，必须采用“外七分头”。

五顺一丁与三顺一丁在砌法上基本相同，仅在两个丁砖层中间多砌两皮顺砖。

全丁砌法每皮全部用丁砖砌筑，两皮间竖缝搭接为 1/4 砖长。此种砌法多用于圆形建筑物，如水塔、烟囱、水池、圆仓等。

两平一侧是指在两皮平砌的顺砖旁砌一皮侧砖，其厚度为 18 cm。两平砌层间竖缝应错开 1/2 砖长，平砌层与侧砌层间竖缝可错开 1/4 或 1/2 砖长。此种砌法比较费工，墙体的抗震性能较差，但能节约用砖量。

空斗墙分为有眠空斗墙和无眠空斗墙两种。有眠空斗墙是将砖侧砌（称斗）与平砌（称眠）相互交替叠砌，形式有一斗一眠及多斗一眠等。无眠空斗墙由两块砖侧砌的平行壁体及互相间用侧砖丁砌横向连接而成。

（2）砖墙厚度与长度

砖墙的厚度有半砖墙（又称 12 墙，实际厚度为 115 mm）、3/4 砖墙（又称 18 墙，实际厚度为 178 mm）、一砖墙（又称 24 墙，实际厚度为 240 mm）、一砖半墙（又称为 37 墙，实际厚度为 365 mm）和二砖墙（又称 49 墙，实际厚度为 490 mm）等，如图 4–6 所示。砖墙长度则由建筑物功能所决定，墙长尽可能为半砖长的整倍数，尤其不超过 1 m 的短墙更是如此。混凝土内墙（隔断墙）厚度为 115 mm（包括内外装修厚度）。

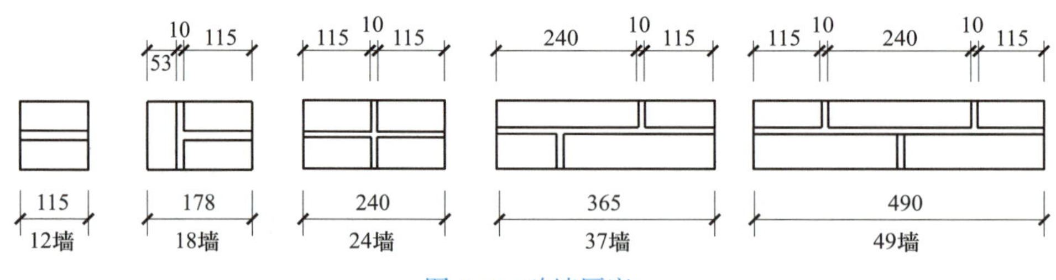

图 4–6　砖墙厚度

二、普通多孔砖墙体砌筑施工工艺与施工要点

1. 作业条件

（1）地基、基础工程隐检手续已完成。

（2）按设计标高已抹好水泥砂浆防潮层。

（3）基层找平：施工前应用水准仪抄平，当第一皮砖下灰缝厚度超过 20 mm 时，应采用 C20 豆石混凝土找平。

（4）已弹好轴线、墙身线、门窗洞口位置线，引测标高控制线，经验线符合设计

要求，并办理预检手续。

（5）按建筑平面形式和施工段的划分立好皮数杆，皮数杆的间距以 15～20 m 为宜，转角、交角处均应设立。皮数杆设立应牢固、竖直，标高一致，并办理完预检手续。

2. 技术准备

（1）绘制多孔砖排列平面图和立面图（即排砖图）。

（2）取得实验室的砂浆配合比通知单，准备试模。

（3）根据多孔砖尺寸及建筑物层高确定灰缝厚度，绘制皮数杆，同时在皮数杆上标明门窗洞口及过梁尺寸。

（4）对操作工人进行技术交底。

3. 施工准备

（1）皮数杆

皮数杆用 30 mm × 40 mm 材料制作，皮数杆上注明门窗洞口、木砖、拉结筋、圈梁、过梁的尺寸标高。特别注意在窗的上角应是七分砖。皮数杆间距 15 m，一般距墙皮或墙角 50 mm，转角处均应设立。

（2）砖

常温天气在砌筑前一天将砖浇水润湿，使砖的含水率为 10%～15%；冬期施工应清除砖表面的冰霜。

4. 操作工艺要点

砌筑前，基础墙或楼面应清扫干净，洒水润湿。基础应采用实心砖砌筑。根据最下面第一皮砖的标高，拉通线检查，若水平灰缝厚度超过 20 mm，用细石混凝土找平，不得用砂浆找平。

根据设计图样各部位尺寸排砖撂底。排砖撂底是砌筑的第一步，根据门窗洞口等尺寸，先排好砖，然后再进行砌筑施工，使组砌方法合理，便于操作。

（1）拌制砂浆

砂浆配合比应用质量比，计量精度为水泥 ±2%，砂及掺和料 ±5%。砌筑砂浆应采用机械搅拌。自投料完算起，搅拌时间应符合下列规定：水泥砂浆和水泥混合砂浆不得少于 2 min，水泥粉煤灰砂浆和掺用外加剂的砂浆不得少于 3 min，掺用有机塑化剂的砂浆应为 3～5 min。水泥砂浆和水泥混合砂浆应分别在 3 h 和 4 h 内使用完毕；当施工期间最高气温超过 30 ℃时，应分别在拌成后 2 h 和 3 h 内使用完毕。严禁用过夜砂浆。

（2）砌多孔砖墙体

砌筑时，一般一个瓦工负责两条轴线或一间房间的砌筑，配合一个送砂浆的工人和一个送砖的工人。从转角或定位处开始砌筑，内外墙同时进行，纵横墙交错搭接砌筑。多孔砖的孔应垂直于砌筑面。

每层的轴线位置由经纬仪进行定位，砌筑墙面的垂直度由线坠控制，平整度由两个转角之间的控制线控制。为确保质量，每道墙两面均设置控制线进行控制。

组砌时，采用梅花丁砌筑形式。砌筑方法采用“三一”砌砖法，上下错缝，交接处咬槎搭砌，严禁使用掉角严重的多孔砖。

水平灰缝采用坐浆法，按规范要求厚度为 8～12 mm，可以根据门窗洞口的高度调整各水平灰缝的大小，并严格控制在规范范围内。砂浆饱满度要求在 90% 以上，平直通顺，立缝用砂浆填实填满，严禁出现瞎缝和亮缝，随砌随用小工具将缝中多余的砂浆清除。

多孔砖墙按图样设置构造柱，在构造柱处应留马牙槎，各种预留洞、预埋件等应按设计要求设置，避免砌筑后剔凿。对电线盒预留洞口，应先定好管线位置和高度，在砌筑时用切割机切出槽口，线管安放后及时用 C20 细石混凝土填满灌实并和墙面抹平。墙体严禁穿行水平暗管和预留水平沟槽。无法避免时，将暗管居中埋于局部现浇的混凝土水平构件中。如需要穿墙（如水管等），则在预留位置采用预制好的带套管的混凝土块代替多孔砖施工。混凝土块预先在现场制作，大小和多孔砖相同，强度为 C20 以上，以确保工程质量。

转角及两墙交接处同时砌筑，不得留直槎；对不能同时砌筑而又必须留置的临时间断处，应砌成斜槎，斜槎高不大于 1.2 m。接槎时，必须将接槎处的表面清理干净，浇水润湿。

三、普通多孔砖墙体砌筑施工安全技术

1. 在砌筑操作前，必须检查施工现场各项准备工作是否符合安全要求。如道路是否畅通，机具是否完好牢固，安全设施和防护用品是否齐全。经检查符合要求后才可施工。

2. 砌基础时，应检查和注意基坑土质的变化情况。堆放砖石材料应距坑边 1 m 以上。

3. 砌墙高度超过地坪 1.2 m 以上时，应搭设脚手架。架上堆放材料不得超过规定荷载值，堆砖高度不得超过三皮侧砖，同块脚手板上的操作人员不应超过两人。

4. 人工抬运钢筋、钢管等材料时要相互配合，上下传递时不得在同一垂直线上。

5. 不准站在墙顶上做画线、刮缝及清扫墙面或检查大角垂直等工作。不准用不稳固的工具或物体在脚手板上垫高操作。

6. 砍砖时应面向墙面，工作完毕后应将脚手板和砖墙上的碎砖、灰浆清扫干净，防止掉落伤人。

7. 正在砌筑的墙上不准走人。山墙砌完后，应立即安装檩条或临时支撑，防止倒塌。

四、普通多孔砖墙体砌筑雨期冬期施工

1. 雨期施工

天气预报的降水量是以降水强度表示的，降水强度以 1 d 的降雨量为标准。1 d 的降雨量小于 10 mm 时为小雨，10～25 mm 时为中雨，25～50 mm 时为大雨；1 d 的降雨量大于 50 mm 或 12 h 的降雨量大于 30 mm 时为暴雨。

砌体的整体稳定性多取决于砂浆等黏合剂及砌体材料的含水量，这两项都会在雨期施工时受到较大影响。因此，在雨期施工时应掌握以下几个要点：

（1）砖在雨期必须集中堆放，不宜浇水。砌墙时要求干湿砖块合理搭配。砖湿度较大时不可上墙，砌筑高度应小于或等于 1 m。

（2）遇大雨必须停工。砌砖收工时应在砖端顶盖一层干砖，避免大雨冲刷灰浆。

（3）稳定性较差的窗间墙、独立砖柱，应加设临时支撑或及时浇筑圈梁。

（4）砌体施工时，内外墙要尽量同时砌筑，并注意转角及丁字墙间的连接要同时跟上。遇台风时，应在与风向相反的方向加临时支撑，以保护墙体的稳定。

2. 冬期施工

在室外日平均气温连续 5 d 稳定低于 5 ℃或当日最低气温低于 0 ℃时，砌筑工程的施工称为冬期施工。冬期施工方法有掺盐砂浆法和冻结法。

掺盐砂浆就是掺入适量的氯盐拌制而成的砂浆。掺盐砂浆法的目的是使砂浆在早期没凝固前不会冻结，等到冻结时砂浆已具有一定的强度，能抵抗因受冻而产生的强度损失，使砂浆凝固后的强度能满足砌体的受力要求。该方法的缺点是，随着时间的变化，砌体表面会产生析盐及吸湿性大的缺陷，会腐蚀配筋砌体的钢筋，故不适用于对装饰要求较高及有特殊要求的砌体。

冻结法是指采用不掺化学附加剂的普通砂浆进行砌筑，允许砂浆砌筑完后受冻的施工方法。

冬期施工时，为保证已砌砌体的质量和砌体稳定性，水平灰缝宽度控制在 10 mm 以内，每日砌筑高度或临时间断处的高度差不超过 1 200 mm，并在砌体表面覆盖保温材料。

冬期施工所用材料应符合下列规定：

（1）拌制砂浆的水泥宜选用早期强度或水化热较高的，如优先选用普通硅酸盐水泥。

（2）石灰膏、电石膏等应防止受冻，如已冻结，施工时应经融化后再使用。

（3）拌制砂浆用砂不得含有冰块和大于 10 mm 的冻结块。

（4）砌体用砖和其他块料不得遭水浸冻。

（5）拌和砂浆宜采用两步投料法，水的温度不得超过 80 ℃，砂的温度不得超过 40 ℃。

五、普通多孔砖墙体砌筑质量验收规范与检查

1. 主控项目

（1）砖和砂浆的强度等级必须符合设计要求。

抽检数量：每一个生产厂家的砖到达现场后，按烧结砖 15 万块、多孔砖 5 万块、灰砂砖及粉煤灰砖 10 万块为一个验收批，抽检数量为 1 组。砂浆试块的抽检数量同砖基础。

检验方法：查砖和砂浆试块试验报告。

（2）砌体水平灰缝的砂浆饱满度不得小于 80%。

（3）砖砌体的转角处和交接处应同时砌筑，严禁无可靠措施的内外墙分砌施工。对不能同时砌筑而又必须留置的临时间断处，应砌成斜槎，斜槎投影长度不应小于高度的 2/3。

（4）非抗震设防及抗震设防烈度为 6 度、7 度地区的临时间断处，当不能留斜槎时，除转角处外，可留直槎，但直槎必须做成凸槎。留直槎处应加设拉结钢筋，拉结钢筋的数量为每 120 mm 厚墙放置 1 根直径 6 mm 的拉结钢筋（120 mm 厚墙放置 2 根直径为 6 mm 的拉结钢筋），间距沿墙高不应超过 500 mm；埋入长度从留槎处算起每边均不应小于 500 mm，对抗震设防烈度 6 度、7 度的地区不应小于 1 000 mm；末端应有 90° 弯钩。

（5）砖砌体的位置及垂直度允许偏差符合表 4–1 的规定。

表 4–1　　砖砌体的位置及垂直度允许偏差

项次	项目			允许偏差 /mm	检验方法
1	轴线位置偏移			10	用经纬仪和尺检查或其他测量仪器检查
2	垂直度	每层		5	用 2 m 托线板检查
		全高	≤ 10 m	10	用经纬仪、吊线和尺检查，或用其他测量仪器检查
			＞10 m	20	

2. 一般项目

（1）砖砌体组砌方法应正确，上下错缝，内外搭砌，砖柱不得采用包心砌法。

（2）砖砌体的灰缝应横平竖直、厚薄均匀。水平灰缝厚度宜为 10 mm，但不应小于 8 mm，也不应大于 12 mm。

（3）砖砌体的一般尺寸允许偏差应符合表 4–2 的规定。

表 4–2　　砖砌体的一般尺寸允许偏差

项次	项目		允许偏差 /mm	检验方法	检验数量
1	基础顶面和楼面标高		± 15	用水平仪和尺检查	不少于 5 处
2	表面平整度	清水墙、柱	5	用 2 m 靠尺和楔形塞尺检查	有代表性自然间 10%，但不应少于 3 间，每间不应少于 2 处
		混水墙、柱	8		
3	门窗洞口高、宽（后塞口）		± 5	用尺检查	检查批洞口的 10%，且不应少于 5 处
4	外墙上、下窗口偏移		20	以底层窗口为准，用经纬仪或吊线检查	检查批的 10%，且不应少于 5 处
5	水平灰缝平整度	清水墙	7	拉 10 m 线和尺检查	有代表性自然间 10%，但不应少于 3 间，每间不应少于 2 处
		混水墙	10		
6	清水墙游丁走缝		20	吊线和尺检查、以每层第一皮砖为准	有代表性自然间 10%，但不应少于 3 间，每间不应少于 2 处

第三节　中小型砌块墙体砌筑工程

一、中小型砌块墙体砌筑材料与组砌方式

中小型砌块一般是指混凝土空心砌块、轻骨料混凝土空心砌块和蒸压加气混凝土砌块、硅酸盐实心砌块，如图 4–7 所示。

通常把高度为 115 ~ 380 mm 的称为小型砌块，把高度为 380 ~ 900 mm 的称为中型砌块。

混凝土中、小型砌块和粉煤灰中型实心砌块的强度为 MU3.5、MU5、MU7.5、MU10 和 MU15 五个等级。

砌块用砂浆主要是水泥、砂、石灰膏、外加剂等材料或相应的代用材料。

a）

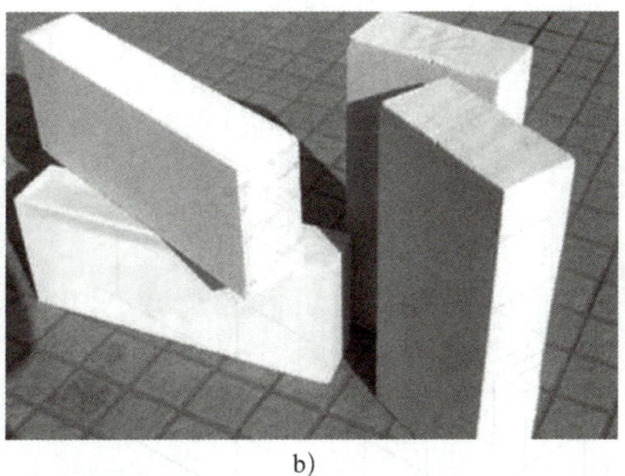

b）

图 4–7　中小型砌块

a）蒸压加气混凝土砌块　b）硅酸盐实心砌块

砌块砌体的组砌方法及节点组砌形式直接影响墙体的整体性。在施工前，必须按设计图样平面尺寸及墙体高度进行砌块的排列组合设计。

二、中小型砌块墙体砌筑施工工艺与施工要点

1. 砌筑要求

（1）砌前先绘制排列图：尽量用主规格砌块。

（2）错缝搭砌：搭接长度不小于 1/3 块高，且中型砌块不小于 150 mm，小型砌块不小于 90 mm，不足者设网片筋。

（3）水平灰缝厚度为 8 ~ 20 mm，加筋时厚度为 20 ~ 25 mm，立缝宽为 15 ~ 20 mm（小砌块灰缝要求同砖砌体）。

（4）空心砌块应扣砌，对孔错缝，壁肋劈裂者不得使用。

（5）补缝要求如下：缝宽大于 30 mm 时填 C20 豆石混凝土，缝宽大于 150 mm 时镶砖。

（6）砂浆饱满度要求水平缝不小于 90%，竖缝不小于 80%。

（7）浇筑芯柱：砌筑砂浆强度 > 1 MPa 后进行浇筑芯柱。

2. 砌筑方法

中小型砌块常规的砌筑方法如图 4–8 所示。

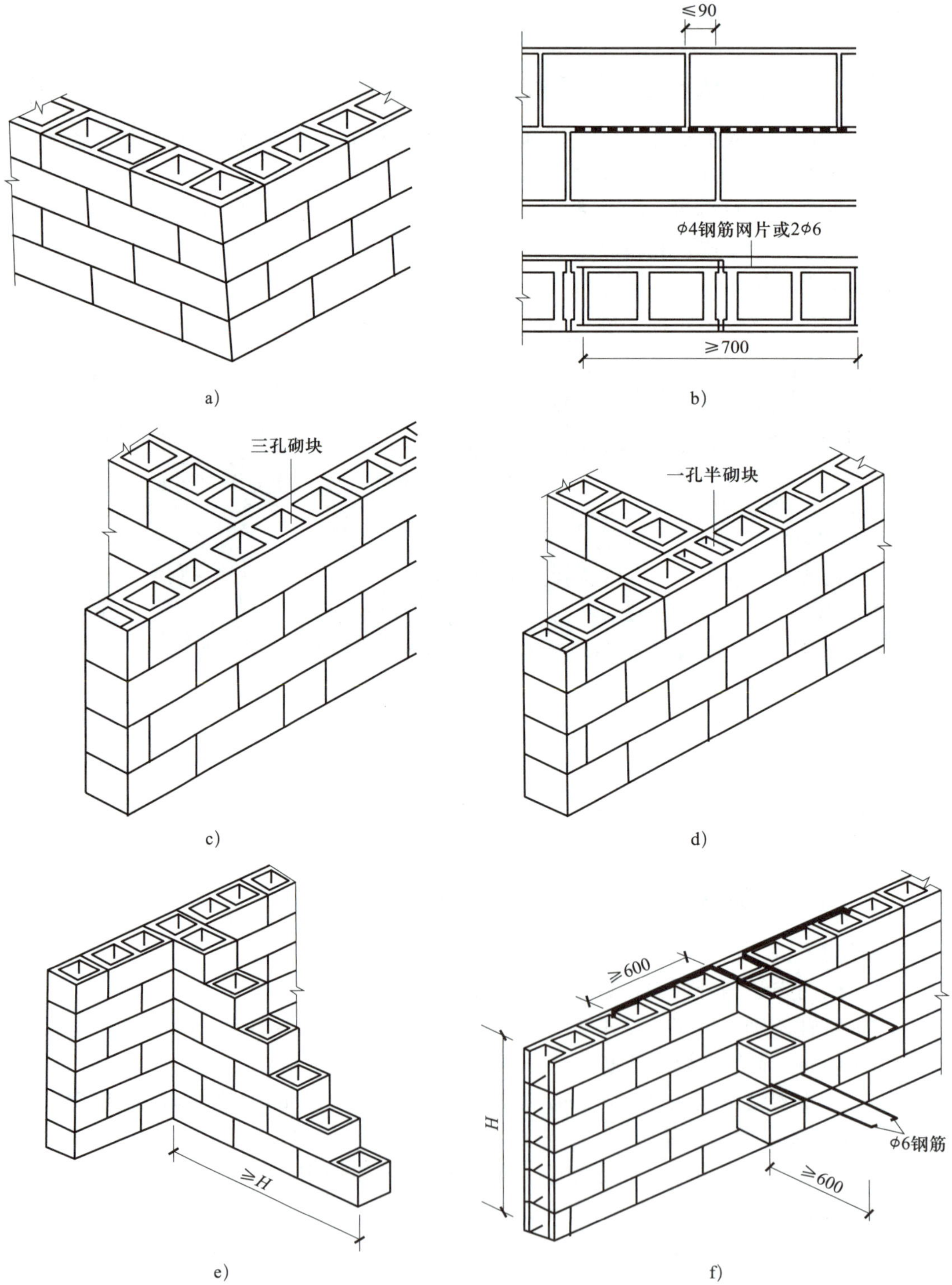

a)

≤90

ϕ4钢筋网片或2ϕ6

≥700

b)

三孔砌块

c)

一孔半砌块

d)

≥H

e)

≥600

H

ϕ6钢筋

≥600

f)

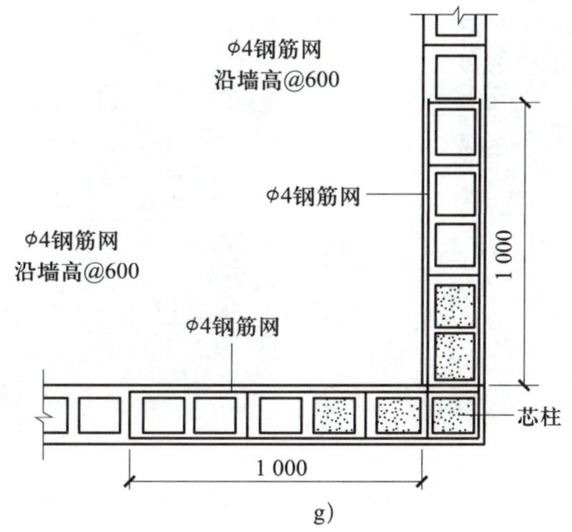

图 4-8　中小型砌块的常规砌法

a）空心砌块墙转角砌法　b）拉结钢筋或网片设置　c）T 字接头处砌法（有芯柱）
d）T 字接头处砌法（无芯柱）　e）空心砌块墙斜槎　f）空心砌块墙直槎　g）空心砌块墙芯柱构造

3. 砌筑工艺

小型砌块的砌筑方法可简单归纳为对孔、错缝和反砌。

对孔：即上皮小砌块的孔洞对准下皮小砌块的孔洞，上、下皮小砌块的壁、肋可较好地传递竖向荷载，保证砌体的整体性及强度。

错缝：即上、下皮小砌块错开砌筑（搭砌），以增加墙体的整体性，这属于砌筑工艺的基本要求。

反砌：即将小砌块生产时的底面朝上砌筑于墙体上，这样易于铺放砂浆和保证水平灰缝砂浆的饱满度，这也是确定砌体强度指标的试件的基本砌法。

（1）小型砌块的砌筑要求

小型砌块的砌筑要求如下：

1）底部砌烧结普通砖或多孔砖，高度不低于 200 mm，如图 4-9a 所示。

2）拉结筋与结构连接，每 1.2～1.5 m 高设≥ 60 mm 厚的现浇钢筋混凝土带。

3）砂浆饱满度，垂直、水平灰缝均≥ 80%。

4）梁板下斜砌小砖顶牢（墙体沉实 7 d 后），如图 4-9b 所示。

5）洞口边或阳角处设置构造柱或专用砌块。

（2）中型砌块的砌筑工艺

中型砌块常采用铺灰砌法砌筑，工艺顺序为铺灰（长 3～5 m）→砌块吊装就位→校正→灌缝→镶砖。

1）铺灰：砌块墙体所采用的砂浆应具有良好的和易性，其稠度以 50～70 mm 为宜，铺灰应平整饱满，每次铺灰长度一般不超过 5 m，炎热天气及严寒季节应适当缩短。

2）砌块吊装就位：砌块的吊装一般按施工段依次进行，其顺序为先外后内、先远后近、先下后上，在相邻施工段之间留阶梯形斜槎。吊装时应从转角处或砌块定位处开始，采用摩擦式夹具，按砌块排列图将所需砌块吊装就位。

a)

b)

图 4–9　小型砌块砌筑要求

3）校正：砌块吊装就位后，用托线板检查砌块的垂直度，拉准线检查水平度，并用撬棍、楔块调整偏差。

4）灌缝：竖缝可用夹板在墙体内外夹住，然后灌砂浆，用竹片插或铁棒捣，使其密实。当砂浆吸水后，用刮缝板把竖缝和水平缝刮齐。灌缝后，不要再撬动砌块，以防损坏砂浆黏结力。

5）镶砖：当砌块间出现较大竖缝或过梁找平时，应镶砖。镶砖砌体的竖向缝和水平缝应控制在 15~30 mm。镶砖工作应在砌块校正后即刻进行，砌砖时应注意砖的缝灌密实。

三、中小型砌块墙体砌筑质量验收规范与检查

1. 一般规定

（1）施工时所用的小砌块的产品龄期不应小于 28 d。

（2）砌筑小砌块时，应清除表面污物和芯柱用小砌块孔洞底部的毛边，剔除外观质量不合格的小砌块。

（3）施工时所用的砂浆宜选用专用的小砌块砌筑砂浆。

（4）底层室内地面以下或防潮层以下的砌体，应采用强度等级不低于 C20 的混凝土灌实小砌块的孔洞。

（5）小砌块砌筑时，在天气干燥炎热的情况下，可提前洒水润湿小砌块；对轻骨料混凝土小砌块，可提前浇水润湿。小砌块表面有浮水时，不得施工。

（6）承重墙体严禁使用断裂小砌块。

（7）小砌块墙体应对孔错缝搭砌，搭接长度不应小于 90 mm。当墙体的个别部位不能满足上述要求时，应在灰缝中设置拉结钢筋或钢筋网片，但竖向通缝仍不得超过两皮小砌块。

（8）小砌块应底面朝上反砌于墙上。

（9）浇筑芯柱的混凝土宜选用专用的小砌块灌注混凝土。当采用普通混凝土时，其坍落度不应小于 90 mm。

（10）浇筑芯柱混凝土应遵守下列规定：

1）清除孔洞内的砂浆等杂物，并用水冲洗。

2）砌筑砂浆强度大于 1 MPa 时，方可浇筑芯柱混凝土。

3）在浇筑芯柱混凝土前应先注入适量与芯柱混凝土相同强度等级的水泥砂浆，再浇筑混凝土。

（11）需要移动砌体中的小砌块或小砌块被撞动时，应重新铺砌。

2. 主控项目

（1）小砌块和砂浆的强度等级必须符合设计要求。

抽检数量：每一个生产厂家，每 1 万块小砌块至少应抽检 1 组。用于多层以上建筑基础和底层的小砌块，抽检数量不应少于 2 组。砂浆试块的抽检数量执行《砌体结构工程施工质量验收规范》（GB 50203—2011）第 4.0.12 条的有关规定。

检验方法：查小砌块和砂浆试块试验报告。

（2）砌体水平灰缝的砂浆饱满度应按净面积计算，不得低于 90%；竖向灰缝饱满度不得小于 80%，竖缝凹槽部位应用砌筑砂浆填实；不得出现瞎缝、透明缝。

抽检数量：每检验批不应少于 3 处。

检验方法：用专用百格网检测小砌块与砂浆黏结痕迹，每处检测 3 块小砌块，取其平均值。

（3）墙体转角处和纵横交接处应同时砌筑。临时间断处应砌成斜槎，斜槎水平投影长度不应小于高度的 2/3。

抽检数量：每检验批抽 20% 接槎，且不应少于 5 处。

检验方法：观察检查。

（4）砌体的轴线偏移和垂直度偏差应按《砌体结构工程施工质量验收规范》（GB 50203—2011）的规定执行。

3. 一般项目

（1）墙体的水平灰缝厚度和竖向灰缝宽度宜为 10 mm，但不应大于 12 mm，也不应小于 8 mm。

抽检数量：每层楼的检测点不应少于 3 处。

抽检方法：用尺量 5 皮小砌块的高度和 2 m 砌体长度折算。

（2）小砌块墙体的一般尺寸允许偏差应按《砌体结构工程施工质量验收规范》（GB 50203—2011）第 5.3.3 条表 5.3.3 中 1～5 项的规定执行。

1. 砌筑工程对砂浆有什么要求？
2. 砖砌体有哪几种组砌形式？
3. 简述砖砌体的施工工艺步骤。
4. 简述砖砌体的质量要求及保证措施。
5. 什么是接槎？砖墙临时间断处的接槎方式有哪些？有何要求？
6. 在什么条件下，砖砌体必须采取冬期施工措施？其方法有哪些？

第五章 钢筋混凝土结构施工

钢筋混凝土结构是指用配有钢筋的混凝土制成的结构，具有坚固、耐久、防火性能好、比钢结构节省钢材和成本低等优点。钢筋混凝土结构工程在土木工程施工中占主导地位，它对工程的人力、物力消耗和工期均有很大的影响。钢筋混凝土结构施工有现场浇筑、预制装配和部分预制部分现浇等形式。根据我国现有技术条件，这些形式各有所长，皆有其适用范围。现浇钢筋混凝土结构施工是将柱、墙（剪力墙、电梯井）、梁、板（板也可以预制）等构件在现场的设计位置浇筑成为整体结构。这种施工方法模板材料的消耗量较多，现场材料运输量较大，劳动强度也较高。但由于现浇钢筋混凝土结构的整体性和抗震性较好，节点接头简单，钢材的消耗量较少，特别是近年来一些新型工具式模板和施工机械的出现，为现浇钢筋混凝土结构施工带来了方便，故其工程应用较普遍，经济较发达地区采用更多。现浇钢筋混凝土结构施工时，由模板、钢筋、混凝土等多个工种相互配合进行，因此施工前要做好充分的准备，施工中合理组织、加强管理，使各工种紧密配合，加快施工进度。钢筋混凝土工程由钢筋工程、模板工程和混凝土工程组成。

本章以钢筋混凝土结构最常见的结构形式之一——框架结构的主体部分施工作为主要课程内容，进行钢筋混凝土结构施工的讲解。框架结构施工过程分为框架柱施工、框架梁施工和框架板施工等阶段，章节中主要介绍框架柱、梁、板工程施工工艺。

第一节 钢筋混凝土结构形式和工艺基础知识

钢筋混凝土，工程上常简称为钢筋砼（tóng），是指通过在混凝土中加入钢筋或钢筋网与之共同工作来改善混凝土力学性质的一种组合材料。

一、常见的钢筋混凝土结构形式

钢筋混凝土结构一般分为框架结构、剪力墙结构、框架－剪力墙结构和筒体结构四种。

1. 框架结构

框架结构是指利用梁、柱组成的横向、纵向框架，分别承受水平荷载及竖向荷载的结构。框架结构按施工方法可分为全现浇、半现浇和装配式三种。框架结构可使建筑平面的布置比较灵活，扩大建筑空间，方便建筑立面的处理。但是，因为侧向刚度比较小，当层数过多时，就会产生过大的侧移，易引起非结构性构件（如隔墙、装饰等）破坏，从而影响使用。

2. 剪力墙结构

剪力墙结构是指利用建筑物的纵、横墙体承受竖向荷载及水平荷载的结构。纵、横墙体既可作为围护墙，也可用于分隔房间墙。剪力墙结构的优点是侧向刚度大，在水平荷载作用下侧移小。其缺点是剪力墙间距小，建筑平面布置不方便，不太适用于要求大空间的公共建筑，结构自重也较大。

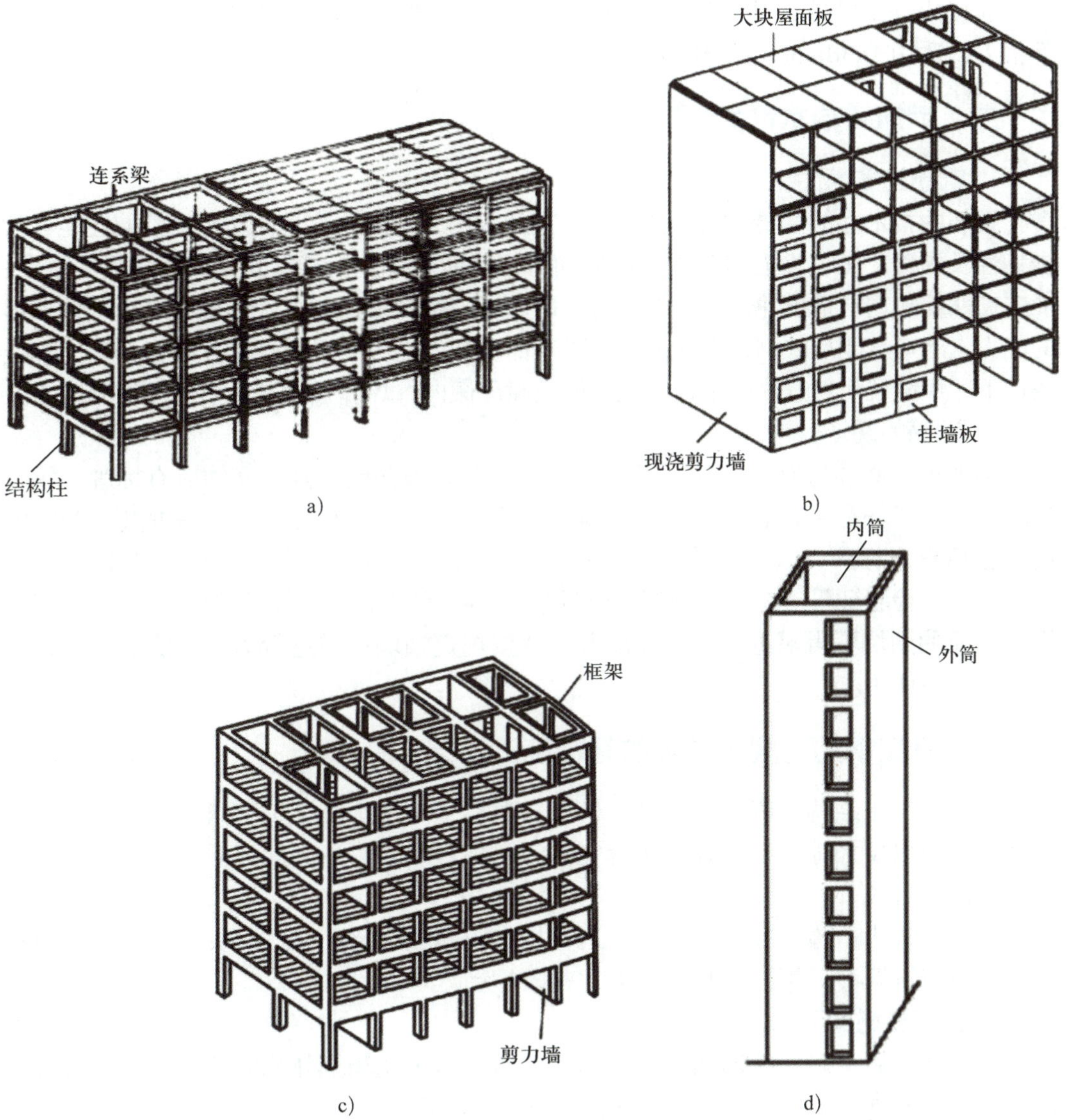

图 5-1　常见的混凝土结构形式

a）框架结构　b）剪力墙结构　c）框架－剪力墙结构　d）筒体结构

3. 框架－剪力墙结构

框架－剪力墙结构是指在框架结构中设置适当剪力墙的结构，这样既具备了框架结构的优点，又综合了剪力墙结构的优势。在框架－剪力墙结构中，剪力墙主要承受水平荷载，由框架承担竖向荷载。框架－剪力墙结构一般用于10~20层的建筑。

4. 筒体结构

筒体结构可分为框架－核心筒结构、框筒结构、筒中筒结构、多筒结构等。框架－核心筒结构由内筒与外框架组成，这种结构受力很接近框架－剪力墙结构，适用于10~30层的建筑。框筒结构及筒中筒结构有内筒和外筒两种，内筒一般由电梯间/楼梯间组成，外筒一般由密排柱与窗裙梁组成，可视为开窗洞的筒体。内筒与外筒用楼盖连接成一个整体，共同抵抗竖向荷载及水平荷载。这种结构体系的刚度和承载力都很大，适用于30~50层的建筑。

二、钢筋的技术性能及现场检验

1. 钢筋的技术性能

钢筋的技术性能主要有力学性能和工艺性能两大方面。力学性能包括拉伸性能、冲击韧性及硬度。工艺性能包括冷弯性能和可焊性能。拉伸性能反映钢材的强度和塑性，冲击韧性反映钢材抵抗冲击荷载的能力，硬度反映钢材表面抵抗硬物压入产生塑性变形的能力。冷弯性能反映钢材在常温下承受弯曲变形的能力；可焊性能反映在一定的焊接条件下，焊缝及附近过热区是否存在裂缝及脆硬倾向，焊缝强度是否接近母材的性能。

2. 钢筋的现场检验

钢筋进场必须持有出厂证明书和试验报告单。每捆或每盘钢筋均应有标牌。钢筋进场后应对不同品种、直径和批号的钢筋分批验收，并分别堆放，不得混杂。验收的内容包括查对标牌，查对钢筋生产厂家或出品公司、种类、执行标准、牌号、规格、生产批号、检验证号等。检查外观，钢筋表面不得有裂缝、片状或颗粒状老锈和褶皱，钢筋表面的凸块不得超过螺纹的高度等。并按规定抽取试样进行力学性能试验，检验合格后才能使用。

三、常见钢筋混凝土结构的基本施工工艺

钢筋混凝土结构工程是由钢筋、模板、混凝土等多个分项工程组成的。由于施工过程多，所以要加强施工管理，统筹安排，合理组织，以达到保证质量、加速施工和降低造价的目的。

施工流程为：施工准备→材料采运→加工→模板、钢筋制作与安装→混凝土搅拌和运输→浇筑振实→养护→拆模→养护→检查验收。

1. 钢筋进场加工

钢筋进场后一般在钢筋加工车间加工，然后运至现场绑扎或安装。其加工过程一般有冷拉、冷拔、调直、剪切、除锈、弯曲、连接等。

钢筋进场应有产品合格证、出厂检验报告，每捆（盘）钢筋均应有标牌，进场钢筋应按进场的批次和产品的抽样检验方案抽取试样做机械性能试验，合格后方可使用。钢筋在加工过程中出现脆断、焊接性能不良或力学性能显著不正常等现象时，还应进行化学成分检验或其他专项检验，同时还应进行外观检查，要求钢筋应平直、无损伤，表面不得有裂纹、油污、颗粒状或片状老锈。

钢筋在运输和储存时，必须保留标牌，并按批分别堆放整齐，避免锈蚀和污染。

（1）钢筋的冷拉与调直

钢筋冷拉是在常温下，以超过钢筋屈服强度的拉应力对热轧钢筋进行拉伸，使钢筋产生塑性变形，以提高强度，节约钢材。冷拉时，钢筋被拉直，表面锈渣自动剥落，因此冷拉不但可以提高钢筋强度，而且可以同时完成调直和除锈工作。

钢筋调直宜采用机械方法，也可利用冷拉进行调直。采用冷拉方法调直钢筋时，HRB400 级、RRB400 级钢筋的冷拉率不宜大于 1%。除利用冷拉调直钢筋外，粗钢筋还采用锤直和拔直的方法，直径为 4~14 mm 的钢筋可采用调直机进行调直。调直机具有使钢筋调直、除锈和切断三项功能。冷拔低碳钢丝在调直机上调直后，其表面不得有明显擦伤，抗拉强度不得低于设计要求。

钢筋的表面应洁净，油渍、漆污和用锤敲击时能剥落的浮皮、铁锈等应在使用前清除干净。在焊接前，焊点处的水锈应清除干净。钢筋的除锈宜在钢筋冷拉或钢丝调直过程中进行，这对大量钢筋的除锈较为经济；用机械方法除锈，如采用电动除锈机除锈，对钢筋的局部除锈较为方便。手工（用钢丝刷、砂盘）喷砂和酸洗等除锈方法，由于费工费料，现已很少采用。

（2）钢筋的连接方式

钢筋的连接方式有焊接、机械连接和绑扎连接。

1）钢筋的焊接。采用焊接代替绑扎，可改善结构受力性能，提高工效，节约钢材，降低成本。钢筋焊接时，应采用闪光对焊、电弧焊和电渣压力焊。钢筋与钢板的 T 形连接宜采用埋弧压力焊或电弧焊。

①闪光对焊。闪光对焊广泛用于钢筋接长及预应力钢筋与螺丝端杆的焊接。热轧钢筋的焊接宜优先采用闪光对焊，条件不允许时才用电弧焊。闪光对焊适用于焊接直径为 10~40 mm 的各级热轧钢筋。

②电弧焊。电弧焊利用弧焊机使焊条与焊件之间产生高温电弧，在电弧的作用下焊条和燃烧范围内的焊件被熔化，待冷却凝固后，形成焊缝或接头。钢筋电弧焊可分为搭接焊、帮条焊、坡口焊和熔槽帮条焊四种接头形式。

③电渣压力焊。现浇钢筋混凝土框架结构中直径为 14~40 mm 的 HPB300 级、HRB400 级钢筋的竖向连接宜采用自动或手动电渣压力焊进行焊接。与电弧焊比较，电渣压力焊工效高，节约钢材，成本低，在高层建筑施工中得到广泛应用。采用电渣压力焊时，应按规定的方法检查外观质量和进行拉力试验。如图 5–2 所示为电渣压力焊焊接的接头。

2）钢筋的机械连接。钢筋的机械连接常有挤压连接和套筒螺纹连接两种形式，是近年来大直径钢筋现场连接的主要方法。

①钢筋挤压连接。钢筋挤压连接又称钢筋套筒冷压连接，它是将需要连接的变形钢筋插入特制钢套筒内，利用液压驱动的挤压机进行径向或轴向挤压，使钢套筒产生塑性变形，从而紧紧咬住变形钢筋实现连接，如图 5–3 所示。钢筋挤压连接适用于竖向、横向及其他方向的较大直径变形钢筋的连接。与焊接相比，它具有节省电能、不受钢筋可焊性能影响、不受气候影响、无明火、施工简便和接头可靠度高等特点。压

接顺序为从中间逐道向两端压接。压接力能保证套筒与钢筋紧密咬合，压接力和压道数取决于钢筋直径、套筒型号和挤压机型号。

图 5–2　电渣压力焊焊接接头

图 5–3　钢筋挤压连接

②钢筋套筒螺纹连接。钢筋套筒螺纹连接分为锥螺纹套筒连接和直螺纹套筒连接两种。连接时，检查螺纹无油污和损伤后，先用手旋入带丝头的钢筋，然后用扭矩扳手紧固至规定的扭矩即完成连接，如图 5–4 所示。它施工速度快，不受气候影响，质量稳定，对中性好。

图 5–4　钢筋套筒螺纹连接

3）钢筋的绑扎连接。钢筋加工后即可进行绑扎、安装。钢筋绑扎、安装前，应先熟悉图样，核对钢筋配料单和钢筋加工牌，研究与有关工种的配合，确定绑扎顺序和方法。

①钢筋绑扎时，应采用铁丝扎牢；常用绑扎铁丝的规格是 20 ~ 22 号，绑扎钢筋网片一般用单根铁丝，绑扎梁柱钢筋骨架则用双根铁丝。绑扎直径为 12 mm 以下的钢筋，宜用 22 号铁丝；绑扎直径为 14 mm 以上的钢筋，宜用 20 号铁丝。绑扎铁丝的长度一般为用钢筋钩拧 2 ~ 3 转后，铁丝出头长度留 20 mm 左右为宜。

②梁和柱箍筋除设计有特殊要求外，还应与受力钢筋垂直设置。箍筋弯钩叠合处，

在柱中应按四角错开绑扎，不要绑扎在同一根主筋上，在梁中应沿受力钢筋方向交错绑扎在不同的架立筋上，箍筋弯钩应放在受压区。

③箍筋转角与钢筋的交接点均应绑扎，但箍筋平直部分和钢筋的交接点可成梅花形交错绑扎。

④为防止骨架发生歪斜变形，绑扣应采用“八”字形绑扎法。在柱中竖向钢筋搭接时，角部钢筋的弯钩平面与模板面的夹角，对矩形柱应为45°，对多边形柱应为模板内角的平分角；圆形柱钢筋的弯钩平面应与模板的切平面垂直，中间钢筋的弯钩平面应与模板面垂直。如柱截面较小，为避免振动器碰到钢筋，弯钩可放偏一些，但与模板所成角度不得小于15°。

⑤绑扎时必须先将接头绑好，不允许接头和横筋一起绑扎。

⑥在条件允许的情况下，尽量采用预制钢筋网架，然后再将预制钢筋网架放入模板内。但钢筋网架在预制时，应注意网架外形尺寸要正确，特别是组成多边形的钢筋骨架，更要注意多边形的各内角和各边长是否正确，避免在入模安装时发生困难；当无条件预制骨架时，可现场绑扎。

⑦钢筋绑扎前，首先应根据不同的构件确定相应的绑扎顺序，特别是在一些钢筋种类、编号、数量多且形状复杂、标高层叠的结构中，更应结合具体情况逐个编号，并按顺序绑扎，以免错绑、漏绑或钢筋穿不进去造成返工。

（3）钢筋绑扎接头的要求

当受力钢筋采用机械连接接头或焊接接头时，设置在同一构件内的接头宜互相错开。同一构件中相邻纵向受力钢筋的绑扎搭接接头宜相互错开。钢筋搭接处应在中心和两端用铁丝扎牢。在受拉区域内，HPB300级钢筋绑扎接头的末端应做弯钩。绑扎搭接接头中钢筋的横向净距不应小于钢筋直径，且不应小于25 mm；钢筋绑扎搭接接头连接区段的长度为$1.3l_l$（l_l为搭接长度）。凡搭接接头中点位于该连接区段长度内的搭接接头均属于同一连接区段。在同一连接区段内，纵向钢筋搭接接头面积百分率为该区段内有搭接接头的纵向受力钢筋截面面积与全部纵向受力钢筋面积的比值。在同一连接区段内，纵向受拉钢筋搭接接头面积百分率应符合规范要求。

钢筋绑扎搭接长度按下列规定确定：

1）纵向受拉钢筋绑扎搭接接头面积百分率不大于25%，其最小搭接长度应符合表5-1规定。

表5-1　　纵向受拉钢筋的最小搭接长度

钢筋类型		混凝土强度等级		
		C20、C25	C30、C35	C40及以上
光圆钢筋	HPB300级	35*d*	30*d*	25*d*
带肋钢筋	HRB400级、RRB400级	55*d*	40*d*	35*d*

注：两根直径不同的钢筋的搭接长度，以较细钢筋的直径计算。

2）当纵向受拉钢筋搭接接头面积百分率大于25%，但不大于50%时，其最小搭接长度应按表5-1中的数值乘以系数1.2取用；当接头面积百分率大于50%时，应按表5-1中的数值乘以系数1.35取用。

3）纵向受拉钢筋的最小搭接长度根据前述两条确定后，在下列情况时还应进行修正：带肋钢筋的直径大于25 mm时，其最小搭接长度应按相应数值乘以系数1.1取用；对环氧树脂涂层的带肋钢筋，其最小搭接长度应按相应数值乘以系数1.25取用；当在混凝土凝固过程中受拉钢筋易受扰动（如滑模施工）时，其最小搭接长度应按相应数值乘以系数1.1取用；对末端采用机械锚固措施的带肋钢筋，其最小搭接长度可按相应数值乘以系数0.7取用；当带肋钢筋的混凝土保护层厚度大于搭接钢筋直径的3倍且配有箍筋时，其最小搭接长度可按相应数值乘以系数0.8取用；对有抗震设防要求的结构构件，其受拉钢筋的最小搭接长度，对一、二级抗震等级应按相应数值乘以系数1.15采用，对三级抗震等级应按相应数值乘以系数1.05采用。

4）纵向受压钢筋搭接时，其最小搭接长度应根据前1）~3）条的规定确定相应数值后，乘以系数0.7取用。

5）在任何情况下，受拉钢筋的搭接长度不应小于300 mm，受压钢筋的搭接长度不应小于200 mm。

钢筋保护层应按设计或规范的要求正确确定。工地常将预制水泥垫块垫在钢筋与模板之间，以控制保护层厚度。垫块应布置成梅花形，其相互间距不大于1 m，上下双层钢筋之间的尺寸可通过绑扎短钢筋或设置撑脚来控制。

（4）钢筋的配料与代换

1）钢筋配料。钢筋配料是指钢筋加工前根据设计图样按不同构件尺寸，计算钢筋下料长度，编制钢筋配料单，然后进行备料加工的钢筋加工过程，是钢筋工程施工的重要环节。

钢筋下料长度计算是钢筋配料的关键。设计图中注明的钢筋尺寸是钢筋的外轮廓尺寸（从钢筋外皮到外皮量得的尺寸），称为钢筋的外包尺寸。在钢筋加工时，也按外包尺寸进行验收。钢筋弯曲后的特点是，在弯曲处内皮收缩、外皮延伸、轴线长度不变，直线钢筋的外包尺寸等于轴线长度，而钢筋弯曲段的外包尺寸大于轴线长度，两者之间存在一个差值，此差值称为量度差值。如果下料长度按外包尺寸的总和来计算，则加工后钢筋尺寸大于设计要求的尺寸，影响施工，也造成材料的浪费。只有按轴线长度下料加工，才能使钢筋形状尺寸符合设计要求。钢筋下料长度为各段外包尺寸之和－中间部分弯曲量度差值＋末端弯钩增加长度。

①钢筋中间部位弯曲量度差值见表5-2。

②钢筋末端弯钩增长值。钢筋末端弯钩通常做成180°，其末端弯钩增长值每个取6.25d。

表5-2　钢筋中间部位弯曲量度差值

弯曲角度	30°	45°	60°	90°	135°
量度差值	0.3d	0.5d	d	2d	3d

③钢筋下料长度计算。常用的钢筋下料长度计算公式如下：

直钢筋下料长度 = 构件长度 − 保护层厚度 + 弯钩增加长度

弯起钢筋下料长度 = 直段长度 + 斜段长度 + 弯钩增加长度 − 弯曲量度差值

箍筋下料长度 = 直段长度 + 箍筋调整值

箍筋调整值见表 5–3。

表 5–3　箍筋调整值

箍筋量度方法	箍筋直径 /mm			
	4 ~ 5	6	8	10 ~ 12
量外包尺寸	40	50	60	70
量内包尺寸	80	100	120	150 ~ 170

2）钢筋代换。现场施工时，有时会遇到工地无法提供设计图要求的钢筋品种和规格的情况，经设计审核批准，可根据库存条件进行钢筋代换。

代换必须遵循等强度代换原则。当构件按最小配筋率配筋时，可按面积相等原则代换；当构件受裂缝宽度或挠度控制时，代换后应进行裂缝宽度或挠度验算。

钢筋下料时须按下料长度切断。钢筋切断可采用手动切断器或钢筋切断机（见图 5–5）。手动切断器一般只用于直径小于 12 mm 的钢筋，钢筋切断机可切断直径小于 40 mm 的钢筋。切断时根据下料长度统一排料；先断长料，后断短料；减少短头，减少耗损。

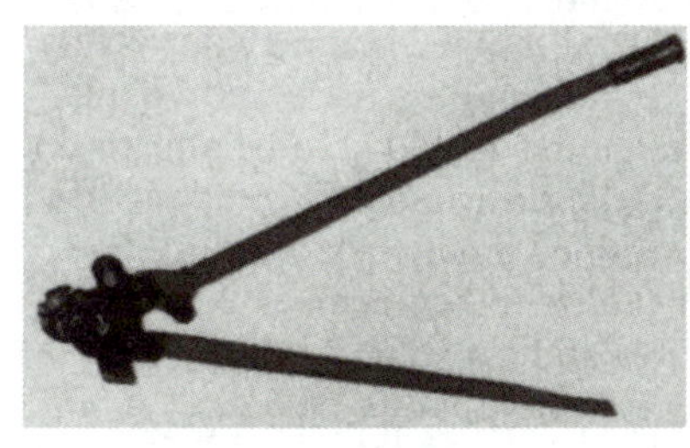

a)

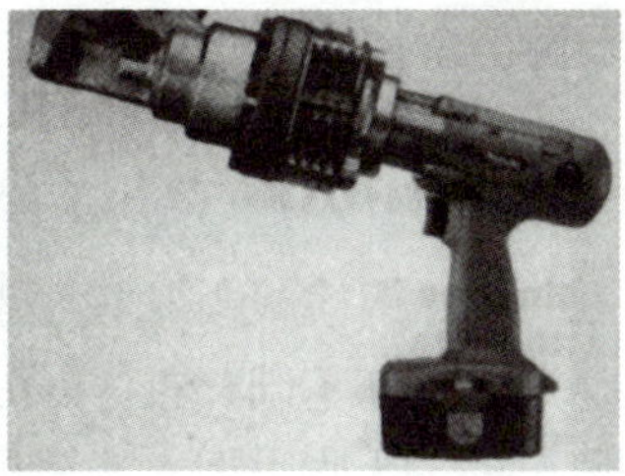

b)

图 5–5　钢筋切断设备

a）手动切断器　b）钢筋切断机

钢筋下料后，应按钢筋配料单进行画线，以便将钢筋准确地加工成所规定的尺寸。当加工弯曲形状比较复杂的钢筋时，可先放出实样，再进行弯曲。钢筋弯曲宜采用钢筋弯曲机，如图 5–6 所示，钢筋弯曲机可弯直径 6 ~ 40 mm 的钢筋。无弯曲机时，直径小于 25 mm 的钢筋也可采用板钩弯曲。目前钢筋弯曲机着重承担弯曲粗钢筋的任务。为了提高工效，工地常自制多头弯曲机（一个电动机带动几个钢筋弯曲盘）以弯曲细钢筋。

钢筋加工的允许偏差：受力钢筋顺长度方向全长的净尺寸偏差不应超过 ± 10 mm，弯起钢筋的弯折位置偏差不应超过 ± 20 mm，箍筋内净尺寸偏差不应超过 ± 5 mm。

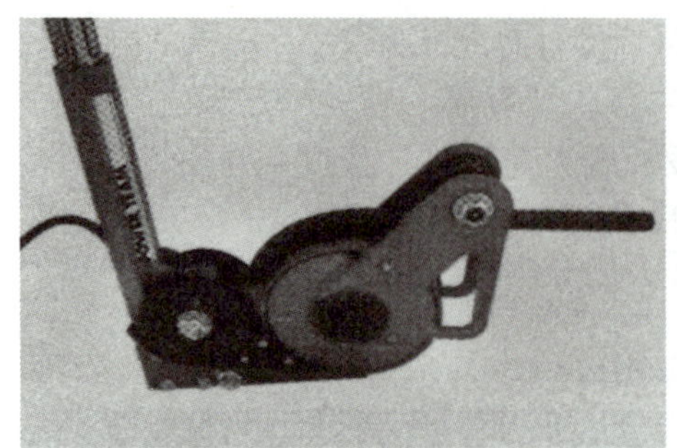
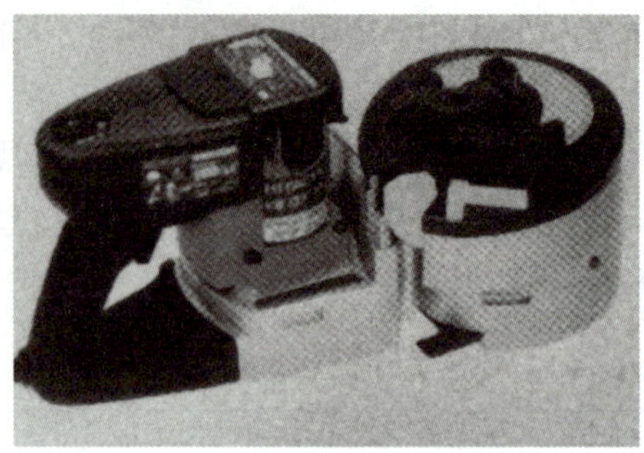

图 5-6　钢筋弯曲机

2. 模板制作与安装

模板是使混凝土结构和构件按所要求的几何尺寸成型的模型板。模板系统包括模板和支架系统两大部分，此外仍需适量的紧固连接件。现浇钢筋混凝土结构施工中，模板应保证工程结构各部分形状尺寸和相互位置的正确性，具有足够的承载力、刚度和稳定性，构造简单，装拆方便，接缝不得漏浆。模板工程量大，材料和劳动力消耗多。正确选择模板形式、材料及合理组织施工对加速现浇钢筋混凝土结构施工和降低工程造价具有重要作用。

（1）木模板

木模板一般是在木工车间或木工棚加工成基本组件，然后在现场进行拼装。拼板由板条用拼条钉成。为使模板在干缩时缝隙均匀，浇水后易于密封，受潮后不易翘曲，板条宽度不宜超过 200 mm（工具式模板不超过 150 mm），板条厚度一般为 25 ~ 50 mm，梁底的拼板由于承受较大的荷载要加厚至 40 ~ 50 mm。拼板的拼条根据受力情况可以平放，也可以立放。拼条间距取决于所浇筑混凝土的侧压力和板条厚度，一般为 400 ~ 500 mm。

（2）组合钢模板

组合钢模板由钢模板和配件两大部分组成。它可以拼成不同尺寸、不同形状的模板，以适应基础、柱、梁、板、墙施工的需要。组合钢模板尺寸适中，轻便灵活，装拆方便，既适用于人工装拆，也可预制拼成大模板、台模等，用起重机吊运安装。

1）钢模板的类型。钢模板有通用模板和专用模板两类。通用模板包括平面模板、阳角模、阴角模和连接角模，专用模板包括倒棱模板、梁腋模板、柔性模板、搭接模板、可调模板及嵌补模板。

平面模板（见图 5-7a）由面板、边框、纵横肋构成。为了便于连接，边框上有连接孔，边框的长向及短向其孔距均一致，以便横竖都能拼接。平面模板的长度有 450 mm 、600 mm 、750 mm 、900 mm 、1 200 mm 、1 500 mm 和 1 800 mm 七种规格，宽度有 100 ~ 600 mm（以 50 mm 为模数）十一种规格，因而可组成不同尺寸的模板。在构件接头处及一些特殊部位，可用专用模板嵌补。不足模数的空缺也可用少量木模板补缺，用钉子或螺栓将方木与平面模板边框孔洞连接起来。阳角、阴角模板（见图 5-7b 和图 5-7c）用于成型混凝土结构的阳、阴角，连接角模（见图 5-7d）用作两块平面模板拼成 90° 角的连接件。

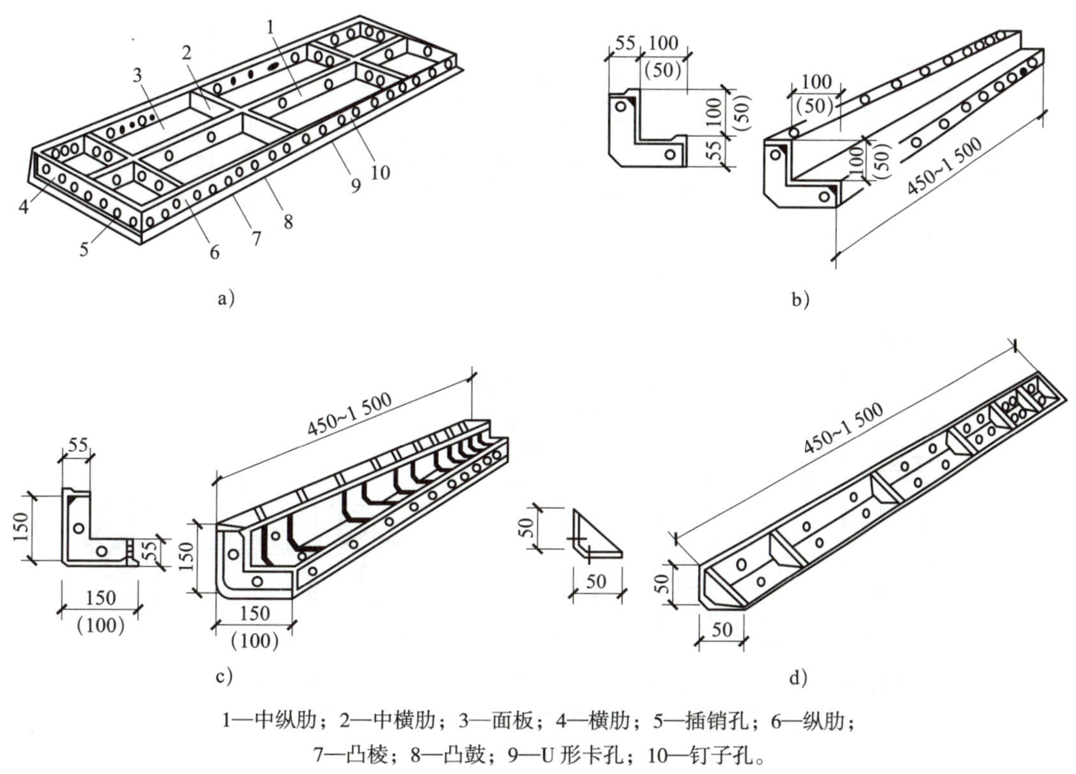

1—中纵肋；2—中横肋；3—面板；4—横肋；5—插销孔；6—纵肋；
7—凸棱；8—凸鼓；9—U 形卡孔；10—钉子孔。

图 5-7　钢模板类型

a）平面模板　b）阳角模板　c）阴角模板　d）连接角模

定型组合钢模板的连接件包括 U 形卡、L 形插销、钩头螺栓、紧固螺栓、对拉螺栓和扣件等，如图 5-8 所示。

U 形卡是模板的主要连接件，用于相邻模板的拼装。L 形插销用于插入两块模板纵向连接处的插销孔内，以增强模板纵向接头处的刚度。钩头螺栓用作连接模板与支撑系统的连接件。紧固螺栓用作内、外钢楞之间的连接件。对拉螺栓又称穿墙螺栓，用于连接墙壁两侧模板，保持墙壁厚度，承受混凝土侧压力及水平荷载，使模板不致变形。扣件用于紧固钢模板与钢楞，与其他的配件一起将钢模板拼装成整体。

2）钢模板配板。采用组合钢模板时，同一构件的模板展开可用不同规格的钢模板做多种方式的组合排列，从而形成不同的配板方案。配板方案对支模效率、工程质量和经济效益都有一定影响。合理的配板方案应满足：钢模板块数少，木模板嵌补量少，并能使支承件布置简单、受力合理。配板原则如下：

①优先采用通用规格及大规格模板。这样的模板整体性好，又可以减少装拆工作。

②合理排列。模板宜以其长边沿梁、板、墙的长度方向或柱的方向排列，以利于使用长度规格大的钢模板，并扩大钢模板的支承跨度。如结构的宽度恰好是钢模板长度的整倍数，也可将钢模板的长边沿结构的短边排列。模板端头接缝宜错开布置，以提高模板的整体性，并使模板在长度方向易保持平直。

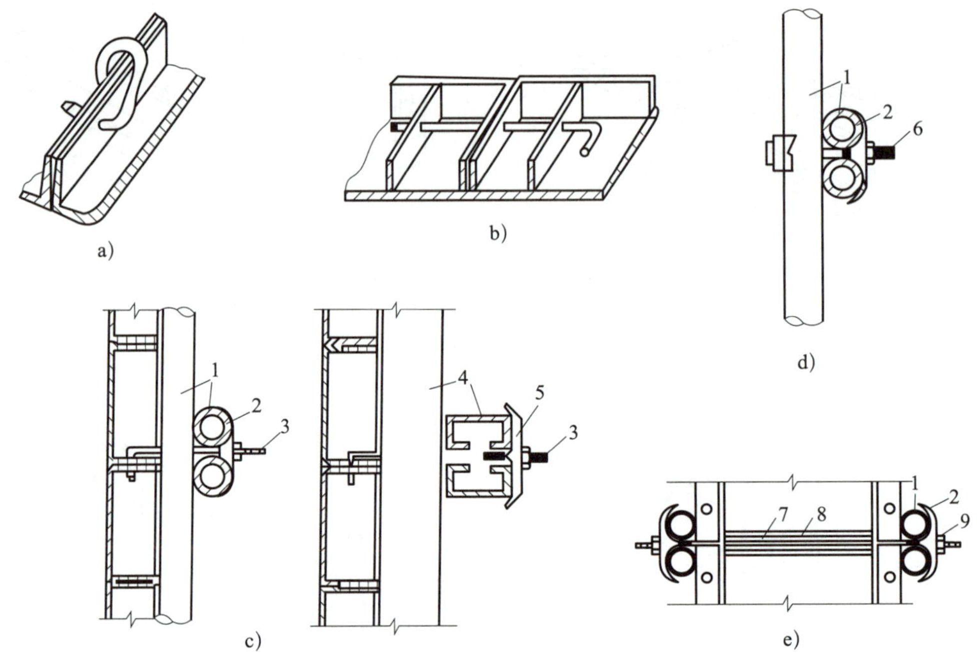

1—圆钢管钢楞；2—“3”形扣件；3—钩头螺栓；4—内卷边槽钢钢楞；5—蝶形扣件；6—紧固螺栓；7—对拉螺栓；8—塑料套管；9—螺母。

图 5–8 钢模板连接件

a）U 形卡连接 b）L 形插销连接 c）钩头螺栓连接 d）紧固螺栓连接 e）对拉螺栓连接

③合理使用角模。对无特殊要求的阳角，可不用阳角模板，而用连接角模代替。阴角模板宜用于长度大的阴角，柱头、梁口及其他短边转角处可用方木嵌补。

④便于模板支承件的布置。对面积较方整的预制拼装大模板及当钢模板端头接缝集中在一条线上时，直接支承钢模板的钢楞其间距布置要考虑接缝位置，应使每块钢模板都有两道钢楞支撑。对端头错缝连接的模板，其直接支承钢模板的钢楞或桁架的间距可不受接缝位置的限制。

（3）支架系统的安装

模板的支架系统也称内排架或内模架。支架系统安装应符合以下要求：

1）模板安装应按设计与施工说明书次序拼装。木杆、钢管门架等支架立柱不得混搭。

2）当竖向模板和支架立柱支承部分安装在基土上时，应加设垫板，垫板应有足够强度和支承面积，且应中心承载。基土应坚实，并应有排水措施。对湿陷性黄土应有防水措施，尤其对主要结构工程可采取混凝土、打桩等办法预防支架柱下沉。对冻胀性土应有防冻融措施。

3）当满堂或共享空间模板支架立柱高度超出 8 m 时，若地基土达不到承载要求，无法预防立柱下沉，则应先施工地下工程，再分层回填扎实基土，浇筑地面混凝土垫层，到达强度后方可支模。

4）模板及其支架在安装过程中必须设置有效防倾覆的临时固定设施。

5）现浇多层或高层建筑物和构筑物，安装上层模板及其支架应符合以下要求：

①下层楼板应具有承受上层施工荷载的承载能力，不然应加设支撑支架。

②上层支架立柱应对准下层支架立柱，并应在立柱底铺设垫板。

③当采取悬臂吊模板、桁架支模方法时，其支撑结构承载力和刚度必须符合设计结构要求。

6）当层间高度大于 5 m 时，应选取桁架支模或钢管立柱支模。当层间高度小于或等于 5 m 时，可采取木立柱支模。

7）满堂模板和共享空间模板支架立柱，在外侧周圈应设由下至上竖向连续式剪刀撑；中间在纵横向应每隔 10 m 左右设由下至上连续式剪刀撑，剪刀撑杆件底端应与地面顶紧，夹角宜为 45°~60°。当建筑层高在 8~20 m 时，除应满足上述要求外，还应在纵横向相邻两竖向连续式剪刀撑之间增加“之”字斜撑，在有水平剪刀撑部位，应在每个剪刀撑中间增加一道水平剪刀撑。当建筑层高超出 20 m 时，在满足以上要求的基础上，应将全部“之”字形斜撑全部改为连续式剪刀撑，如图 5–9 所示。

图 5–9 模板支撑系统四面均设剪刀撑

8）当支架立柱高度超出 5 m 时，应在立柱周圈外侧和中间有结构柱部位，按水平间距 6~9 m、竖向间距 2~3 m 与建筑结构设置一个固结点。

3. 混凝土施工

混凝土工程包括混凝土的拌制、运输、浇筑捣实和养护等施工过程，各个施工过程既相互联系又相互影响。在混凝土施工过程中，除按有关规定控制混凝土原材料质量外，任一施工过程处理不当都会影响混凝土的最终质量。因此，如何在施工过程中控制每一个施工环节，是混凝土工程需要研究的课题。随着科学技术的发展，近年来混凝土外加剂发展很快，它们的应用改进了混凝土的性能和施工工艺。此外，自动化、机械化的发展，纤维混凝土和碳素混凝土的应用，新的施工机械和施工工艺的应用，也大大改变了混凝土工程的施工技术。

（1）混凝土运输的要求

对混凝土拌和物运输的要求是：在运输过程中，应保持混凝土的均匀性，避免产生分层离析现象；混凝土运至浇筑地点，应符合浇筑时所规定的坍落度；混凝土应以最少的中转次数、最短的时间，从搅拌地点运至浇筑地点，保证混凝土从搅拌机卸出到浇筑完毕的延续时间不超过表 5–4 的规定；运输工作应保证混凝土的浇筑工作连续进行；运送混凝土的容器应严密，其内壁应平整光洁，不吸水，不漏浆，黏附的混凝土残渣应及时清除。

表 5–4　　混凝土从搅拌机卸出到浇筑完毕的延续时间

混凝土强度等级	气温	
	不高于 25 ℃	高于 25 ℃
不高于 C30	120 min	90 min
高于 C30	90 min	60 min

注：1. 对掺用外加剂或采用快凝快硬水泥拌制的混凝土，其延续时间应按试验确定；

2. 对轻骨料混凝土，其延续时间不宜超过 45 min。

（2）混凝土运输方式的选择

混凝土运输分为地面运输、垂直运输和楼面运输三种。

1）地面运输如运距较远，可采用自卸汽车或混凝土搅拌运输车（见图 5–10）；工地范围内的运输多用载重 1 t 的小型机动翻斗车（见图 5–11），近距离运输也可采用双轮手推车。

图 5–10　混凝土搅拌运输车

2）混凝土的垂直运输目前多用塔式起重机、井架，也可采用混凝土泵车。

塔式起重机运输的优点是地面运输、垂直运输和楼面运输都可以采用。塔式起重机将混凝土从地面由水平运输工具或搅拌机直接卸入吊斗，由吊斗吊起运至浇筑部位进行浇筑。

垂直运送混凝土，除用塔式起重机之外，还可使用井架运输。井架运输的过程为：混凝土在地面用双轮手推车运至井架的升降平台上，然后井架将双轮手推车提升到楼层上，再将手推车

图 5–11　小型机动翻斗车

沿铺在楼面上的跳板推到浇筑地点。另外，井架可以兼运其他材料，利用率较高。由于在浇筑混凝土时楼面上已立好模板、扎好钢筋，所以需铺设双轮手推车行走用的跳板。为了避免压坏钢筋，跳板可用马凳垫起。双轮手推车的运输道路应形成回路，避免交叉和运输堵塞。

混凝土泵车是一种有效的混凝土运输工具（见图 5-12），它以泵为动力，沿管道输送混凝土，可以同时完成水平运输和垂直运输，将混凝土直接运送至浇筑地点，在我国一些大中型城市及重点工程中正逐渐推广使用，并取得了较好的经济效益。多层和高层框架建筑、基础、水下工程和隧道等都可以采用混凝土泵车输送混凝土。

图 5-12 混凝土泵车

混凝土泵车是将混凝土泵装在车上，车上装有可以伸缩或曲折的“布料杆”，管道装在杆内，末端是一段软管，可将混凝土直接送到浇筑地点。这种泵车布料范围广、机动性好、移动方便，适用于多层框架结构施工。

混凝土泵车在输送混凝土前，管道应先用水泥浆或砂浆润滑；泵送时要连续工作，如中断时间过长，混凝土将出现分层离析现象，此时应将管道内混凝土清除，以免堵塞；泵送完毕后，要立即将管道冲洗干净。

（3）混凝土的浇筑

混凝土浇筑要保证混凝土的均匀性和密实性，要保证结构的整体性、尺寸准确和钢筋、预埋件的位置正确，拆模后混凝土表面要平整、光洁。

浇筑前应保证交叉模板、支架、钢筋和预埋件的正确性，并进行验收。在符合设计要求后方能浇筑混凝土，浇筑时要保证混凝土的均匀性、密实性及结构整体性。对重要工程或重点部位的浇筑，以及其他施工中的重大问题，均应随时填写施工记录。

1）防止离析。浇筑混凝土时，混凝土拌和物由料斗、漏斗、混凝土输送管、运输车内卸出时，如自由倾落高度过大，由于粗骨料在重力作用下克服黏着力后的下落动能大，下落速度较砂浆快，因而可能形成混凝土离析。为此，混凝土自高处倾落的自由高度不应超过 2 m，在竖向结构中限制自由倾落高度不宜超过 3 m，否则应沿串筒、斜槽、溜管等下料。

2）正确留置施工缝。混凝土结构要求整体浇筑，如因技术或组织上的原因不能连续浇筑，且停顿时间有可能超过混凝土的初凝时间，则应事先确定在适当位置留置施工缝。由于混凝土的抗拉强度约为施工缝抗压强度的 1/10，所以施工缝是结构中的薄弱环节，宜留在结构剪应力较小的部位，同时要方便施工。柱子施工缝宜留在基础顶面、梁或吊车梁牛腿下面、吊车梁上面、无梁楼盖柱帽下面，如图 5–13 所示；和板连成整体的大截面梁施工缝应留在板底面以下 20 ~ 30 mm 处；当板下有梁托时，施工缝留置在梁托下部；单向板施工缝应留在平行于短边的任何位置，有主次梁的楼盖宜顺着次梁方向浇筑，施工缝应留在次梁跨度的中间 1/3 长度范围内，如图 5–14 所示；墙施工缝可留在门洞口过梁跨中 1/3 范围内，也可留在纵横墙的交接处；双向受力的楼板，大体积混凝土结构、拱、薄壳、多层框架等及其他复杂的结构，应按设计要求留置施工缝。在施工缝处继续浇筑混凝土时，应除掉水泥浮浆和松动石子，并用水冲洗干净，待已浇筑的混凝土的强度不低于 1.2 MPa 时，才允许继续浇筑。在浇筑前，应先在结合面铺抹一层水泥浆或与混凝土砂浆成分相同的砂浆。

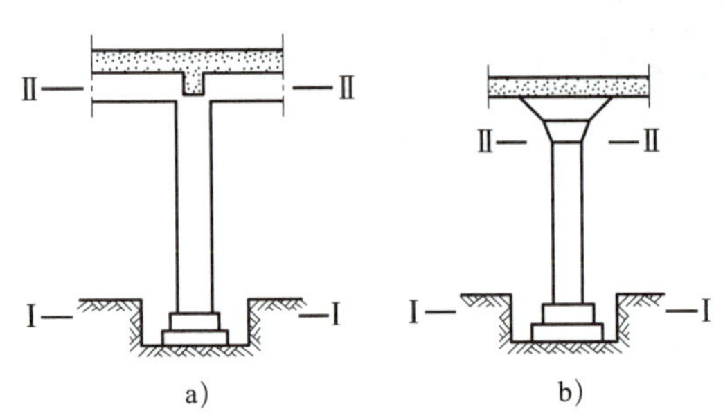

图 5–13 柱子的施工缝留置位置

a）梁板式结构 b）无梁楼盖结构

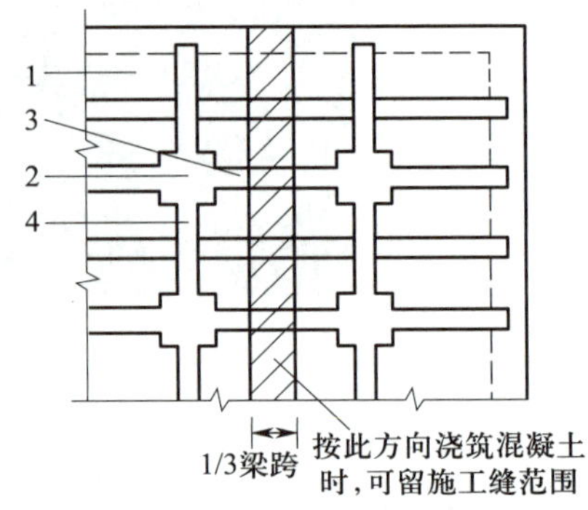

1—楼板；2—柱；3—次梁；4—主梁。

图 5–14 有主次梁楼盖的施工位置

（4）混凝土振捣成型

混凝土浇入模板以后是较疏松的，里面含有空气与气泡。而混凝土的强度、抗冻性、抗渗性及耐久性等都与混凝土的密实程度有关，目前主要采用人工或机械捣实混凝土的方法使混凝土密实。人工捣实是用人的冲击力使混凝土密实成型，只有在缺乏机械、工程量不大或机械不便工作的部位采用。机械捣实的方法有多种，下面主要介绍振动捣实。

振动机械可分为内部振动器、外部振动器和表面振动器，如图 5–15 所示。

内部振动器又称插入式振动器，是建筑工地应用最多的一种振动器，多用于振实梁、柱、墙、厚板和基础等。其工作部分是一棒状空心圆柱体，内部有偏心振子，在电动机带动下高速转动而产生高频微幅的振动。

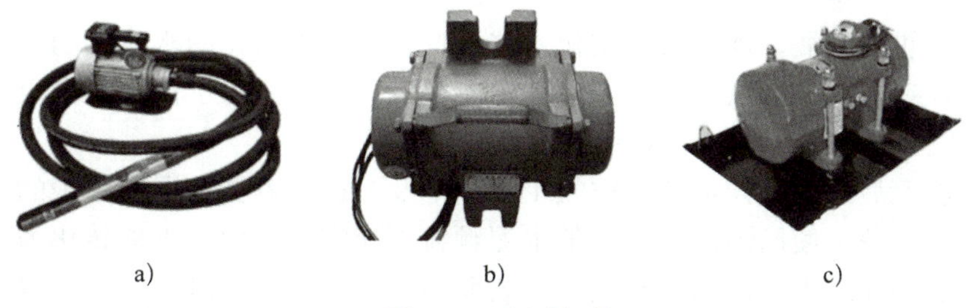

a)　　b)　　c)

图 5-15　振动机械

a）内部振动器　b）外部振动器　c）表面振动器

使用内部振动器振动混凝土时，应垂直插入，并插入下层混凝土 50～100 mm，以促使上下层混凝土结合成整体。每一个振点的振捣延续时间应使混凝土捣实（即表面呈现浮浆和不再沉落为限）。采用内部振动器捣实普通混凝土的移动间距，不宜大于作用半径的 1.5 倍。捣实轻骨料混凝土的间距，不宜大于作用半径；振动器与模板的距离不应大于振动器作用半径的 1/2，并应尽量避免碰撞钢筋、模板、预埋件等。插点的分布有行列式和交错式两种，如图 5-16 所示。

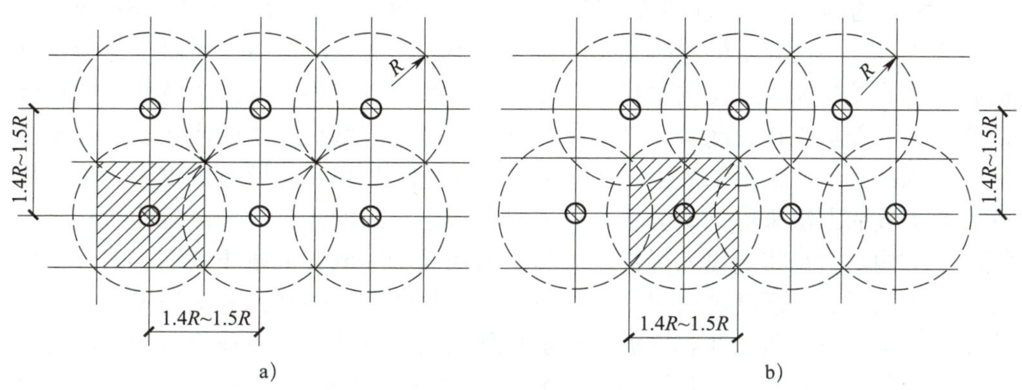

a)　　b)

图 5-16　插点的分布

a）行列式分布　b）交错式分布

外部振动器又称附着式振动器，它通过螺栓或夹钳等固定在模板外侧的横挡或竖挡上，偏心块旋转所产生的振动力通过模板传给混凝土，使之振实，但模板应有足够的刚度。对于小截面直立构件，内部振动器的振动棒很难插入，可使用外部振动器。外部振动器的设置间距应通过试验确定，在一般情况下可每隔 1～1.5 m 设置一个。

表面振动器又称平板振动器，它是在电动机轴上装有左右两个偏心块固定在一块平板上而成，其振动作用可直接传递到混凝土面层上。这种振动器适用于捣实楼板、地面、板形构件和薄壳等薄壁结构。在无筋或单层钢筋结构中，每次振实的厚度不大于 250 mm；在双层钢筋结构中，每次振实厚度不大于 120 mm。表面振动器的移动间距应保证振动器的平板覆盖已振实部分的边缘，也可进行两遍振实，第一遍和第二遍的方向要互相垂直，第一遍主要使混凝土密实，第二遍则主要使表面平整。

振动台是混凝土制品厂中的固定生产设备，用于振实预制构件。

（5）混凝土的养护

混凝土浇筑捣实后，逐渐凝固硬化，这个过程主要由水泥的水化作用来实现，而水化作用必须在适当的温度和湿度条件下才能完成。因此，为了保证混凝土有适宜的硬化条件，使其强度不断增长，必须对混凝土进行养护。

混凝土浇筑后，如气候炎热、空气干燥，不及时进行养护，混凝土中的水分蒸发过快出现脱水现象，使已形成凝胶体的水泥颗粒不能充分水化，不能转化为稳定的结晶，缺乏足够的黏结力，从而会在混凝土表面出现片状或粉状剥落，影响混凝土的强度。此外，在混凝土尚未具备足够的强度时，水分过早地蒸发还会产生较大的变形，出现干缩裂缝，影响混凝土的整体性和耐久性。因此，混凝土养护绝不是一件可有可无的事，而是一个重要的环节，应按照要求精心进行。

混凝土养护方法分为自然养护和人工养护。

自然养护是指利用平均气温为 25 ℃的自然条件，用保水材料或草帘等对混凝土加以覆盖后适当浇水，使混凝土在一定的时间内在湿润状态下硬化。当最高气温低于 25 ℃时，混凝土浇筑完成后应在 12 h 以内加以覆盖和浇水；当最高气温高于 25 ℃时，混凝土浇筑完成后应在 6 h 以内开始养护。浇水养护时间的长短视水泥品种而定：硅酸盐水泥、普通硅酸盐水泥和矿渣硅酸盐水泥拌制的混凝土，不得少于 7 d；掺有缓凝型外加剂或有抗渗性要求的混凝土，不得少于 14 d。浇水次数应使混凝土保持足够湿润的状态。养护初期，水泥的水化反应较快，需水量也较多，所以要特别注意在浇筑以后前几天的养护工作，此外，气温高、湿度低时也应增加洒水的次数。混凝土必须养护至其强度达到 1.2 MPa 以后，才能允许在其上踩踏和安装模板及支架。也可用喷洒薄膜养生液的方法来养护混凝土，该方法适用于不易洒水养护的高耸构筑物和大面积混凝土结构。它是将过氯乙烯树脂塑料溶液用喷枪喷洒在混凝土表面，溶液挥发后在混凝土表面形成一层塑料薄膜，使混凝土与空气隔绝，阻止水分的蒸发，以保证水化作用的正常进行。所选薄膜在养护完成后能自行老化脱落，不能自行脱落的薄膜不宜喷洒在要做粉刷的混凝土表面。在夏季，薄膜成型后要防晒，否则易产生裂纹。

人工养护就是用人工的方法来控制混凝土的养护和湿度，使混凝土强度增加，如蒸汽养护、热水养护、太阳能养护等。人工养护主要用来养护预制构件，现浇构件大多用自然养护。

（6）混凝土的拆模

模板拆除日期取决于混凝土的强度、模板的用途、结构的性质及混凝土硬化时的气温。

不承重的侧模，在混凝土强度能保证其表面棱角不因拆除模板而受损坏时，即可拆除。承重模板，如梁、板等底模，应待混凝土达到规定强度后，方可拆除。结构的类型跨度不同，其拆模强度不同。

已拆除承重模板的结构，应在混凝土达到规定的强度等级后，才允许承受全部设计荷载。拆模后应由监理（建设）单位、施工单位对混凝土的外观质量和尺寸偏差进行检查，并做好记录。如发现缺陷，应进行修补。对面积小、数量不多的蜂窝或露石的混凝土，先用钢丝刷或压力水洗刷基层，然后用 1 : 2.5 ~ 1 : 2 的水泥砂浆抹平；对

较大面积的蜂窝、露石、露筋，应按其全部深度凿去薄弱的混凝土层，然后用钢丝刷或压力水冲刷，再用比原混凝土强度等级高一个级别的细骨料混凝土填塞，并仔细捣实。对影响结构性能的缺陷，应与设计单位研究后再处理。

第二节　竖向构件——框架柱工程

一、框架柱的受力特点

在建筑工程中有许多受压构件，如柱、屋架上弦杆、脚手架立杆等。当构件上作用有纵向压力为主的内力时，该构件称为受压构件，柱就是这种构件的代表。柱在荷载作用下，截面上除有轴力，一般还有弯矩和剪力。当柱只有轴向压力作用，且作用线与柱的截面重心重合时，称其为轴心受压构件。当柱所受的轴向压力作用线偏离截面重心或构件截面上同时作用轴向压力和弯矩时，称其为偏心受压构件。

实际工程中，由于混凝土自身的不均匀性、施工偏差，理想的轴心受压构件是不存在的。屋架的受压腹杆、等跨多层框架的中柱因弯矩很小而忽略不计，可以近似地按轴心受压构件计算。当然，厂房柱、框架柱、屋架上弦杆、拱等都属于偏心受压构件，框架结构的角柱属于双向偏心受压构件。

配有纵筋和箍筋的柱称为普通箍筋柱。纵筋的作用是和混凝土共同承担压力，同时还承担可能存在的较小弯矩及混凝土变形引起的拉应力，提高构件的塑性性能。箍筋的作用是防止纵筋向外压屈，提高柱受剪承载力，与纵筋形成骨架，且对核心部分的混凝土起到约束作用。

二、框架柱的材料要求

混凝土强度等级不宜低于C30。纵向受力钢筋宜采用HRB400级、HRB500级、HRBF400级和HRBF500级钢筋，也可以采用HPB300级和RRB400级钢筋；不宜采用高强钢筋，这是因为高强钢筋在与混凝土共同工作受压时，并不能发挥其高强作用。RRB400级钢筋不宜用作重要部位的受力钢筋，也不应作为直接承受疲劳荷载构件的钢筋。

为了能形成比较刚劲的骨架，防止受压钢筋的侧向弯曲，受压构件纵筋的直径宜粗些，但过粗也会造成钢筋加工、运输和绑扎困难。在柱中，钢筋直径一般为12～32 mm。

三、框架柱的施工工艺流程和施工要点

1. 施工工艺流程

框架柱的施工工艺流程为：测量放线→墙柱钢筋→水电预留、预埋→墙柱模板→墙柱混凝土→拆模养护。

框架柱的施工工艺主要包括钢筋的绑扎与安装，模板的制作、安装及拆除，混凝

土的浇筑与养护。

2. 框架柱钢筋的绑扎和安装

钢筋骨架的安装是钢筋工程的最后一道工序，它是将弯曲成型后的单根钢筋在施工现场采用绑扎（有时是焊接）的方法，组合成钢筋骨架或钢筋网片。下面以现浇混凝土框架安装为例说明钢筋骨架的安装。

现浇框架柱的安装工艺为：调整下层柱预留筋→套柱箍筋→连接竖向受力筋→画箍筋间距线→绑箍筋→检查验收。

施工要点如下：

（1）套柱箍筋

按图样要求间距，计算好每根柱箍筋数量，先将箍筋套在下层伸出的预留筋上，然后立柱钢筋。在搭接长度内，绑扣不少于 3 个，绑扣要向柱中心。如果柱主筋采用光圆钢筋搭接，那么角部的弯钩应与模板成 45°，中间钢筋的弯钩应与模板成 90°。

（2）连接竖向受力筋

柱子主筋大于 16 mm 时，宜采用焊接或机械连接，其连接区段的长度为 35 d（d 为受力筋的较大直径），且不小于 500 mm。该区段内接头钢筋不得超过钢筋总面积的 50%。

（3）绑箍筋

用粉笔在立好的柱竖向钢筋上画箍筋位置线，按已画好的箍筋位置线将已套好的箍筋向上移动，由上往下绑扎，宜采用缠扣绑扎。箍筋与主筋要垂直，箍筋转角处与主筋交点均要绑扎，主筋与箍筋非转角部分的相交点成梅花交错绑扎。箍筋的弯钩叠合处应沿柱竖筋交错布置，并绑扎牢固。

（4）检查验收

柱筋保护层厚度应符合规范要求，主筋外皮为 25 mm，垫块应绑在柱竖筋外皮上，间距一般为 1 000 mm，或用塑料卡卡在外竖筋上，以保证主筋保护层厚度准确。

3. 框架柱模板的制作、安装及拆除

（1）柱木模板构造

柱模板由两块相对的内拼板夹在两块外拼板之间拼成（见图 5–17），也可用短横板代替外拼板钉在内拼板上。柱底一般有一钉在底部混凝土上的木框，用以固定柱模板下口位置。柱模板底部应开有清理孔；如柱的高度超过允许自由倾落高度，应在柱的中间部位开有浇筑孔。模板顶部根据需要开有与梁模板连接的缺口。为承受混凝土的侧压力和保持模板形状，拼板外面需要设柱箍。柱箍间距与混凝土的侧压力、拼板厚度有关。由于柱子底部混凝土侧压力较大，所以柱模板越靠近下部柱箍筋越密。

（2）柱的特点

柱的特点是断面尺寸不大而高度比较高。因此，柱模板的支设须保证其垂直度及能够抵抗新浇筑混凝土的侧压力。

（3）柱模板的安装

1）柱模板的安装工艺。柱模板的安装工艺流程如图 5–18 所示，包括：搭设安装架子→第一层模板安装就位→检查对角线、垂直和位置→安装柱箍筋→第二、第三层柱模板及柱箍筋安装→安有梁口的柱模板→全面检查校正→群体固定。

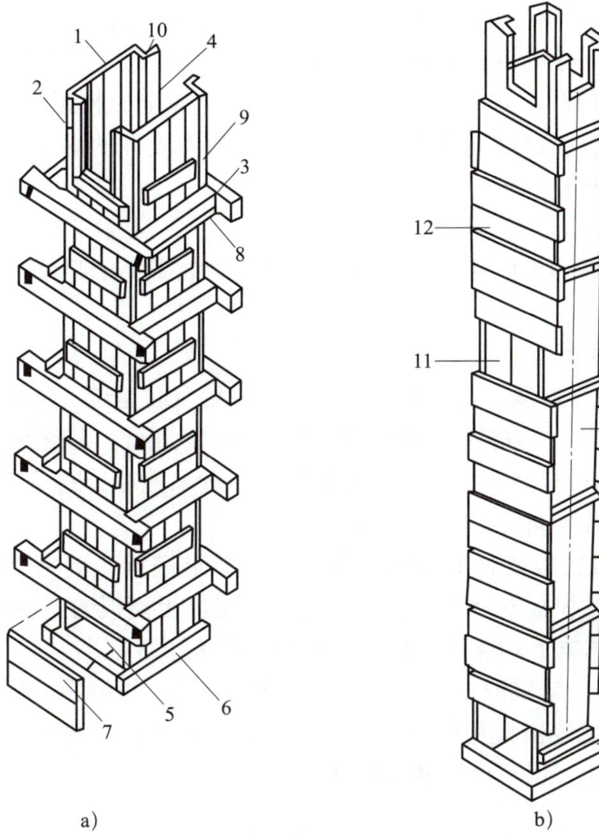

1—内拼板；2—外拼板；3—柱箍筋；4—梁缺口；5—清理孔；6—木框；
7—盖板；8—拉紧螺栓；9—拼条；10—三角木条；11—浇筑孔；12—短横板。

图 5-17　柱模板

a）拼板柱模板　b）短横板柱模板

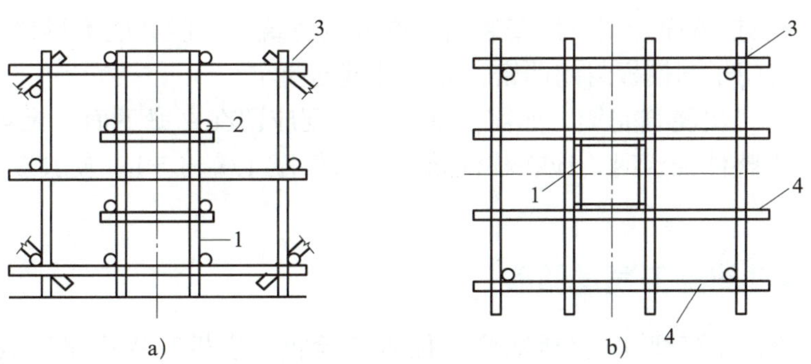

1—柱模板；2—柱箍筋；3—满堂井字支架；4—固定连杆。

图 5-18　柱模板的安装工艺流程

a）立面图　b）平面图

2）柱模板的施工要点。

①先将柱子第一层上面模板就位组拼好，每面带一阴角模板或连接角模，用 U 形卡反正交替连接，使模板四面按给定柱截面线就位，并使之垂直，对角线相等。

②以第一层模板为基准，以同样的方法组拼第二、第三层，直至到带梁口柱模板。用U形卡对竖向、水平接缝反正交替连接。在适当高度进行支撑和拉结，以防倾倒。

③对模板的轴线位移、垂直偏差、对角线、扭向等全面校正，并安装定型斜撑。检查安装质量，最后进行群体的水平拉（支）杆及剪力支杆的固定。最后将柱底模板内清理干净，封闭清理口。

（4）柱模板拆除施工工艺

柱、剪力墙的模板均为侧模板。侧模板拆除时，混凝土的强度应保证构件或部位表面不受损坏。

拆模时应注意以下问题：

1）拆模时不要用力过猛、过急，拆下来的模板要及时运走、清理。

2）拆装模板的顺序和方法应按照配板设计的规定进行。若无设计规定，应遵循“先支后拆，后支先拆；先拆非承重部分的模板，后拆承重部分的模板；自上而下，支架先拆侧向支撑，后拆竖向支撑”的原则。

3）对于多层楼板模板支柱的拆除，应按下列要求进行：上一层楼板正在浇筑混凝土时，下一层楼板的模板支柱不得拆除，再下一层楼板模板的支柱仅可拆除一部分；跨度4 m及4 m以下的梁下均保留支柱，其间距不得大于3 m。

4）拆除柱模板时，应采取自上而下分层拆除的方法。拆除第一层模板时，用木锤或带橡皮垫的锤向外侧轻击模板的上口，使之松动，脱离柱混凝土。依次拆除下一层模板时，要轻击模边肋，切不可用撬棍从柱角撬离。

4. 框架柱混凝土施工

混凝土浇筑前应做好必要的准备工作，如模板、钢筋和预埋管线的检查和清理及隐蔽工程的验收，建筑用脚手架、走道的搭设和安全检查，根据实验室下达的混凝土配合比通知单准备和检查材料，并做好施工用具的准备等。

柱高在3 m以内的，可在柱顶直接向下浇筑混凝土；超过3 m时，应采取措施（用串桶）或在模板侧面开门子洞安装斜溜槽分段浇筑，每段高度不得超过2 m，每段混凝土浇筑后将门子洞模板封闭严密，并用柱箍筋箍牢。

柱混凝土应一次浇筑完毕，如需留施工缝，则应留在主梁下面，无梁楼板应留在柱帽下面。梁板整体浇筑时，应在柱浇筑完毕后停歇1.0～1.5 h，使其获得初步沉实，再继续浇筑。

四、框架柱的施工质量验收

框架柱的施工质量验收包括钢筋工程质量验收、模板工程质量验收和混凝土工程质量验收三个部分，其中钢筋工程是隐蔽工程，在混凝土浇筑以前就应该全部检查完毕。

1. 钢筋工程质量验收

（1）钢筋隐蔽工程验收

钢筋安装完成后，在浇筑混凝土之前，应进行钢筋隐蔽工程的验收，验收的内容包括：

1）纵向受力钢筋的品种、规格、数量、位置等。

2）钢筋连接方式、接头位置、接头数量、接头面积百分率等。

3）箍筋、横向钢筋的品种、规格、数量、间距等。

4）预埋件的规格、数量、位置等。

钢筋隐蔽工程验收前，应提供钢筋出厂合格证与检验报告及进场复验报告，以及钢筋焊接接头和机械连接接头力学性能试验报告。

（2）钢筋制作质量验收的主控项目

1）纵向受力钢筋的连接方式应符合设计要求。

检查数量：全数检查。

检验方法：观察。

2）在施工现场，应按《钢筋机械连接技术规程》（JGJ 107—2016）、《钢筋焊接及验收规程》（JGJ 18—2012）的规定抽取钢筋机械连接接头、焊接接头试件做力学性能检验，其质量应符合有关规程的规定。

检查数量：按有关规程确定。

检验方法：检查产品合格证、接头力学性能试验报告。

（3）钢筋制作质量验收的一般项目

1）钢筋的接头宜设置在受力较小处。同一纵向受力钢筋不宜设置两个或两个以上接头。接头末端至钢筋弯起点的距离不应小于钢筋直径的 10 倍。

检查数量：全数检查。

检验方法：观察，钢尺检查。

2）在施工现场，应按《钢筋机械连接技术规程》（JGJ 107—2016）、《钢筋焊接及验收规程》（JGJ 18—2012）的规定对钢筋机械连接接头、焊接接头的外观进行检查，其质量应符合有关规程的规定。

检查数量：全数检查。

检验方法：观察。

3）当受力钢筋采用机械连接接头或焊接接头时，设置在同一构件内的接头宜相互错开。

纵向受力钢筋机械连接接头及焊接接头连接区段的长度为 35 d（d 为纵向受力钢筋的较大直径）且不小于 500 mm，凡接头中点位于该连接区段长度内的接头均属于同一连接区段。同一连接区段内，纵向受力钢筋机械连接及焊接的接头面积百分率为该区段内有接头的纵向受力钢筋截面面积与全部纵向受力钢筋截面面积的比值。

同一连接区段内，纵向受力钢筋的接头面积百分率应符合设计要求。当设计无具体要求时，其接头面积百分率应符合下列规定：

①在受拉区不宜大于 50%。

②接头不宜设置在有抗震设防要求的框架梁端、柱端的箍筋加密区；当无法避开时，对等强度高质量机械连接接头，不应大于 50%。

③直接承受动荷载的结构构件中，不宜采用焊接接头；当采用机械连接接头时，不应大于 50%。

检查数量：在同一检验批内，对梁、柱和独立基础，应抽查构件数量的10%，且不少于3件；对墙和板，应按有代表性的自然间抽查10%，且不少于3间；对大空间结构，墙可按相邻轴线间高度5 m左右划分检查面，板可按纵横轴线划分检查面，抽查10%，且均不少于3面。

检验方法：观察，钢尺检查。

4）在梁、柱类构件的纵向受力钢筋搭接长度范围内，应按设计要求配置箍筋。当设计无具体要求时，其箍筋应符合下列规定：

①箍筋直径不应小于搭接钢筋较大直径的0.25倍。

②受拉搭接区段的箍筋间距不应大于搭接钢筋较小直径的5倍，且不应大于100 mm。

③受压搭接区段的箍筋间距不应大于搭接钢筋较小直径的10倍，且不应大于200 mm。

④当柱中纵向受力钢筋直径大于25 mm时，应在搭接接头两个端面外100 mm范围内各设置两根箍筋，其间距宜为50 mm。

检查数量：在同一检验批内，对梁、柱和独立基础，应抽查构件数量的10%，且不少于3件；对墙和板，应按有代表性的自然间抽查10%，且不少于3间；对大空间结构，墙可按相邻轴线间高度5 m左右划分检查面，板可按纵、横轴线划分检查面，抽查10%，且均不少于3面。

检验方法：钢尺检查。

2. 模板工程质量验收

（1）框架柱模板制作与安装质量验收的主控项目

1）安装现浇结构的上层模板及其支架时，下层楼板应具有承受上层荷载的承载能力，或加设支架；上、下层支架的立柱应对准，并铺设垫板。

检查数量：全数检查。

检验方法：对照模板设计文件和施工技术方案观察。

2）涂刷模板隔离剂时，不得沾污钢筋和混凝土接槎处。

检查数量：全数检查。

检验方法：观察。

（2）框架柱模板制作与安装质量验收的一般项目

1）模板安装应满足下列要求：

①模板的接缝不应漏浆；在浇筑混凝土前，木模板应浇水润湿，但模板内不应有积水。

②模板与混凝土的接触面应清理干净并涂刷隔离剂，但不得采用影响结构性能或妨碍装饰工程施工的隔离剂。

③浇筑混凝土前，模板内的杂物应清理干净。

④对清水混凝土工程及装饰混凝土工程，应使用能达到设计效果的模板。

检查数量：全数检查。

检验方法：观察。

2）用作模板的地坪、胎模等应平整光洁，不得产生影响构件质量的下沉、裂缝、起砂或起鼓。

检查数量：全数检查。

检验方法：观察。

3）固定在模板上的预埋件、预留孔和预留洞均不得遗漏，且应安装牢固，其允许偏差应符合表 5–5 的规定。

表 5–5　预埋件、预留孔和预留洞的允许偏差

项目		允许偏差 /mm
预埋钢板中心线位置		3.0
预埋管、预留孔中心线位置		3.0
插筋	中心线位置	5.0
	外露长度	+10.0
预埋螺栓	中心线位置	2.0
	外露长度	+10.0
预留洞	中心线位置	10.0
	尺寸	+10.0

检查数量：在同一检验批内，对梁、柱和独立基础，应抽查构件数量的 10%，且不少于 3 件；对墙和板，应按有代表性的自然间抽查 10%，且不少于 3 间；对大空间结构，墙可按相邻轴线间高度 5 m 左右划分检查面，板可按纵、横轴线划分检查面，抽查 10%，且均不少于 3 面。

检验方法：钢尺检查。

4）现浇结构模板安装的允许偏差及检验方法应符合表 5–6 的规定。

表 5–6　现浇结构模板安装的允许偏差及检验方法

项目		允许偏差 /mm	检验方法
轴线位置		5	钢尺检查
底模上表面标高		± 5	水准仪或拉线、钢尺检查
截面内部尺寸	基础	± 10	钢尺检查
	柱、墙、梁	+4，–5	钢尺检查
层高垂直度	不大于 5 mm	6	经纬仪或吊线、钢尺检查
	大于 5 mm	8	经纬仪或吊线、钢尺检查
相邻两板表面高低差		2	钢尺检查
表面平整度		5	2 m 靠尺和塞尺检查

注：检查轴线位置时，应沿纵、横两个方向测，并取其中的较大值。

检查数量：在同一检验批内，对梁、柱和独立基础，应抽查构件数量的 10%，且不少于 3 件；对墙和板，应按有代表性的自然间抽查 10%，且不少于 3 间；对大空间结构，墙可按相邻轴线间高度 5 m 左右划分检查面，板可按纵、横轴线划分检查面，抽查 10%，且均不少于 3 面。

5）预制构件模板安装的允许偏差及检验方法应符合表 5–7 的规定。

检查数量：首次使用及大修后的模板应全数检查；使用中的模板应定期检查，并根据使用情况不定期抽查。

表 5–7　　预制构件模板安装的允许偏差及检验方法

项目		允许偏差 /mm	检验方法
长度	板、梁	± 5	钢尺量两角边，取其中较大值
	薄腹梁、桁架	± 10	
	柱	0，–10	
	墙板	0，–5	
宽度	梁、薄腹梁、桁架、柱	0，–5	钢尺量一端及中部，取其中较大值
	梁、板、柱	+2，–5	
高（厚）度	板	+2，–3	钢尺量一端及中部，取其中较大值
	墙板	0，–5	
	梁、薄腹梁、桁架、柱	+2，–5	
侧向弯曲	梁、板、柱	L/1 000 且≤ 15	拉线、钢尺量最大弯曲处
	墙板、薄腹梁、桁架	L/1 500 且≤ 15	
表面平整度		3	2 m 靠尺和塞尺检查
相邻两板表面高差		1	钢尺检查
对角线差	板	7	用钢尺量两个对角线
	墙板	5	
翘曲	板、墙板	1/1 500	钢平尺在两端量测
设计起拱	薄腹梁、桁架、梁	± 3	拉线、钢尺量跨中

注：L 为构件长度（单位：mm）。

3. 混凝土工程质量验收

（1）框架柱混凝土质量验收的主控项目

1）结构混凝土的强度等级必须符合设计要求，用于检查结构构件混凝土强度的试件应在混凝土的浇筑地点随机取样。取样与试件留置应符合下列规定：

①每个工作班、每一楼层每拌制 100 盘且不超过 100 m^3 的同一配合比的混凝土，

取样不得少于 1 次。

②每工作班拌制的同一配合比的混凝土不足 100 盘时，取样不得少于 1 次。

③当一次连续浇筑超过 1 000 m^3 时，同一配合比的混凝土每 200 m^3 取样不得少于 1 次。

④每次取样应至少留置 1 组标准养护试件，同条件养护试件的留置组数应根据实际需要确定。

2）对有抗渗要求的混凝土结构，其混凝土试件应在浇筑地点随机取样。同一工程、同一配合比的混凝土，取样不应少于 1 次，留置组数可根据实际需要确定。

3）混凝土原材料每盘称量的偏差应符合“材料配合比”中的规定。

4）混凝土运输、浇筑及间歇的全部时间不应超过混凝土的初凝时间。同一施工段的混凝土应连续浇筑，并应在底层混凝土初凝之前将上一层混凝土浇筑完毕。

当底层混凝土初凝后浇筑上一层混凝土时，应按施工技术方案中对施工缝的要求进行处理。

（2）框架柱混凝土质量验收的一般项目

1）施工缝的位置应在混凝土浇筑前按设计要求和施工技术方案确定。施工缝的处理应按施工技术方案执行。

2）后浇带的留置位置应按设计要求和施工技术方案确定。后浇带混凝土浇筑应按施工技术方案进行。

3）混凝土浇筑完毕后，应按施工技术方案及时采取有效的养护措施，并应符合“养护工艺”中的规定；同时，还应符合下列要求：采用塑料布覆盖养护的混凝土，其敞露的全部表面应覆盖严密，并应保持塑料布内有凝结水；混凝土强度达到 1.2 MPa 前，不得在其上踩踏或安装模板及支架；当采用不同品种水泥时，混凝土的养护时间应根据所采用水泥的技术性能确定；当混凝土表面不便浇水或使用塑料布时，宜涂刷养护剂；对大体积混凝土的养护，应根据气候条件按施工技术方案采取控温措施。

（3）混凝土外观的质量要求

1）一般规定。

①现浇结构的外观质量缺陷应由监理（建设）单位、施工单位等各方根据其对结构性能和使用功能影响的严重程度，按表 5–8 确定。

表 5–8　现浇结构的外观质量缺陷

名称	现象	严重缺陷	一般缺陷
露筋	构件内钢筋未被混凝土包裹而外露	纵向受力钢筋有露筋	其他钢筋有少量露筋
蜂窝	混凝土表面缺少水泥砂浆而形成石子外露	构件主要受力部位有蜂窝	其他部位有少量蜂窝
孔洞	混凝土中孔穴深度和长度均超过保护层厚度	构件主要受力部位有孔洞	其他部位有少量孔洞
夹渣	混凝土中夹有杂物且深度超过保护层厚度	构件主要受力部位有夹渣	其他部位有少量夹渣

续表

名称	现象	严重缺陷	一般缺陷
疏松	混凝土局部不密实	构件主要受力部位有疏松	其他部位有少量疏松
裂缝	缝隙从混凝土表面延伸至混凝土内部	构件主要受力部位有影响结构性能或使用功能的裂缝	其他部位有少量不影响结构性能或使用功能的裂缝
连接部位缺陷	构件连接处混凝土缺陷及连接钢筋、连接件松动	连接部位有影响结构传力性能的缺陷	连接部位有基本不影响结构传力性能的缺陷
外形缺陷	缺棱掉角、棱角不直、翘曲不平、飞边凸肋等	清水混凝土构件有影响使用功能或装饰效果的外形缺陷	其他混凝土构件有不影响使用功能的外形缺陷
外表缺陷	构件表面麻面、掉皮、起砂、沾污等	具有重要装饰效果的清水混凝土表面有外表缺陷	其他混凝土构件有不影响使用功能的外表缺陷

②现浇结构拆模后，应由监理（建设）单位、施工单位对外观质量和尺寸偏差进行检查，做出记录，并应及时按施工技术方案对缺陷进行处理。

2）主控项目：现浇结构的外观质量不应有严重缺陷。对已经出现的严重缺陷，应由施工单位提出技术处理方案，并经监理（建设）单位认可后进行处理。对经处理的部位，应重新检查验收。

3）一般项目：现浇结构的外观质量不宜有一般缺陷。对已经出现的一般缺陷，应由施工单位按技术处理方案进行处理，并重新检查验收。

（4）框架柱尺寸偏差要求

1）主控项目：现浇结构不应有影响结构性能和使用功能的尺寸偏差。混凝土设备基础不应有影响结构性能和设备安装的尺寸偏差。对超过尺寸允许偏差且影响结构性能和安装、使用功能的部位，应由施工单位提出技术处理方案，并经监理（建设）单位认可后进行处理。对经处理的部位，应重新检查验收。

2）一般项目：现浇结构的尺寸允许偏差及检验方法应符合表 5–9 的规定。

表 5–9　现浇结构的尺寸允许偏差及检验方法

项目			允许偏差 /mm	检验方法
轴线位置	整体基础		15	经纬仪及尺量
	独立基础		10	
	柱、墙、梁		8	尺量
垂直度	层高	≤ 6 m	10	经纬仪或吊线、尺量
		>6 m	12	

续表

项目			允许偏差 /mm	检验方法
垂直度	全高（H）	≤ 300 m	H/30 000+20	经纬仪、尺量
		>300 m	H/10 000 且≤ 80	
标高	层高		± 10	水准仪或拉线、尺量
	全高		± 30	
截面尺寸	基础		+15，−10	尺量
	柱、梁、板、墙		+10，−5	
	楼梯相邻踏步高差		6	
电梯井	中心位置		10	尺量
	长、宽尺寸		+25，0	
表面平整度			8	2 m 靠尺和塞尺量测
预埋件中心位置	预埋板		10	尺量
	预埋螺栓		5	
	预埋管		5	
预留洞、孔中心线位置			15	尺量

注：1. 检查柱轴线、中心线位置时，沿纵、横两个方向量测，并取其中偏差的较大值；

2. H 为全高，单位为 mm。

第三节　水平构件——框架梁工程

一、框架梁的受力特点

现浇肋形楼盖中的板、次梁和主梁，一般均为多跨连续梁（板）。

均布荷载下，等跨连续梁的内力计算可考虑塑性变形的内力重分布。允许支座出现塑性铰，将支座截面的负弯矩调低，即减少负弯矩。调整的幅度必须遵守一定的原则。

连续梁的受力特点是，跨中有正弯矩，支座有负弯矩。因此，跨中按最大正弯矩计算正筋，支座按最大负弯矩计算负筋。钢筋的截断位置按规范要求截断。

二、框架梁的材料要求

梁混凝土的强度等级一般采用 C25 以上。

框架梁内纵向受力钢筋可采用 HRB400 级、HRBF400 级、HRB500 级和 HRBF500 级钢筋。箍筋则可采用 HPB300 级和 HRB400 级钢筋。

三、框架梁的施工工艺流程和施工要点

现浇混凝土框架结构的梁和板通常一起施工，其施工工艺流程为：梁板模板→梁板钢筋→水电预留、预埋→梁板混凝土→养护。

1. 框架梁模板工程

（1）梁模板的构造

梁模板由底模板和侧模板等组成，如图 5-19 所示。梁底模板承受垂直荷载，一般较厚，下面有支架支撑。支架的立柱最好做成可以伸缩的，以便调整高度，底部应支承在坚实的地面、楼面上或垫以木板。在多层框架结构施工中，应使上层支架的立柱对准下层支架的立柱。支架间应用水平和斜向拉杆拉牢，以增强整体稳定性。当层间高度大于 5 m 时，宜选桁架作为模板的支架，以减少支架的数量。梁侧模板主要承受混凝土侧压力，底部用钉在支架顶部的夹条夹住，顶部可由支承楼板的搁栅或支撑顶住。高大的梁可在侧板中上位置用铁丝或螺栓相互撑拉，梁跨度大于或等于 4 m 时，底模应起拱，如设计无要求，起拱高度宜为全跨长度的 1/1 000 ~ 3/1 000。

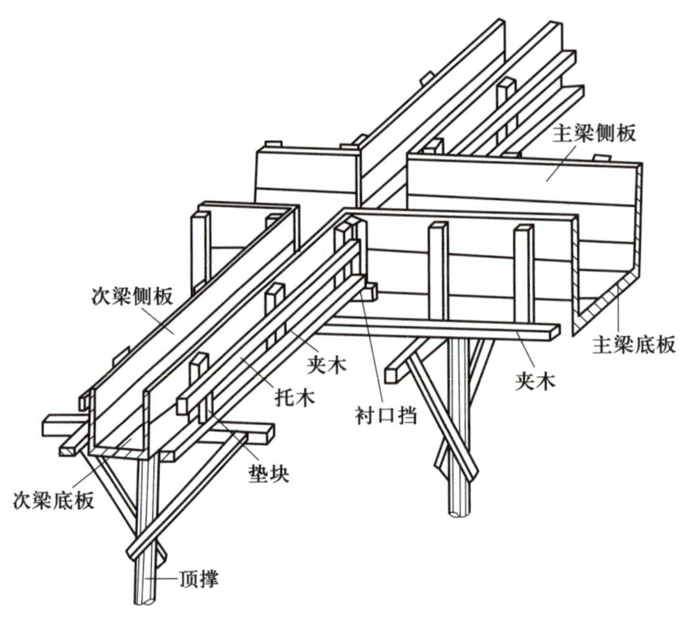

图 5-19 梁模板

支模顺序：放线→立支撑→安水平拉杆→调平上托→安装横楞木→安装主次梁模→铺钉楼板模板及拼条→校核标高→下道工序。

（2）模板制作安装施工要点

1）作业前，应对进场材料进行检查，不合格产品不得使用，并按设计方案对操作人员进行技术和安全技术交底。

2）拆除模板时应使混凝土强度达到设计值的一定百分比：竖向立杆跨度 ≤ 2 m 时，混凝土强度为 50%；竖向立杆跨度为 2 ~ 8 m 时，混凝土强度为 75%；竖向立杆跨度 >8 m 时，混凝土强度为 100%。

3）楼层高度在 4.5 m 以内，支撑应设两道水平拉杆和剪刀撑，支撑底应铺通长脚手板。梁高大于 700 mm 时，侧模应加直径 12 mm 的穿梁螺栓加固。

拆模顺序为：放下限位螺母，降下上托翼形托板→拆纵横楞木→拆楼模板→拆水平拉杆→下道工序。

（3）梁模板的拆除

板的侧模的拆除要求与墙柱相同，应在混凝土强度保证其表面及棱角不因拆除模板而受损后方可拆除。

梁板壳底模的拆除要求见表 5–10。

表 5–10　　梁板壳底模的拆除要求

构件类型	构件跨度 /m	达到设计的混凝土立方体抗压强度标准值（$f_{cu,k}$）的百分率 /%
板	≤ 2	≥ 50
	>2，≤ 8	≥ 75
	>8	≥ 100
梁、拱、壳	≤ 8	≥ 75
	>8	≥ 100
悬臂构件	—	≥ 100

楼板模板拆除的顺序和方法应根据模板设计的规定进行。如果模板设计没有规定，一般是“先支的后拆，后支的先拆，先拆侧模后拆底模”。

楼板模板支架的拆除应按下列要求进行：本层楼板正在浇筑混凝土时，下一层楼板的模板支架不得拆除，再下一层楼板模板的支架仅可拆除一部分；跨度在 4 m 及以上的梁下均应保留支架，其间距不得大于 3 m。

拆除模板必须一次拆清，不得留有无撑模板；拆下的模板要及时清理，堆放整齐。拆模时，严禁将模板直接从高处往下扔，以防止模板变形和损坏。

2. 框架梁钢筋工程

（1）梁钢筋的制作

梁钢筋的加工工艺流程为：梁钢筋配料计算→梁钢筋下料→梁钢筋弯曲成型。

（2）梁钢筋的绑扎安装

梁钢筋骨架安装分为模外安装和模内安装，具体工艺流程如下：

模外安装：（先在梁模板上口绑扎成型后再入模内）在主、次梁模口铺架立横杆→穿主梁上层纵筋→画主梁箍筋间距、套箍筋→穿主梁下层纵筋及弯起筋→绑扎箍筋→穿次梁上层纵筋→画次梁箍筋间距、套箍筋→穿次梁下层纵筋及弯起筋→绑扎箍筋→抽出横杆，将骨架落入模板内→检查验收。

模内安装：（先安装钢筋后支梁侧模板及顶板模板）铺架立横杆→穿主梁上层纵筋→画主梁箍筋间距、套箍筋→穿主梁下层纵筋及弯起筋→绑扎箍筋→穿次梁上层纵筋→画次梁箍筋间距、套箍筋→穿次梁下层纵筋及弯起筋→绑扎箍筋→抽出架立横杆→合梁侧模→检查验收。

（3）操作要点

1）架立横杆的间距一般不大于 1 500 mm，并应根据主筋的直径适当调整，以使梁不产生较大变形为宜。

2）注意穿筋顺序，并注意主次梁同时配合进行。

3）框架梁上部纵向钢筋应贯穿中间节点，梁下部纵向钢筋伸入中间节点锚固长度及伸过中心线的长度要符合设计要求。框架梁纵向钢筋在端节点内的锚固长度也要符合设计要求。

4）绑扎梁上部纵向筋的箍筋宜用兜扣绑扎；箍筋在叠合处的弯钩，在梁中应交错绑扎，箍筋弯钩为 135°，平直部分长度为 10 d（d 为箍筋的直径）；梁端第一个箍筋应设置在距离柱节点边缘 50 mm 处。梁端与柱交接处箍筋应加密，其间距与加密区长度均要符合设计要求。

5）在主、次梁受力筋下均应垫垫块（或塑料块），以保证保护层的厚度。受力筋为双排时，可在两层钢筋之间用短钢筋，钢筋排距应符合设计要求。

6）梁筋的搭接：梁的受力钢筋直径大于或等于 18 mm 时，宜采用机械连接或焊接；直径小于 18 mm 时，可采用绑扎接头，搭接长度要符合规范的规定。搭接长度末端与钢筋弯折处的距离，不得小于钢筋直径的 10 倍，受拉区域内 HPB300 级钢筋绑扎接头的末端应做成弯钩。搭接处应在中心和两端扎牢，接头位置应相互错开。当采用绑扎搭接接头时，在规定搭接长度的任一区域内有接头的受力钢筋截面面积占受力钢筋总截面面积的百分率在受拉区不大于 25%；当采用机械连接时，位于构件最大弯距处，一般情况，梁上部接头应设在梁跨中 1/3 范围内，下部接头应设在支座内或支座 1/3 范围内。

3. 框架梁混凝土工程

框架梁混凝土的浇筑要点如下：

（1）梁、板应同时浇筑，浇筑方法应由一端开始用赶浆法，即先浇筑梁，根据梁高分层浇筑成阶梯形，当到达板底位置时再与板的混凝土一起浇筑，随着阶梯不断延伸，梁板混凝土浇筑连续向前推进。

（2）和板连成整体高度不大于 1 m 的梁允许单独浇筑，其施工缝应留在板底以下 2～3 cm 处。浇捣时，浇筑与振捣必须紧密配合，第一层下料慢些，梁底充分捣实后再下第二层料，用赶浆法保持水泥浆沿浆底包裹石子向前推进，每层均应振实后再下料，梁底及梁帮部位要注意振实，振捣时不得触动钢筋及预埋件。

（3）梁柱节点钢筋较密时，浇筑此处混凝土时宜用小粒径石子同强度等级混凝土，并用小直径振捣棒振捣。

（4）施工缝位置：宜沿次梁方向浇筑楼板，施工缝应留置在次梁跨度的中间 1/3 范围内。施工缝的表面应与梁轴线或板面垂直，不得留斜槎。施工缝宜用木板或钢丝网挡牢。

（5）施工缝处须待已浇筑混凝土的抗压强度不小于 1.2 MPa 时，才允许继续浇筑。在继续浇筑混凝土前，水平施工缝应全部剔除软弱层及浮浆露出石子；垂直施工缝应剔除松散石子和浮浆，露出密实混凝土，并用水冲洗干净后，方可浇筑混凝土，垂直施工缝先浇一层水泥浆，然后继续浇筑混凝土，浇筑过程中应细致操作振实，以使新

旧混凝土紧密结合。

四、框架梁的施工质量验收

框架梁的施工质量检查包含模板、钢筋、混凝土三个方面，可参考框架柱质量检查的内容。

第四节 水平构件——框架楼屋盖工程

一、楼屋盖的受力特点

均布荷载下，等跨连续板的内力计算可考虑塑性变形的内力重分布。允许支座出现塑性铰，将支座截面的负弯矩调低，即减少负弯矩。调整的幅度必须遵守一定的原则。

连续板的受力特点是，跨中有正弯矩，支座有负弯矩。因此，跨中按最大正弯矩计算正筋，支座按最大负弯矩计算负筋。钢筋的截断位置按规范要求截断。

二、楼屋盖的材料要求

现浇板的配筋尽量用HRB400级钢筋，除吊钩外，不宜采用HPB300级钢筋。HPB300级钢筋虽然有很好的延性，但抗拉强度低，施工难度大。钢筋宜采用大直径大间距，但间距不大于200 mm，钢筋直径类型也不宜过多。板编号和钢筋编号不宜过多。板中受力钢筋有板面承受负弯矩的板面负筋和板底承受正弯矩的受力钢筋，常用直径为6 ~ 12 mm。为方便施工，选择板内正、负钢筋时，一般宜使它们的间距相同而直径不同，但直径不宜多于两种。

三、楼屋盖的施工工艺流程和施工要点

如前所述，现浇混凝土框架结构的梁和板通常一起施工，其施工工艺流程为：梁板模板→梁板钢筋→水电预留、预埋→梁板混凝土→养护。

1. 板钢筋工程

适用于钢筋混凝土板的连接方式主要有绑扎连接、焊接和机械连接。楼板钢筋较细，所以一般用绑扎连接。

（1）绑扎连接

一般直径小于28 mm的钢筋都可以采用绑扎连接。纵向受拉钢筋的最小搭接长度要符合表5-11的规定。板钢筋的绑扎连接如图5-20所示。

表5-11　纵向受拉钢筋最小搭接长度

钢筋类型		混凝土强度等级		
		C20 ~ C25	C30 ~ C35	C40及以上
光圆钢筋	HPB300级	35*d*	30*d*	25*d*
带肋钢筋	HRB400级、RRB400级	55*d*	40*d*	35*d*

图 5-20　板钢筋的绑扎连接

(2) 机械连接

板钢筋的机械连接方式有套筒挤压连接和螺纹套筒连接，如图 5-21 所示。

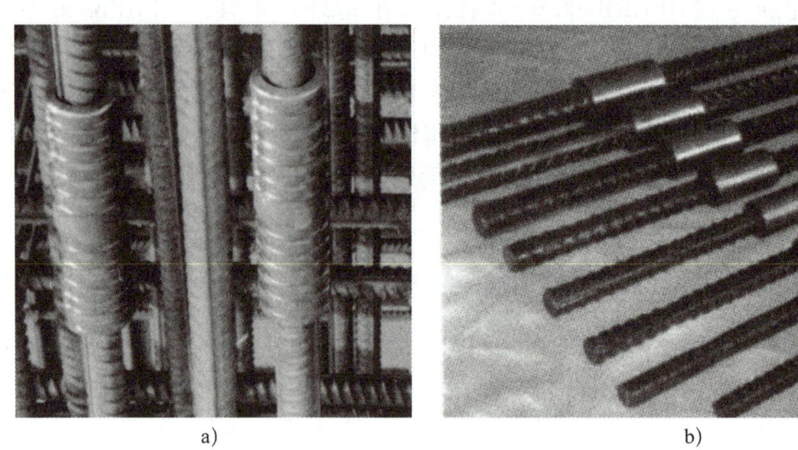

a)　　b)

图 5-21　板钢筋的机械连接

a）套筒挤压连接　b）螺纹套筒连接

(3) 板钢筋绑扎和安装工程

现浇楼盖板钢筋绑扎施工顺序如图 5-22 所示。

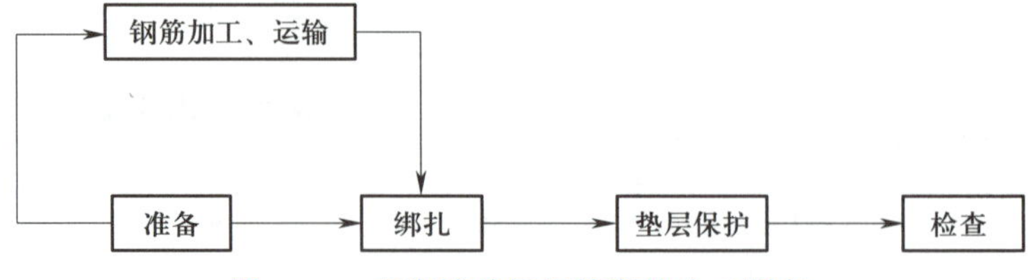

图 5-22　现浇楼盖板钢筋绑扎施工顺序

1）施工的准备工作。准备工具、用具及所需材料，清扫模板上垃圾，弹线或用粉笔在模板上画好主筋和分布筋间距。

2）绑扎的注意事项。一般图样画的底层钢筋的钢筋弯钩都是朝上的，若弯钩高度超过板面，则应将弯钩放斜，甚至放倒，以免造成露钩。钢筋保护层厚度应符合设计要求。

3）板钢筋绑扎要点。

①按画线间距摆放钢筋，先摆受力筋，后放分布筋，绑扎一般采用一面顺扣或“八”字扣。

②双层钢筋的板先下层后上层，两层钢筋之间须加钢筋支架，间距 1 m 左右，并和上下层钢筋连成整体，以保证上层钢筋的位置。

③负弯矩钢筋要每个扣都绑扎。

④单向板和双向板钢筋网的具体绑扎要求如下：绑扎单向板钢筋网时，应先在模板上画出受力钢筋位置线，依线摆放好受力钢筋，再按分布钢筋间距，在受力钢筋上面摆放好分布钢筋。受力钢筋与分布钢筋交叉点，除靠近外围两行钢筋的交叉点全部扎牢外，中间部分交叉点可间隔扎牢，相邻绑扎点的绑扎方向应“八”字交错。绑扎双向板钢筋网时，应先在模板上画出短向钢筋位置线，依线摆放好短向钢筋，再按长向钢筋间距，在短向钢筋上面摆放好长向钢筋。长向钢筋与短向钢筋的交叉点必须全部扎牢，相邻绑扎点的绑扎方向应“八”字交错。

2. 板模板工程

（1）板模板的安装

板模板的特点是面积较大而厚度一般不大，因此横向侧压力很小。板模板及支撑系统主要是承受新浇筑的混凝土的垂直荷载和施工荷载。

板模板由底模和搁栅组成，如图 5–23 所示。底模一般用木胶合板拼成，或采用定型木模块、钢模板铺设在搁栅上。搁栅一般用断面 50 mm × 100 mm 的方木。

板模板的安装一般是在梁模板完成后进行。板模板的安装顺序为：楼板支架安装→钢楞搁栅→顶板模板的拼装→调整验收→进行下道工序。

图 5–23　楼板模板

当板的跨度大于或等于 4 m 时，应使板底模起拱，防止新浇筑混凝土的荷载使跨中模板下挠。如设计无规定，则起拱高度宜为跨度的 0.2%，但四周不起拱。

（2）板模板的质量控制

板模板的质量控制除与墙柱的质量控制相同以外，还包括以下几点：

1）当现浇钢筋混凝土板跨度大于或等于 4 m 时，模板应起拱，起拱高度宜为跨度的 0.2%。

2）现浇多层房屋和构筑物应采用分段分层支模的方法。安装现浇结构的上层模板及其支架时，下层楼板应具有承受上层荷载的承载力。当层间高度大于 5 m 时，宜选用多层支架支模的方法，这时支架的模板垫板应平整，支柱应垂直，上下层支柱要对准在同一竖向中心线上。

3）现浇楼板模板安装完毕后，应认真清扫模板，并对模板的标高平整度支撑系统做认真检查，同时均匀涂刷隔离剂，不得有漏刷或堆积现象。

4）浇筑混凝土施工时，必须派专人值班，以防发生模板移位、跑模等意外事件。

（3）板模板的拆除

1）板侧模的拆除要求。板侧模的拆除要求与墙柱相同，应在混凝土强度保证其表面及棱角不因拆除模板而受损后方可拆除。

2）板底模的拆除要求见表 5–12。

表 5–12　板底模的拆除要求

构件类型	构件跨度 /m	达到设计的混凝土立方体抗压强度标准值（$f_{cu,k}$）的百分率 /%
板	≤ 2	≥ 50
	>2，≤ 8	≥ 75
	>8	≥ 100
梁、拱、壳	≤ 8	≥ 75
	>8	≥ 100
悬臂构件	—	≥ 100

（4）板模板的拆除顺序及注意事项

板模板拆除的顺序和方法应根据模板设计的规定进行。如果模板设计没有规定，一般是“先支的后拆，后支的先拆，先拆侧模后拆底模”。

板模板支架的拆除应按下列要求进行：本层楼板正在浇筑混凝土时，下一层楼板模板的支架不得拆除，再下一层楼板模板的支架仅可拆除一部分；跨度在 4 m 及以上的梁下均应保留支架，其间距不得大于 3 m。

拆除模板必须一次拆清，不得留有无撑模板；拆下的模板要及时清理，堆放整齐。拆模时，严禁将模板直接从高处往下扔，以防止模板变形和损坏。

3. 板混凝土工程

（1）浇筑前的施工准备

1）制定施工方案。根据工程对象、结构特点，结合具体条件，工程开工前在施工组织设计中编制好梁、板施工方案。

2）机具准备及检查。混凝土泵车、运输车、料斗车、串筒、振捣器等机具设备按需要准备充足，并考虑发生故障时的修理时间。所用的机具均应在浇筑混凝土前进行检查和试运转，同时配有专职技工，随时检修。

3）插入式振捣器、平板振捣器的选择。楼板混凝土的振捣通常采用平板振捣器。

（2）板混凝土的浇筑施工要求

1）板浇筑混凝土时应连续进行，如必须间歇，间歇时间不得超过混凝土搅拌的最短时间（见表 5-13）。若超过规定时间，则必须设置施工缝。

表 5-13　混凝土搅拌的最短时间（s）

混凝土坍落度 / mm	搅拌机类型	搅拌机的出料容量 /L		
		＜250	250～500	＞500
≤40	强制式	60	90	120
＞40 且＜100	强制式	60	60	90
＞100	强制式	60		

2）浇筑混凝土时，浇筑层的厚度不得超过表 5-14 的要求。

表 5-14　混凝土浇筑层厚度要求

振实混凝土的方法	浇筑层的厚度
插入式振捣（梁）	振捣器作用部分长度的 1.25 倍
平板振动器（板）	200 mm
人工振捣（梁、板）	200 mm

3）混凝土浇筑过程中，要分批做坍落度试验，如坍落度与原规定不符，应调整配合比。

4）混凝土浇筑过程中，要保证混凝土保护层厚度及钢筋位置的正确性。不得踩踏钢筋，不得移动预埋件和预留孔洞的原来位置，如发现有偏差和位移，应及时校正。特别要重视板及雨篷结构负弯矩钢筋处钢筋的位置。

5）肋形楼板的梁板应同时浇筑，浇筑方法应先根据高度将梁分层浇捣成阶梯形，当达到板底位置时即与板的混凝土一起浇捣。随着阶梯形的不断延长，则可连续向前推进。倾倒混凝土方向应与浇筑方向相反。

6）浇筑无梁楼盖时，在离柱帽下 5 cm 处暂停，然后分层浇筑柱帽，下料必须倒在柱帽中心，待混凝土接近楼板底面时，即可连同楼板一起浇筑。

7）当浇筑柱梁及主次梁交叉处的混凝土时，一般此处钢筋较密集，特别是上部负弯矩钢筋又粗又多，因此，既要防止混凝土下料困难，又要注意砂浆挡住石子下不去。必要时，这部分可改用细石混凝土进行浇筑，与此同时，振捣棒头可改用片式，并辅以人工捣固配合。

（3）板施工缝的留设

1）单向板中施工缝留设在平行于短边的任何位置。双向受力楼板施工缝的留设位置应按设计要求留置。

2）有主次梁的楼板，宜顺着次梁方向浇筑，施工缝应留置在次梁跨中 1/3 范围内。

3）板施工缝可采用企口式接缝或垂直立缝的做法，不宜留坡槎。在预留施工缝处，在板上按板厚放一木条，在梁上闸一木板，其中间要留切口以通过钢筋。

（4）板混凝土的自然养护

对于板构件，一般采用覆盖浇水养护方式养护，即利用平均气温高于 5 ℃的自然条件，用适当的材料对混凝土表面加以覆盖并浇水，使混凝土在一定的时间内保持水泥水化作用所需要的温度和湿度条件。

覆盖浇水养护应符合下列规定：

1）覆盖浇水养护应在混凝土浇筑完毕后的 12 h 内进行。

2）混凝土的浇水养护时间：对采用硅酸盐水泥、普通硅酸盐水泥或矿渣硅酸盐水泥拌制的混凝土，不得少于 7 d；对掺有缓凝型外加剂、矿物掺和料或有抗渗要求的混凝土，不得少于 14 d；当采用其他品种水泥时，混凝土的养护应根据所采用水泥的技术性能确定。

3）浇水次数应根据能保持混凝土处于湿润状态来决定。

4）混凝土的养护用水宜与拌制用水相同。

5）当日平均气温低于 5 ℃时，不得浇水。

（5）板混凝土工程质量通病防治

1）混凝土收缩裂缝。裂缝多在新浇筑并暴露于空气中的结构构件表面出现，有塑态收缩、沉陷收缩、干燥收缩、碳化收缩、凝结收缩等收缩裂缝，这种裂缝不深也不宽。出现收缩裂缝，如混凝土仍有塑性，可采取压抹一遍或重新振捣的办法，并加强养护。如混凝土已硬化，可向裂缝内撒入干水泥粉，然后加水润湿，或在表面抹薄层水泥砂浆；也可在裂缝表面涂环氧胶泥或粘贴环氧玻璃布进行封闭处理。

2）混凝土温度裂缝。温度裂缝走向无规律，大面积结构温度裂缝往往纵横交错，梁板类温度裂缝多平行于短边。贯穿的温度裂缝一般与短边平行或接近平行，裂缝宽度一般在 0.5 mm 以下。表面的温度裂缝多在施工期间出现，贯穿的温度裂缝在浇筑后 2～3 个月或更长时间出现。温度裂缝的缝宽情况是：冬季变宽，夏季变窄；沿截面高度，多数裂缝呈上宽下窄，个别也有下宽上窄的情况，顶部和底部配筋较多的结构也有中间宽两端窄的梭形裂缝。

如果出现温度裂缝，对于表面裂缝，可采取涂两遍环氧胶泥或环氧玻璃布，以及抹、喷水泥砂浆等方法进行表面封闭处理。对于防水防渗的结构，大于 0.1 mm 宽度的贯穿性裂缝，可采用灌水泥浆或环氧浆液进行裂缝修补，或者灌浆与表面封闭同时采

用。小于 0.1 mm 的裂缝可不处理，或只做表面处理。

3）混凝土沉陷裂缝。沉陷裂缝多属于深度或贯穿性裂缝，有的在上部，有的在下部，一般与地面垂直或呈 30°~ 45°方向发展。较大的贯穿性沉陷裂缝往往上下或左右有一定错距，裂缝宽度与荷载大小及不均匀沉降值有关，而与温度变化关系不大。

出现沉陷裂缝，应会同设计等有关部门对结构进行适当的加固处理。

四、楼屋盖的施工质量验收

楼屋盖钢筋安装质量验收、混凝土质量验收、模板施工质量验收参考框架梁柱的质量验收规范，使用的表格及标准均相同。

第五节　预应力混凝土工程

一、预应力混凝土的特点和构造要求

1. 预应力混凝土概述

预应力混凝土结构是指在结构构件受外力荷载作用前，先人为地对预应力混凝土结构施加压力，如图 5-24 所示，由此产生的预应力状态用以减小或抵消外荷载所引起的拉应力，即借助混凝土较高的抗压强度来弥补其抗拉强度的不足，达到推迟受拉区混凝土开裂的目的。以预应力混凝土制成的结构，因以张拉钢筋的方法来达到预压应力，所以也称预应力混凝土结构。

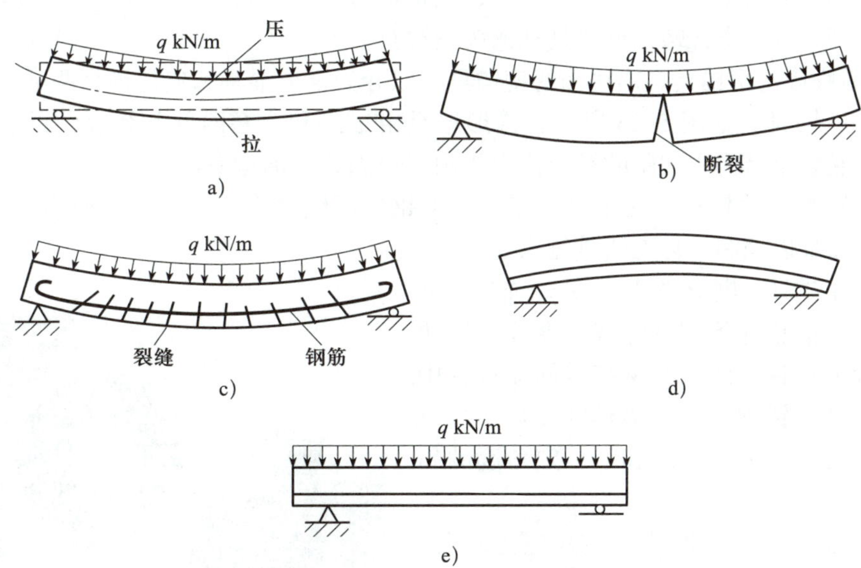

图 5-24　预应力混凝土与普通混凝土的受力情况

a）梁的受力情况　b）素混凝土梁受力情况　c）钢筋混凝土梁受力情况
d）预应力混凝土梁施加预应力时　e）预应力混凝土使用时

预应力能提高混凝土承受荷载时的抗拉能力，防止或延迟裂缝的出现，并增加结构的刚度，节省钢材和水泥。

2. 预应力混凝土的特点

与钢筋混凝土相比，预应力混凝土的优点是：由于采用了高强度钢材和高强度混凝土，预应力混凝土构件具有抗裂能力强、抗渗性能好、刚度大、强度高、抗剪能力和抗疲劳性能好的特点，对节约钢材（可节约钢材 40%～50%、节约混凝土 20%～40%）、减小结构截面尺寸、降低结构自重、防止开裂和减少挠度都十分有效，可以使结构设计得更经济、轻巧与美观。

预应力混凝土构件的缺点是生产工艺比钢筋混凝土构件复杂，技术要求高，需要有专门的张拉设备、灌浆机械和生产台座等及专业的技术操作人员（见预应力工艺），而且开工费用较大，当构件数量少时，工程成本较高。

二、预应力混凝土施工工艺

1. 施工设备与工艺

（1）预应力锚具

锚具是预应力混凝土构件锚固预应力筋的装置，它对在构件中建立有效预应力起着至关重要的作用。先张法构件中的锚具可重复使用，也称夹具或工作锚；后张法构件依靠锚具传递预应力，锚具也是构件的组成部分，不能重复使用。

根据设计取用的预应力筋种类、预压力的大小及布束的需要选择预应力锚具，锚具应具有足够的强度和刚度，且安全可靠，构造简单，加工制作方便，施工方便，节省材料，价格低廉。

现在国内外的锚具、夹具种类繁多，按构造形式及锚固原理可分为三种基本类型：锚块锚塞型锚具、螺杆螺帽型锚具和镦头型锚具。

1）锚块锚塞型锚具。锚块锚塞型锚具可以分为锥形锚具和夹片锚具两类。

①锥形锚具。如图 5-25 所示，锥形锚具由锚圈和锚塞两部分组成，目前在后张法预应力混凝土结构中常用的锥形锚主要用于锚固高强钢丝束。

锥形锚具尺寸较小，便于分散布置；但钢丝回缩量大，所引起的应力损失也大，预应力施加难以控制，且无法重复张拉或接长。

②夹片锚具（楔形锚具）。夹片锚具由夹片、锚板及锚垫片等部分组成。夹片按楔块作用原理夹持钢绞线，在钢绞线回缩过程中将其拉紧进行锚固。夹片锚具的夹片接缝有平行钢绞线轴向的直接缝和呈一定角度的斜接缝两种。

夹片锚具的锚固性能稳定、应力均匀、安全可靠，锚固钢绞线的范围非常广泛。

单孔夹片锚具如图 5-26 所示，多孔夹片锚具如图 5-27 所示。

图 5-25　锥形锚具

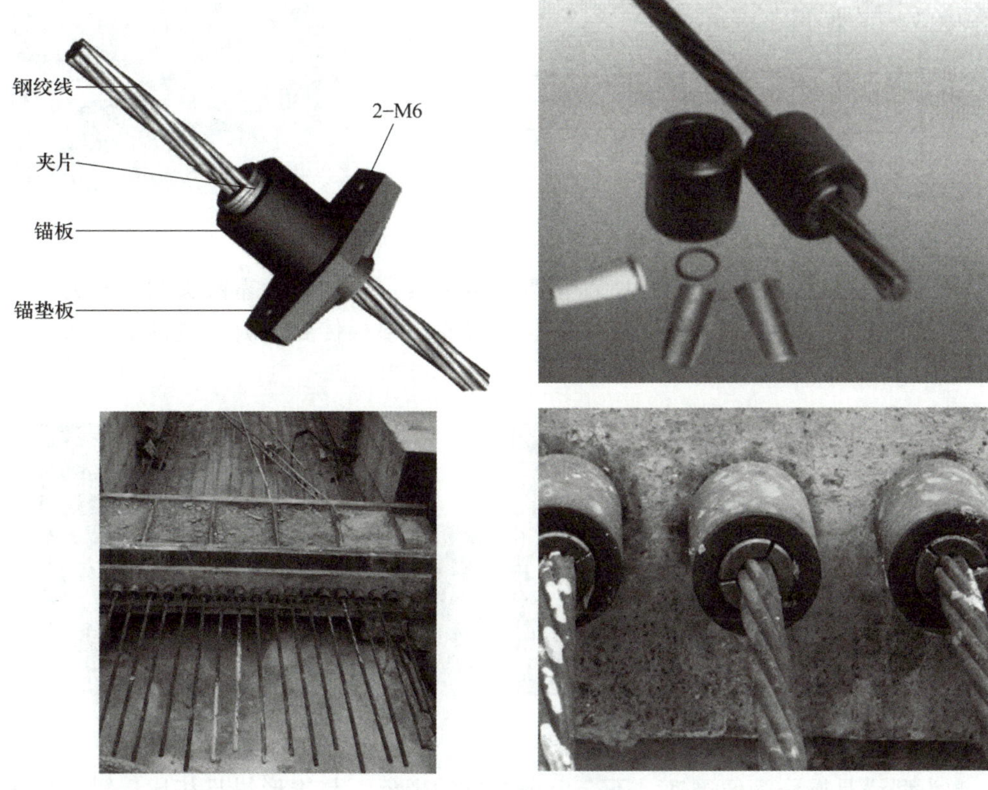

图 5-26　单孔夹片锚具

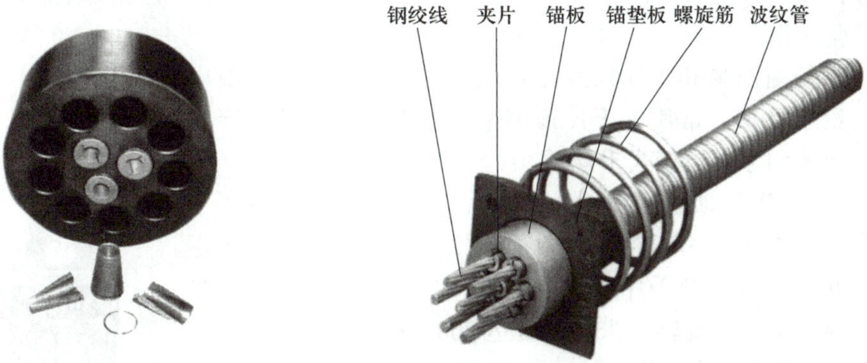

图 5-27　多孔夹片锚具

2）螺杆螺帽型锚具（轧丝锚具）。如图 5-28 所示，螺杆螺帽型锚具是一种简单的螺杆锚具，适用于锚固预应力粗钢筋。

螺杆螺帽型锚具制作简单，用钢量最省，张拉操作方便，锚具作用明确可靠，锚具的预应力损失小，适用于短小预应力混凝土构件，也能用简单的套筒接长，还具有能多次重复张拉和放松的优点。

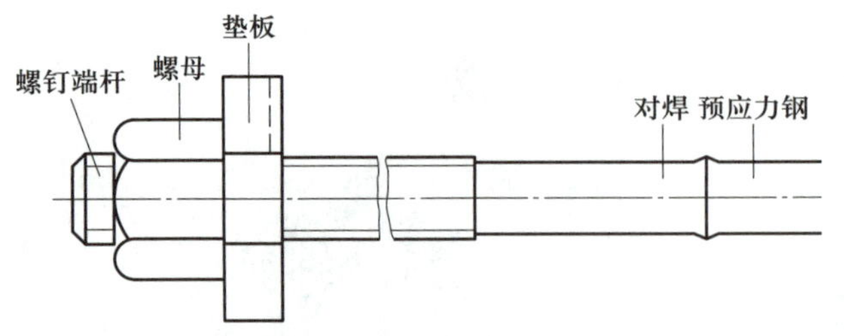

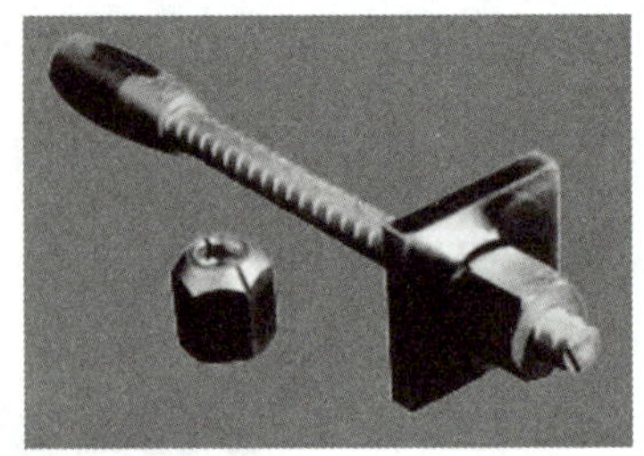

图 5-28　螺杆螺帽型锚具

3）镦头型锚具。如图 5-29 所示，镦头型锚具中，预应力靠镦头的承压力传到锚杯，再依靠螺纹上的承压力传到螺帽，再经过支承垫板传到混凝土构件上。镦头型锚具主要用于张拉高强度钢丝或钢丝束。

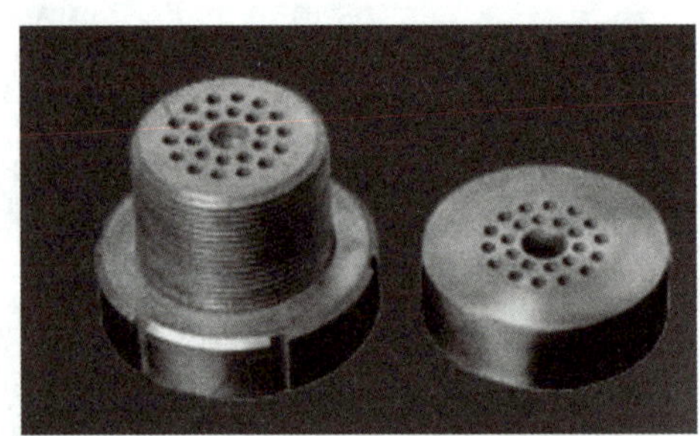

图 5-29　镦头型锚具

镦头型锚具操作简便迅速，不会出现滑丝的现象。与锥形锚具相比，镦头型锚具一般可节约预应力钢丝 20% 左右，锚具费用按吨位计算约节省 40%；缺点是下料长度要求精确，如果误差太大，在张拉时会因各钢丝受力不均匀而发生断丝现象。

（2）张拉设备

张拉设备由油泵和千斤顶及配套油管组成，通过油泵液压系统传力给千斤顶。常用的千斤顶类型有前卡式千斤顶、穿心内卡式千斤顶和穿心拉杆式千斤顶。

1）前卡式千斤顶。如图 5-30 所示，前卡式千斤顶可用于无黏结和有黏结预应力钢绞线的单根张拉，或者多孔锚具的逐根张拉。新式的该类型千斤顶内设有止转装置，能有效防止张拉时千斤顶和钢绞线旋转，张拉力可达 260 kN。

2）穿心内卡式千斤顶。如图 5-31 所示，穿心内卡式千斤顶用于狭小空间的张拉施工，也可用于一般的张拉施工，能节省大量的钢绞线，张拉力可达 2 460 kN。

3）穿心拉杆式千斤顶。穿心拉杆式千斤顶是以活塞杆作为拉力杆件，适用于张拉带螺杆锚具或夹具的钢筋、钢筋束，主要用于单根或成组模外先张法、后张法或后张自锚工艺中。穿心拉杆式千斤顶构造简单，操作容易，应用较广，如图 5-32 所示。

图 5-30　前卡式千斤顶

图 5-31　穿心内卡式千斤顶

图 5-32　穿心拉杆式千斤顶

穿心拉杆式千斤顶主要由液压缸、活塞、拉杆、连接头及撑脚等部件组成。

穿心拉杆式千斤顶由液压泵供油，当液压泵供给的压力油从 A 嘴进入大缸时，活塞及连接在拉杆末端张拉头中的钢筋即被拉伸，其拉力大小由液压泵上的压力表控制。

2. 设计与制作

预应力混凝土结构的设计，除验算承载能力和使用阶段两个极限状态外，还要计算预应力筋的各项瞬时和长期预应力损失值（见预应力损失），以及验算施工阶段如构件制作、运输、堆放和吊装等工序中构件的强度和抗裂度。

3. 预应力混凝土构件的施工方法

预应力用张拉高强度钢筋或钢丝的方法产生，张拉方法有先张法和后张法两种。

（1）先张法

在混凝土灌注之前，先将由钢丝钢绞线或钢筋组成的预应力筋张拉到某一规定应力，并用锚具锚于台座两端支墩上，接着安装模板、构造钢筋和零件，然后灌注混凝土并进行养护，当混凝土达到规定强度后，放松两端支墩的预应力筋，通过黏结力将预应力筋中的张拉力传给混凝土而产生预压应力。这种施工方法称为先张法，如图 5-33 所示。先张法宜采用长的台座，最长有用到逾 100 m 的，因此有时也称长线法。

1）施工工艺。张拉预应力筋的程序为 $0 \rightarrow 1.05\sigma_{con}$（持荷 2 min）$\rightarrow \sigma_{con}$ 或 $0 \rightarrow 1.03\sigma_{con}$。

控制应力及最大应力：超张拉（减少由于钢筋松弛变形造成的预应力损失）可比设计要求提高 5%，但最大张拉控制应力不得超过表 5-15 的规定。

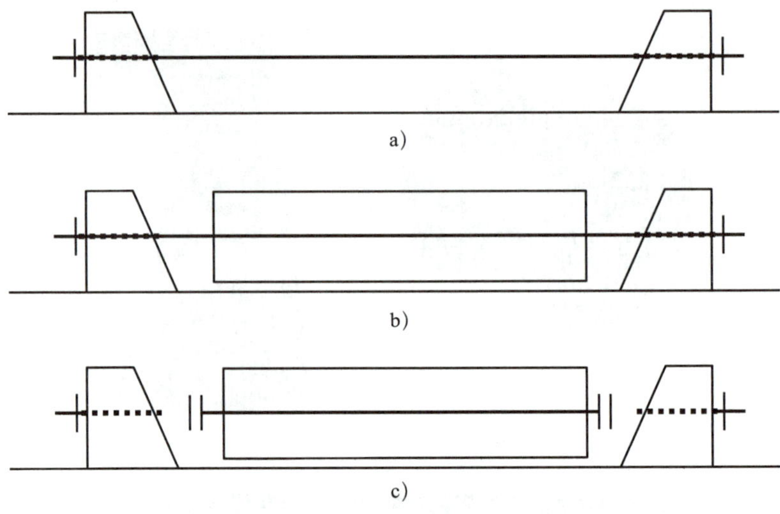

图 5–33　先张法

a）张拉钢筋　b）浇筑混凝土　c）剪断钢筋

表 5–15　控制应力值

预应力筋种类	先张法	后张法
碳素钢丝、刻痕钢丝、钢绞线	$0.80f_{ptk}$	$0.75f_{ptk}$
热处理钢筋、冷拔低碳钢丝	$0.75f_{ptk}$	$0.7f_{ptk}$
冷拉钢筋	$0.9f_{pyk}$	$0.95f_{pyk}$

注：f_{ptk} 为极限抗拉强度标准值，f_{pyk} 为屈服强度标准值。

张拉要点如下：

①张拉时应校核预应力筋的伸长值。实际伸长值与设计计算值的偏差不得超过 ±6%，否则应停拉。

②从台座中间向两侧进行（防止偏心损坏台座）。

③多根成组张拉，初应力应一致（测力计抽查）。

④拉速平稳，锚固松紧一致，设备缓慢放松。

⑤拉完的钢筋位置偏差不大于 5 mm，且不大于构件截面短边的 4%。

⑥冬期施张时，温度不应低于 –15 ℃。

⑦注意安全，两端严禁站人，敲击楔块不得过猛。

2）混凝土浇筑与养护。

①混凝土一次浇完，混凝土强度不小于 C30。

②防止较大徐变和收缩：选收缩变形小的水泥，水灰比不大于 0.5，级配良好，振捣密实（特别是端部）。

③防止碰撞、踩踏钢丝。

④减少应力损失：非钢模台座生产，采取二次升温养护（开始温差不大于 20 ℃，达到 10 MPa 后按正常速度升温）。

3）预应力筋放松。

①条件：混凝土达到设计规定且不小于75%强度值后。

②方法：锯断，剪断，熔断（仅限于HPB300级、HRB400级冷拉筋）。

③放张顺序：轴心受压构件同时放；偏心受压构件先同时放预压应力小的区域的，再同时放预压应力大的区域的；其他构件应分阶段、对称、相互交错放张。粗筋放张应缓慢（砂箱法、楔块法、千斤顶）。

（2）后张法

后张法是指先灌注构件，然后在构件上直接施加预应力的施工方法。一般做法是先安置后张预应力筋成孔的套管、构造钢筋和零件，然后安装模板和灌注混凝土。预应力筋可以先穿入套管也可以后穿。等混凝土达到规定强度后，用千斤顶将预应力筋张拉到要求的应力并锚于梁的两端，预压应力通过两端锚具传给构件混凝土。为了保护预应力筋不受腐蚀和恢复预应力筋与混凝土之间的黏结力，预应力筋与套管之间的空隙必须用水泥浆灌实。水泥浆除起防腐作用外，还有利于恢复预应力筋与混凝土之间的黏结力。为了方便施工，有时也可采用在预应力筋表面涂刷防锈蚀材料并用塑料套管或油纸包裹的无黏结后张预应力。

1）施工工艺。孔道留设应位置准确、内壁光滑，端部预埋钢板垂直于孔道轴线（中心线），直径、长度、形状满足设计要求（直径与锚具及筋有关）。孔道留设方法有以下几种：

①钢管抽芯法（直孔）：钢管应平直、光滑，用前刷油；每根长≤ 15 m，每端伸出500 mm；两根接长，中间用木塞及套管连接；用钢筋井字架固定，间距≤ 1 m；浇混凝土后每10 ~ 15 min转动一次；混凝土初凝后、终凝前抽管；抽管先上后下，边转边拔（灌浆孔间距≤ 12 m）。

②胶管抽芯法：用于长孔或曲线孔，有一定刚度或充压；钢筋井字架间距≤ 0.5 m；混凝土达到一定强度后拔管。

③埋管法（预埋螺旋管）：利用与孔道直径相同的金属波纹管（见图5–34）埋在构件中，无须抽出。可先穿筋，接头严密，有一定刚度；井字架间距≤ 0.8 m；灌浆孔间距≤ 30 m；波峰设排气泌水管。

2）预应力筋张拉。结构的混凝土强度符合设计要求或达到75%强度标准值。张拉控制应力和超张拉最大应力（比先张法均低0.05f）见表5–16。

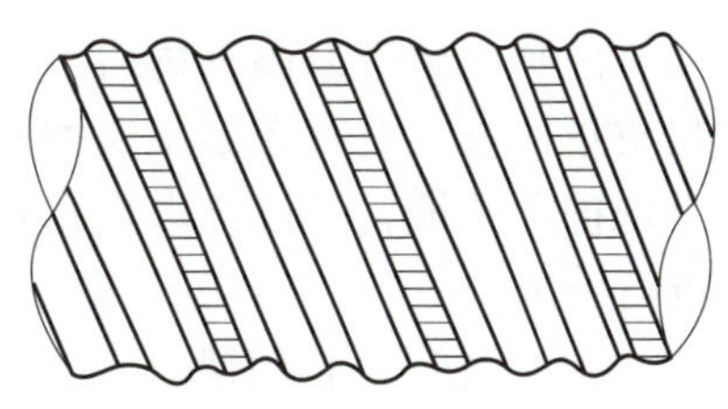

图5–34 金属波纹管

表5–16 预应力筋张拉控制应力和超张拉最大应力

预应力筋种类	σ_{con}	σ_{max}
碳素钢丝、刻痕钢丝、钢绞线	$0.70f_{ptk}$	$0.75f_{ptk}$
热处理钢筋、冷拔低碳钢丝	$0.65f_{ptk}$	$0.70f_{ptk}$
冷拉钢筋	$0.85f_{pyk}$	$0.95f_{pyk}$

配有多根钢筋或多束钢丝的构件应分批对称张拉（后批对先批会产生应力影响）；叠浇构件应自上而下逐层张拉，逐层加大拉应力，对钢丝、钢绞线、热处理筋来说，顶底相差不大于 5%，对冷拉筋来说，顶底相差不大于 9%。

预应力筋张拉方法有对抽芯法和对埋螺旋管法。

①对抽芯法：长度不大于 24 m 的直孔采用一端张拉（多根筋时，张拉端设在结构两端），长度大于 24 m 的直孔、曲线孔采用两端张拉（一端锚固后，另一端补足再锚固）。

②对埋螺旋管法：长度不大于 30 m 的直孔采用一端张拉，长度大于 30 m 的直孔、曲线孔采用两端张拉。

后张法的张拉程序与先张法相同。

3）孔道灌浆。孔道灌浆的目的是防止生锈和增加整体性。水灰比为 0.40 左右，不得大于 0.45。泌水率拌后 3 h 宜不大于 2%，最大不能超过 3%。可掺无腐蚀性外加剂如铝粉（水泥重的 0.5/10 000～1/10 000）、木钙（0.25%）、微膨胀剂等。不掺外加剂时，可用二次灌浆法。

三、预应力混凝土施工质量验收

1. 预应力混凝土材料验收一般项目

（1）预应力筋使用前应进行外观检查，其质量应符合下列要求：

1）有黏结预应力筋展开后应平顺，不得有弯折，表面不应有裂纹、小刺、机械损伤、氧化铁皮和油污等。

2）无黏结预应力筋护套应光滑、无裂缝，无明显褶皱。

检查数量：全数检查。

检验方法：观察。

注：无黏结预应力筋护套轻微破损者应外包防水塑料胶带修补，严重破损者不得使用。

说明：预应力筋进场后可能由于保管不当产生锈蚀、污染等，故使用前应进行外观质量检查。对有黏结预应力筋，可按各相关标准进行检查。对无黏结预应力筋，若出现护套破损，不仅会影响密封性，而且会增加预应力摩擦损失，故应根据不同情况进行处理。

（2）预应力筋用锚具、夹具和连接器使用前应进行外观检查，其表面应无污物、锈蚀、机械损伤和裂纹。

检查数量：全数检查。

检验方法：观察。

说明：当锚具、夹具及连接器进场入库时间较长时，可能产生锈蚀、污染等，影响其使用性能，故使用前应重新对其外观进行检查。

（3）预应力混凝土用金属螺旋管的尺寸和性能应符合《预应力混凝土用金属波纹管》（JG/T 225—2020）的规定。

检查数量：按进场批次和产品的抽样检验方案确定。

检验方法：检查产品合格证、出厂检验报告和进场复验报告。

注：对金属螺旋管用量较少的一般工程，当有可靠依据时，可不做径向刚度、抗渗漏性能的进场复验。

（4）预应力混凝土用金属螺旋管在使用前应进行外观检查，其内外表面应清洁，无锈蚀，不应有油污、孔洞和不规则的褶皱，咬口不应有开裂或脱扣。

检查数量：全数检查。

检验方法：观察。

目前，后张预应力工程中多采用金属螺旋管预留孔道。金属螺旋管的刚度和抗渗性能是很重要的质量指标，但试验较为复杂。当使用单位能提供近期采用的相同品牌和型号金属螺旋管的检验报告或有可靠工程经验时，也可不做这两项检验。由于金属螺旋管经运输、存放可能出现伤痕、变形、锈蚀、污染等，所以使用前应进行外观质量检查。

2. 预应力混凝土材料验收主控项目

（1）预应力筋进场时，应按《预应力混凝土用钢绞线》（GB/T 5224—2023）等的规定抽取试件做力学性能检验，其质量必须符合有关标准的规定。

检查数量：按进场的批次和产品的抽样检验方案确定。

检验方法：检查产品合格证、出厂检验报告和进场复验报告。

说明：常用的预应力筋有钢丝、钢绞线、热处理钢筋等，其质量应符合《预应力混凝土用钢丝》（GB/T 5223—2014）、《预应力混凝土用钢绞线》（GB/T 5224—2023）、《预应力混凝土用钢棒》（GB 5223.3—2017）等的要求。预应力筋是预应力分项工程中最重要的原材料，进场时应根据进场批次和产品的抽样检验方案确定检验批，进行进场复验。由于各厂家提供的预应力筋产品合格证内容与格式不尽相同，为统一及明确有关内容，要求厂家除提供产品合格证外，还应提供反映预应力筋主要性能的出厂检验报告，两者也可合并提供。进场复验可仅做主要的力学性能试验。

（2）无黏结预应力筋的涂包质量应符合无黏结预应力钢绞线有关标准的规定。

检查数量：每 60 t 为一批，每一批抽取一组试件。

检验方法：观察，检查产品合格证、出厂检验报告和进场复验报告。

注：当有工程经验，并经观察认为质量有保证时，可不做油脂用量和护套厚度的进场复验。

说明：无黏结预应力筋的涂包质量对保证预应力筋防腐及准确地建立预应力非常重要。涂包质量的检验内容主要有涂包层油脂用量、护套厚度及外观。当有工程经验，并经观察确认质量有保证时，可仅做外观检查。

（3）预应力筋用锚具、夹具和连接器应按设计要求采用，其性能应符合《预应力筋用锚具、夹具和连接器》（GB/T 14370—2015）等的规定。

检查数量：按进场批次和产品的抽样检验方案确定。

检验方法：检查产品合格证、出厂检验报告和进场复验报告。

注：对锚具用量较少的一般工程，如供货方提供有效的试验报告，可不做静载锚固性能试验。

说明：目前国内锚具生产厂家较多，各自形成配套产品，产品结构尺寸及构造也不尽相同。为确保实现设计意图，要求锚具、夹具和连接器按设计规定采用，其性能和应用应分别符合国家现行标准《预应力筋用锚具、夹具和连接器》（GB/T 14370—2015）和《预应力筋用锚具、夹具和连接器应用技术规程》（JGJ 85—2010）的规定。锚具、夹具和连接器的进场检验主要做锚具、夹具、连接器的静载试验，材质、机加工尺寸等只需按出厂检验报告中所列指标进行核对。

（4）孔道灌浆用水泥应采用普通硅酸盐水泥。

检查数量：按进场批次和产品的抽样检验方案确定。

检验方法：检查产品合格证、出厂检验报告和进场复验报告。

注：对孔道灌浆用水泥和外加剂用量较少的一般工程，当有可靠依据时，可不做材料性能的进场复验。

说明：孔道灌浆一般采用素水泥浆。由于普通硅酸盐水泥浆的泌水率较小，所以规定应采用普通硅酸盐水泥配制水泥浆。水泥浆中掺入外加剂可改善其稠度、泌水率、膨胀率、初凝时间、强度等特性，但预应力筋对应力腐蚀较为敏感，故水泥和外加剂中均不能含有对预应力筋有害的化学成分。

孔道灌浆所采用水泥和外加剂数量较少的一般工程，如果由使用单位提供近期采用的相同品牌和型号的水泥及外加剂的检验报告，也可不做水泥和外加剂性能的进场复验。

3. 预应力筋张拉与放张质量验收主控项目

（1）预应力筋张拉或放张时，混凝土强度应符合设计要求；当设计无具体要求时，不应低于设计的混凝土立方体抗压强度标准值的75%。

检查数量：全数检查。

检验方法：检查同条件养护试件试验报告。

说明：过早地对混凝土施加预应力，会引起较大的收缩和徐变预应力损失，同时可能因局部承压过大而引起混凝土损伤。对于预应力筋张拉及放张时的混凝土强度，若设计无规定，则应按《混凝土结构设计规范》（GB 50010—2010）（2015年版）的规定确定；若设计对此有明确要求，则应按设计要求执行。

（2）预应力筋的张拉力、张拉或放张顺序及张拉工艺应符合设计及施工技术方案的要求，并应符合下列规定：

1）当施工需要超张拉时，最大张拉应力不应大于《混凝土结构设计规范》（GB 50010—2010）（2015年版）的有关规定。

2）张拉工艺应能保证同一束中各根预应力筋的应力均匀一致。

3）后张法施工中，当预应力筋是逐根或逐束张拉时，应保证各阶段不出现对结构不利的应力状态；同时宜考虑后批张拉预应力筋所产生的结构构件的弹性压缩对先批张拉预应力筋的影响，确定张拉力。

4）先张法预应力筋放张时，宜缓慢放松锚固装置，使各根预应力筋同时缓慢放松。

5）当采用应力控制方法张拉时，应校核预应力筋的伸长值。实际伸长值与设计计

算理论伸长值的相对允许偏差为 ±6%。

检查数量：全数检查。

检验方法：检查张拉记录。

说明：预应力筋张拉应使各根预应力筋的预加力均匀一致，有黏结预应力筋张拉时应整束张拉，以使各预应力筋同步受力，应力均匀；而无黏结预应力筋和扁锚预应力筋通常是单根张拉的。预应力筋的张拉顺序、张拉力及设计计算伸长值均应由设计确定，施工时应遵照执行。实际施工时，为了部分抵消预应力损失等，可采取超张拉方法，但最大张拉应力不应大于《混凝土结构设计规范》（GB 50010—2010）（2015 年版）的有关规定。先张法施工中，梁或板中的预应力筋一般是逐根或逐束张拉的，后批张拉的预应力筋所产生的混凝土结构构件的弹性压缩对先批张拉预应力筋的预应力损失的影响与梁、板的截面，预应力筋配筋量及束长等因素有关，一般影响较小时可不计；如果影响较大，可将张拉力统一增加一定值。实际张拉时通常采用张拉力控制方法，但为了确保张拉质量，还应对实际伸长值进行校核。相对允许偏差 ±6% 是基于工程实践提出的，有利于保证张拉质量。

（3）预应力筋张拉锚固后实际建立的预应力值与工程设计规定检验值的相对允许偏差为 ±5%。

检查数量：对先张法施工，每工作班抽查预应力筋总数的 1%，且不少于 3 根；对后张法施工，在同一检验批内抽查预应力筋总数的 3%，且不少于 5 束。

检验方法：对先张法施工，检查预应力筋应力检测记录；对后张法施工，检查见证张拉记录。

说明：预应力筋张拉锚固后，实际建立的预应力值与预应力值的量测时间有关，相隔时间越长，预应力损失值越大，故检验值应由设计通过计算确定。

预应力筋张拉实际建立的预应力值对结构受力性能影响很大，必须予以保证。先张法施工中可以用应力测定仪器直接测定张拉锚固后预应力筋的应力值；后张法施工中预应力筋的实际应力值较难测定，故可用见证张拉代替预加力值测定。见证张拉是指监理工程师或建设单位代表现场见证下的张拉。

（4）张拉过程中应避免预应力筋断裂或滑脱；当发生断裂或滑脱时，必须符合下列规定：

1）对后张法预应力结构构件，断裂或滑脱的数量严禁超过同一截面预应力筋总根数的 3%，且每束钢丝不得超过一根；对多跨双向连续板，其同一截面应按每跨计算。

2）对先张法预应力结构构件，在浇筑混凝土前发生断裂或滑脱的预应力筋必须予以更换。

检查数量：全数检查。

检验方法：观察，检查张拉记录。

说明：由于预应力筋断裂或滑脱对结构构件的受力性能影响极大，所以施加预应力过程中应采取措施加以避免。先张法预应力构件中的预应力筋不允许出现断裂或滑脱，若在浇筑混凝土前出现断裂或滑脱，相应的预应力筋应予以更换。后张法预应力结构构件中预应力筋断裂或滑脱的数量应按有关规定严格执行。

1. 钢筋进场验收的内容有哪些?

2. 简述侧模板、底模板及支架的拆除要求。

3. 现浇结构拆模时应注意哪些问题?

4. 何为施工缝?在施工缝处继续浇筑混凝土时,应做何处理?

5. 简述大体积混凝土施工存在的主要问题。

6. 什么是先张法?什么是后张法?两者之间的区别是什么?两者的预应力分别是如何建立的?

7. 后张法孔道留设有哪几种方法?分别适用于什么情况?

8. 某梁截面宽 250 mm,设计主筋为 4 根直径为 20 mm 的 HRB400 级钢筋(f_y = 360 N/mm^2),今现场无此型号的钢筋,只有直径为 12 mm、14 mm、16 mm 的 HPB300 级钢筋(f_y=270 N/mm^2)和直径为 18 mm 的 HRB400 级钢筋,请提出最优代换方案。

第六章 钢结构工程施工

钢结构是以钢材为主的结构，是主要的建筑结构类型之一。钢材的优点是强度高、自重轻、整体刚性好、变形能力强，故适用于建造大跨度和超高、超重型的建筑物；材料均质性和各向同性好，属于理想弹性体，最符合一般工程力学的基本假定；材料塑性、韧性好，可有较大变形，能很好地承受动荷载；建筑工期短；工业化程度高，可进行机械化程度高的专业化生产；加工精度高、效率高、密闭性好，可用于制造气罐、油罐和变压器等。

第一节 钢结构建筑概述

一、钢结构的特点

钢结构一般用于高层建筑，从而保证了高层建筑的稳定性与安全性。钢结构在施工时不会浪费过多的耗材，也不会产生噪声和气体，同时钢结构的发展也带动了一些环保材料的发展，并为绿色建材的发展创造了条件。钢结构主要有以下特点：

1. 强度高，塑性和韧性好

钢结构在一般条件下不会因超载而突然断裂，只会增大变形，故易于被发现。此外，钢结构还能将局部高峰应力重分配，使应力变化趋于平缓。钢结构韧性好，适宜在动荷载下工作，因此在地震区采用钢结构较为有利。良好的吸能能力和延性使钢结构具有优越的抗震性能。这些都为钢结构的安全应用提供了可靠的保证。

2. 质量轻，承载力高

钢材容重大，强度高，做成的结构却比较轻。以同样跨度承受同样的荷载，钢屋架的质量一般不超过钢筋混凝土屋架的 1/4 ~ 1/3，冷弯薄壁型钢屋架甚至接近钢筋混凝土屋架的 1/10。钢材质量轻，可减轻基础的负荷，降低地基 / 基础部分的造价，同时还方便运输和吊装。

3. 材质均匀

力学计算假定比较符合钢结构实际受力情况。钢结构工程力学计算结果比较符合其实际，在计算中采用的经验公式不多，不确定性较小，计算结果比较可靠。

4. 制作简便，施工周期短

钢结构构件一般在金属结构厂制作，施工机械化，准确度和精密度皆较高，加工简易而迅速。钢结构构件较轻，连接简单，安装方便，施工周期短。小量钢结构和轻型钢结构可在现场制作，简易吊装钢结构由于连接的特性，易于加固、改建和拆迁。

5. 密闭性好

钢结构的钢材和连接（如焊接）的水密性和气密性较好，适宜制作要求密闭的板壳结构，如高压容器、油库、气柜、管道等。

6. 焊接性能良好

焊接技术的应用和发展成为促进钢结构发展的重要因素之一。钢结构具有良好的焊接性能，是指钢材在焊接中和焊接后，能保证焊接的部分完整不开裂的性质，此外还可以满足各种复杂形状构件的连接需求的性质。

7. 耐腐蚀性差，对涂装要求高

钢容易锈蚀，对钢结构必须注意防护，特别是薄壁构件更要注意。钢结构涂装工艺要求高，在涂油漆以前应彻底除锈，油漆质量和涂层厚度均应符合要求。钢耐热不耐火，低温易脆裂。腐蚀性气体不仅对钢结构，而且对其他结构也会有影响，因此所有的钢结构厂房都会在施工过程中对结构整体做好防腐蚀、防火、防锈等措施。

8. 耐热性好，耐火性差

钢结构是耐热但不耐火的结构，当热辐射温度低于 100 ℃时，钢材的主要性能变化很小，其屈服点和弹性模量均降低不多，因此其耐热性能比较好。钢结构的耐火性能较差，当钢结构表面长期受到热辐射温度达到 150 ℃以上或受到火焰作用时，必须采取有效的隔热和防火措施。

钢结构还有抗震、抗风、耐久、保温、隔声、健康、舒适、快捷、环保、节能等特点。

二、钢结构的结构形式

1. 建筑结构形式

（1）大跨度钢结构

大跨度钢结构的类型有钢屋架、网架、网壳结构、悬索结构、拱架结构、桥梁结构等。

国家体育场如图 6–1 所示，建筑体形像鸟巢，可容纳 9.1 万人，平面为椭圆形，长轴 333 m，短轴 296 m。该建筑屋盖中间有一个 146 m × 76 m 的开口，这部分设计为开合屋盖，采用加肋薄壁箱形截面。鸟巢主体建筑总用钢量达 4.2 万吨。

天津奥林匹克中心体育场如图 6–2 所示，建筑底面面积为 80 000 m^2，屋顶面积为 76 719 m^2，地上层数 6 层，最高点高度 53.00 m，可容纳观众 60 000 人，屋顶结构采用钢桁架悬挑结构，屋面桁架落地，形似露珠。

（2）高层建筑

旅馆、饭店、公寓、办公大楼等多层及高层建筑采用钢结构也越来越多，如上海环球金融中心（见图 6–3）、上海金茂大厦（见图 6–4）、深圳地王大厦（见图 6–5）、大连远洋大厦（见图 6–6）等都是著名的高层钢结构建筑。

图 6–1　国家体育场

图 6–2　天津奥林匹克中心体育场

图 6–3　上海环球金融中心

图 6–4　上海金茂大厦

图 6–5　深圳地王大厦

图 6–6　大连远洋大厦

（3）高耸钢结构

高耸钢结构包括电视塔（见图 6–7）、微波塔、通信塔等。

除此之外，钢结构还可用于单层大跨度建筑（如单层厂房等），也可用在重型厂房结构中。

2. 其他钢结构形式

（1）桥梁钢结构

桥梁钢结构越来越多，特别是中等跨度和大跨度的斜拉桥，如上海南浦大桥（见图 6–8）、上海杨浦大桥（见图 6–9）、九江大桥、江阴大桥等。1993 年建成的上海杨浦大桥主跨为 602 m；1994 年建成的铁路公路两用双层九江大桥，主联跨为（180+216+180）m，采用柔性拱加劲；1999 年建成的江阴大桥，主跨采用悬索桥，跨长 1 385 m。

（2）容器和其他构筑物

冶金、石油、化工企业中大量采用钢板做成的容器结构，包括油罐、煤气罐、高炉、热风炉等，如图 6–10 和图 6–11 所示。此外，经常使用的还有皮带通廊栈桥、管道支架、锅炉支架等其他钢构筑物，海上采油平台也大多采用钢结构。

图 6–7　东方明珠电视塔

图 6-8　上海南浦大桥

图 6-9　上海杨浦大桥

图 6-10　大连西太平洋石化有限公司
1 500 m^{3}CF-62 钢球罐

图 6–11　中石化海南实华炼油化工有限公司
3 000 m³LPG 球罐

第二节　钢结构的连接方式及节点形式

钢结构的连接方法可分为焊缝连接、螺栓连接和铆钉连接三种。

一、焊缝连接

焊缝连接是指通过电弧产生的热量，使焊条和焊件局部熔化，经冷却凝结成焊缝，将焊件连接成一体的连接方法。焊缝连接是现代钢结构最主要的连接方法。

1. 优点和缺点

（1）优点

1）焊件间可直接相连，构造简单，制作加工方便。

2）不削弱截面，用料经济。

3）连接的密闭性好，结构刚度大。

4）可实现自动化操作，提高焊接结构的质量。

（2）缺点

1）在焊缝附近的热影响区内，钢材的材质变脆。

2）焊接残余应力和变形使受压构件承载力降低。

3）焊接结构对裂纹很敏感，低温时冷脆的问题较为突出。

2. 常用的焊接方法

钢结构常用的焊接方法是电弧焊，包括手工电弧焊（见图 6–12）、自动或半自动电弧焊（电弧焊机如图 6–13 所示）及气体保护焊等。

3. 钢结构焊接质量检验

钢结构焊接工程的质量必须符合设计文件和国家现行标准的要求。从事钢结构工程焊接施工的焊工，应根据所从事钢结构焊接工程的具体类型进行考试并取得相应证书。

图 6–12 手工电弧焊操作

图 6–13 电弧焊机

钢结构焊接常用的检验方法有破坏性检验和非破坏性检验两种，应针对钢结构的性质和对焊缝质量的要求，选择合理的检验方法。对重要结构或要求焊缝金属强度等于被焊金属强度的对接焊缝，必须进行一级或二级质量检验，即在外观检查的基础上再做无损检验。焊缝的质量等级不同，其检验方法和数量也不相同，可参见表 6–1 的规定。

对于不同类型的焊接接头和不同的材料，可以根据图样要求或有关规定，选择一种或几种检验方法，以确保质量。

表 6–1 焊缝不同质量级别的检验方法

焊缝质量级别	检验方法	检查数量	备注
一级	外观检查	全部	有疑点时，用磁粉复验
	超声波检查	全部	
	X 射线检查	抽查焊缝长度的 2%，至少应有一张底片	缺陷超出规范规定时，应加倍透照，如不合格，应 100% 透照
二级	外观检查	全部	—
	超声检查	抽查焊缝长度的 50%	有疑点时，用 X 射线透照复验，如发现有超标缺陷，应用超声波全部检查
三级	外观检查	全部	—

二、螺栓连接

螺栓作为钢结构连接紧固件，通常用于构件间的连接、固定、定位等。钢结构中的连接螺栓一般分为普通螺栓和高强度螺栓两种。使用普通螺栓连接或使用高强度螺栓连接而不施加紧固力，该连接即为普通螺栓连接；使用高强度螺栓连接并对螺栓施加紧固力，该连接称为高强度螺栓连接。

1. 普通螺栓连接

普通螺栓连接是指将普通螺栓、螺母、垫圈机械地和连接件连接在一起形成的一种连接形式。

普通螺栓作为永久性连接螺栓时，应符合下列要求：

（1）对一般螺栓连接，螺栓头和螺母下面应放置平垫圈，以增大承压面积。

（2）螺栓头下面放置垫圈一般不应多于 2 个，螺母下垫圈一般应多于 1 个。

（3）对于设计有要求放松的螺栓、锚固螺栓，应采用有放松装置的螺母或弹簧垫圈，或用人工方法采取放松措施。

（4）对于承受动荷载或重要部位的螺栓连接，应按设计要求放置弹簧垫圈，弹簧垫圈必须设置在螺母一侧。

（5）对于工字钢、槽钢类型钢，应尽量使用斜垫圈，使螺母和螺栓头的支承面垂直于螺杆。

2. 高强螺栓连接

高强度螺栓连接已经发展成为与焊接并举的钢结构主要连接形式之一，它具有受力性能好、耐疲劳、抗震性能好、连接刚度高、施工简便等优点，被广泛地应用在建筑钢结构和桥梁钢结构的工地连接中。

高强度螺栓连接按其受力状况，可分为摩擦型连接、摩擦－承压型连接、承压型连接和张拉型连接等类型，其中摩擦型连接是目前广泛采用的基本连接形式。

钢结构用高强度大六角头螺栓分为 8.8 级和 10.9 级两种等级，一个连接副为一个螺栓、一个螺母和两个垫圈。高强度螺栓连接副应同批制造，保证扭矩系数稳定，同批连接副扭矩系数平均值为 0.110～0.150，其扭矩系数标准偏差不应大于 0.010。

钢结构用扭剪型高强度螺栓，一个连接副为一个螺栓、一个螺母和一个垫圈，它适用于摩擦型连接的钢结构。

3. 高强度螺栓施工

（1）施工机具

1）手动扭矩扳手。各种高强度螺栓在施工中以手动紧固时，都要使用有示明扭矩值的扳手施拧，使其达到高强度螺栓连接副规定的扭矩和剪力值。一般常用的手动扭矩扳手有指针式、音响式和扭剪型三种。

扭剪型手动扭矩扳手是一种紧固扭剪型高强度螺栓使用的手动扭矩扳手。配合扳手紧固螺栓的套筒，设有内套筒弹簧、内套筒和外套筒。这种扳手靠螺栓尾部的卡头得到紧固反力，使紧固的螺栓不会同时转动。内套筒可根据所紧固的扭剪型高强度螺栓直径而更换相适应的规格。紧固完毕后，扭剪型高强度螺栓卡头在颈部被剪断，所施加的扭矩可以视为合格。

2）电动扳手。钢结构用高强度大六角头螺栓紧固时用的电动扳手有 NR–9000A、NR–12 和双重绝缘定扭矩、定转角电动扳手等，是拆卸和安装大六角头高强度螺栓机械化工具，可以自动控制扭矩和转角，适用于钢结构桥梁、厂房建设、化工、发电设备安装大六角头高强度螺栓施工的初拧、终拧和扭剪型高强度螺栓的初拧，以及对螺栓紧固件的扭矩或轴力有严格要求的场合。

（2）施工方法

1）大六角头高强度螺栓的施工。

①扭矩法施工。在采用扭矩法终拧前，应首先进行初拧，对螺栓多的大接头还需进行复拧。初拧的目的是使连接接触面密贴，一般常用规格螺栓（M20、M22、M24）的初拧扭矩为 200 ~ 300 N · m，螺栓轴力达到 10 ~ 50 kN 即可。初拧、复拧及终拧一般都应从中间向两边或四周对称进行，初拧和终拧的螺栓都应做不同的标记，避免漏拧、超拧等安全隐患，同时也便于质检人员检查紧固质量。

②转角法施工。转角法是指利用螺母旋转角度，以控制螺杆弹性伸长量来控制螺栓轴向力的方法。采用转角法施工可避免较大的误差。

转角法施工分为初拧和终拧两步进行（必要时需增加复拧），初拧的要求比扭矩法施工要严格，因为起初受连接板间隙的影响，螺母的转角大都消耗于板缝，转角与螺栓轴力关系不稳定。初拧的目的是消除板缝影响，使终拧具有一致的基础。终拧是在初拧的基础上，再将螺母拧转一定的角度，使螺栓轴向力达到施工预拉力。

2）扭剪型高强度螺栓的施工。扭剪型高强度螺栓连接副紧固施工比大六角头高强度螺栓连接副紧固施工要简单得多，正常的情况采用专用的电动扳手进行终拧，梅花头拧掉标志着螺栓终拧的结束。

3）高强度螺栓连接施工。高强度螺栓连接施工流程如图 6-14 所示。

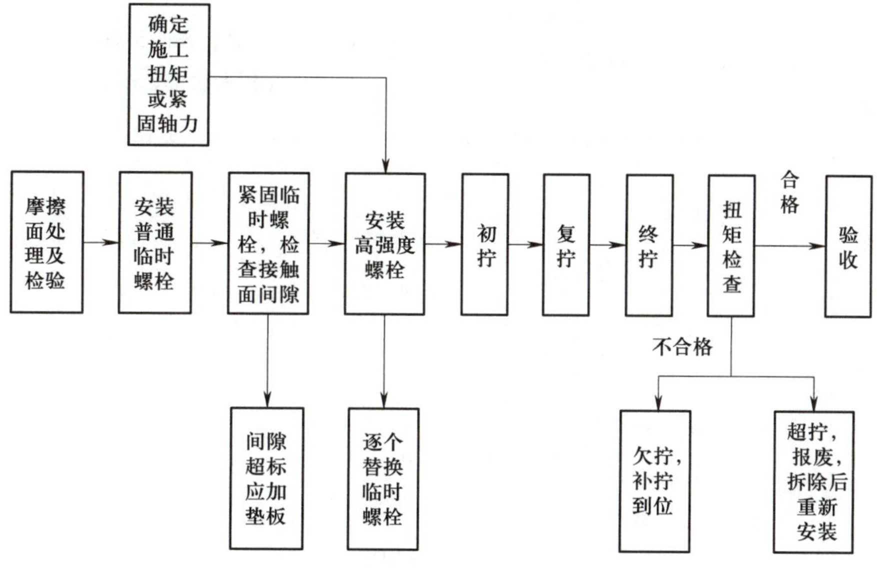

图 6-14　高强度螺栓连接施工流程

4. 螺栓排列

螺栓在构件上排列应简单、统一、整齐而紧凑，通常分为并列和错列两种形式（见图 6-15）。并列比较简单、整齐，所用连接板尺寸小，但由于螺栓孔的存在，对构件截面削弱较大。错列可以减小螺栓孔对截面的削弱，但螺栓孔排列不如并列时紧凑，连接板尺寸较大。

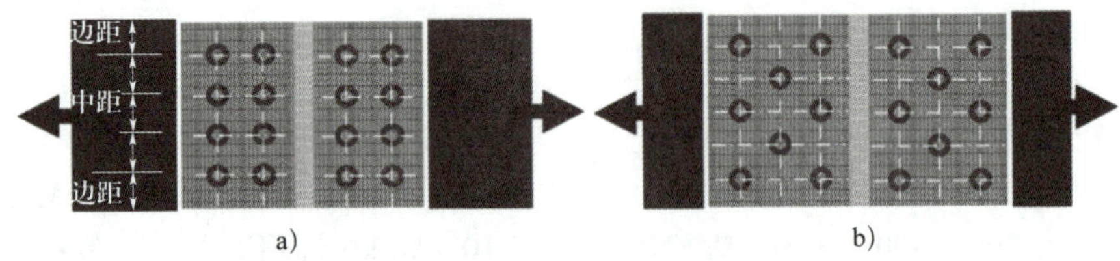

图 6–15　螺栓排列

a）并列　b）错列

螺栓在构件上的排列应满足受力、构造和施工要求。

（1）受力要求

在受力方向螺栓的端距过小时，钢材有剪断或撕裂的可能。各排螺栓距和线距太小时，构件有沿折线或直线破坏的可能。对受压构件，当沿作用方向螺栓距过大时，被连板间易发生鼓曲和张口现象。

（2）构造要求

螺栓的中距及边距不宜过大，否则钢板间不能紧密贴合，潮气易侵入缝隙使钢材锈蚀。

（3）施工要求

要保证一定的空间，便于转动螺栓扳手拧紧螺帽。

根据上述要求，规定了螺栓的最大、最小容许距离，见表 6–2。

表 6–2　　螺栓的最大、最小容许距离

<table>
<tr><th>名称</th><th colspan="3">位置和方向</th><th>最大容许距离（取两者的较小值）</th><th>最小容许距离</th></tr>
<tr><td rowspan="5">中心间距</td><td colspan="3">外排（垂直内力或顺内力方向）</td><td>$8d_0$ 或 $12t$</td><td rowspan="5">$3d_0$</td></tr>
<tr><td rowspan="3">中间排</td><td colspan="2">垂直内力方向</td><td>$16d_0$ 或 $24t$</td></tr>
<tr><td rowspan="2">顺内力方向</td><td>构件受压力</td><td>$12d_0$ 或 $18t$</td></tr>
<tr><td>构件受拉力</td><td>$16d_0$ 或 $24t$</td></tr>
<tr><td colspan="3">沿对角线方向</td><td>—</td></tr>
<tr><td rowspan="4">中心至构件边缘距离</td><td colspan="3">顺内力方向</td><td rowspan="4">$4d_0$ 或 $8t$</td><td>$2d_0$</td></tr>
<tr><td rowspan="3">垂直内力方向</td><td colspan="2">剪切或手工气割边</td><td>$1.5d_0$</td></tr>
<tr><td rowspan="2">轧制边、自动气割或锯割边</td><td>高强度螺栓</td><td>$1.5d_0$</td></tr>
<tr><td>其他螺栓</td><td>$1.2d_0$</td></tr>
</table>

注：d_0 为高强度螺栓连接板的孔径，t 为外层较薄板件的厚度。

5. 螺栓连接的受力形式

普通螺栓连接按照螺栓传力方式分为三种形式（见图 6–16）：①抗剪螺栓连接——受力垂直螺栓杆，靠孔壁承压和螺栓杆抗剪传力；②抗拉螺栓连接——受力平行螺栓杆，靠螺栓杆承载拉力；③既受剪又受拉，称为拉剪共同作用——两者兼有。

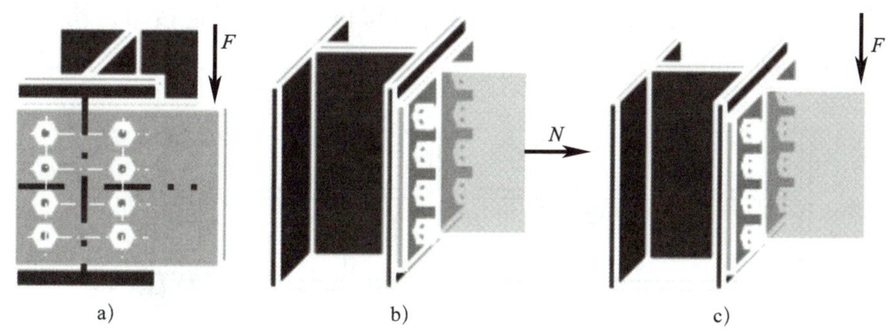

图 6–16　螺栓连接的受力形式

a）抗剪螺栓连接　b）抗拉螺栓连接　c）拉剪共同作用

三、铆钉连接

铆钉连接是将一端带有预制钉头的铆钉插入被连接构件的钉孔中，利用铆钉枪或压铆机将另一端压成封闭钉头。这种连接传力可靠，韧性和塑性较好，质量易于检查，适用于承受动荷载、荷载较大和跨度较大的结构。但铆钉连接费工费料、劳动条件差、成本高，现在很少采用，多被焊缝连接和高强度螺栓连接所代替。

四、钢结构梁、柱节点形式

1. 梁与柱的刚性连接

（1）梁与柱刚性连接的构造形式有三种，即全焊接节点、栓焊混合节点和全栓接节点。

（2）梁与柱的连接节点计算时，主要验算以下内容：

1）梁与柱连接的承载力。

2）柱腹板的局部抗压承载力和柱翼缘板的刚度。

3）梁柱节点域的抗剪承载力。

（3）梁与柱刚性连接的构造：

1）框架梁与工字形截面柱和箱形截面柱刚性连接的构造，如图 6–17 所示。

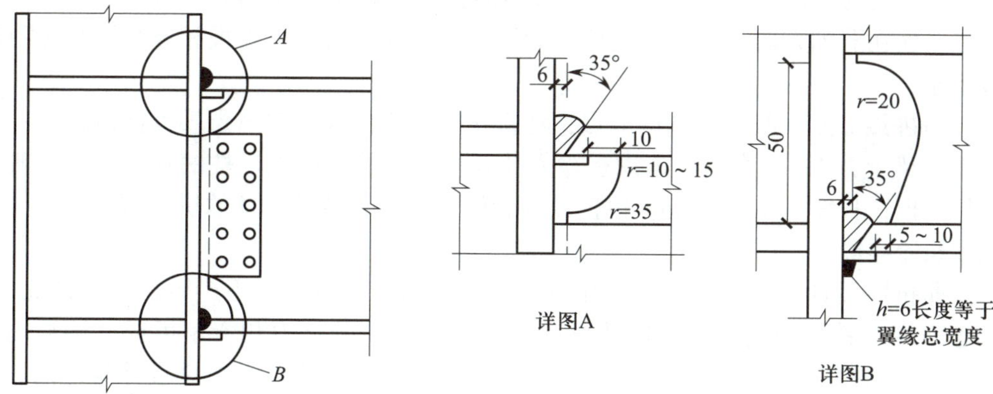

图 6–17　框架梁与柱刚性连接

2）工字形截面柱和箱形截面柱通过带悬臂梁段与框架梁连接时，构造措施有两种，如图 6–18 所示。

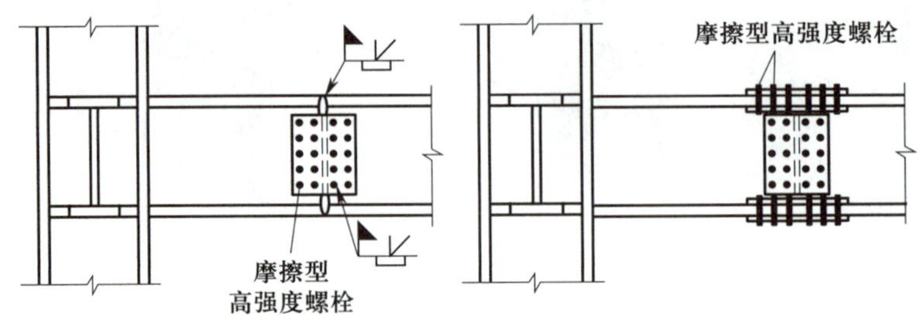

图 6–18　柱通过带悬臂梁段与框架梁连接

梁与柱刚性连接时，按抗震设防的结构，柱在梁翼缘板上下各 500 mm 的节点范围内，柱翼缘板与柱腹板间或箱形柱壁板间的组合焊缝应采用全熔透坡口焊缝。

（4）改进梁与柱刚性连接抗震性能的构造措施。骨形连接是通过削弱梁来保护梁柱节点的，在不降低梁的强度和刚度的前提下，通过梁端翼缘加焊楔形盖板，如图 6–19 所示。

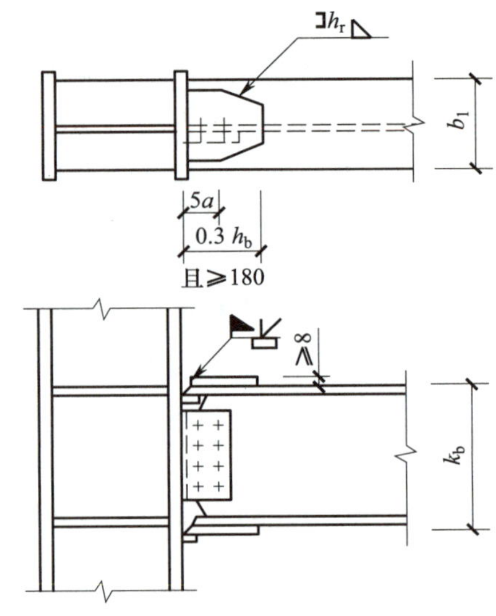

图 6–19　骨形连接、梁端翼缘加焊楔形盖板

（5）工字形截面柱在弱轴方向与主梁刚性连接。当工字形截面柱在弱轴方向与主梁刚性连接时，应在主梁翼缘对应位置设置柱水平加劲肋，在梁高范围内设置柱的竖向连接板，其厚度应分别与梁翼缘和腹板厚度相同。柱水平加劲肋与柱翼缘和腹板连接均为全熔透坡口焊缝，竖向连接板与柱腹板连接为角焊缝。

2. 梁与柱的铰接连接

（1）梁与柱的铰接连接分为仅梁腹板连接和仅梁翼缘板连接两种。

（2）柱在弱轴方向与梁铰接连接分为柱上伸出加劲板与梁腹板相连和梁与柱用双盖板相连。

柱的拼接节点一般都是刚接节点，柱拼接接头应位于框架节点塑性区以外，一般宜在框架梁上方 1.3 m 左右。考虑运输方便及吊装条件等因素，柱的安装单元一般采用三层一根，长度为 10 ~ 12 m。根据设计和施工的具体条件，柱的拼接可采取焊接或高强度螺栓连接。

按非抗震设计的轴心受压柱或压弯柱，在柱的弯矩较小且不产生拉力的情况下，柱的上下端应铣平顶紧，并与柱轴线垂直。柱的 25% 的轴力和弯矩可通过铣平端传递，此时柱的拼接节点可按 75% 的轴力和弯矩及全部剪力设计。抗震设计时，柱的拼接节点按与柱截面等强度原则设计。

非抗震设计时的焊缝连接，可采用部分熔透焊缝，坡口焊缝的有效深度不宜小于板厚度的 1/2。有抗震设防要求的焊缝连接，应采用全熔透坡口焊缝。

第三节　钢结构构件运输与堆放

一、运输形式及包装

1. 构件运输形式分类

为适应公路运输的要求，对钢结构构件进行了工厂的分段制作，工厂制作完成后主要有以下几种构件形态。

第一类构件：单个在尺寸限制范围内的单根构件。

第二类构件：工厂制作的桁架段、铸钢件、焊接节点等。

第三类构件：其他散件和节点板，主要包括节点连接耳板、需要工厂代加工的现场定位靠板、制作范围内的螺栓和油漆等其他材料。

2. 包装

钢结构的包装方式有包装箱包装、裸装、捆装等。

（1）包装箱包装：适用于外形尺寸较小、质量较轻、易散失的构件，如连接件、螺栓或标准件等。

（2）裸装：适用于质量、体积均较大且又不适合装箱的产品。

（3）捆装：适用于钢管、钢梁等钢结构，每捆重量不宜大于 20 t。

钢结构构件的包装要求如下：①包装依据安装顺序，分单元配套进行包装；②装箱构件在箱内应排列整齐、紧凑、稳妥、牢固，不得窜动，必要时应将构件固定于箱内，以防在运输或装卸时滑动和冲撞。箱的充满度不得小于 80%。

3. 运输

根据构件尺寸和施工现场需求，一般采用以公路运输为主的运输方式，力求快、平、稳地将构件运抵施工现场。

装车时构件与构件、构件与车厢之间应妥善捆扎，以防车辆颠簸而造成构件散落。钢结构构件在运输车上的支点、两端伸出的长度及绑扎方法均以能保证构件不产生变形、不损伤涂层且保证运输安全为原则。

二、成品保护措施

1. 工厂制作成品保护措施

制作、运输等均需制定详细的成品、半成品保护措施，防止变形及表面油漆破坏等。

（1）成品必须堆放在车间中的指定位置。

（2）成品在放置时，在构件下安置一定数量的垫木，禁止构件直接与地面接触，并采取一定的防止滑动和滚动措施，如放置止滑块等；构件与构件需要重叠放置的时候，在构件间放置垫木或橡胶垫，以防止构件碰撞。

（3）构件放置好后，在其四周放置警示标志，防止进行其他吊装作业时碰伤构件。

（4）工程构件如有不少散件，则需设计专用的箱子放置。

（5）在成品的吊装作业中，捆绑点均需加软垫，以避免损伤成品表面和破坏油漆。

2. 运输过程中成品保护措施

（1）构件与构件间必须放置一定的垫木、橡胶垫等缓冲物，防止运输过程中构件因碰撞而损坏。

（2）散件按同类型集中堆放，并用钢框架、垫木和钢丝绳进行绑扎固定，杆件与绑扎用钢丝绳之间放置橡胶垫之类的缓冲物。

（3）在整个运输过程中，为避免涂层损坏，在构件绑扎或固定处用软性材料衬垫保护。

三、现场拼装及安装成品保护

1. 构件进场应堆放整齐，防止变形和损坏。堆放时应放在稳定的枕木上，并根据构件的编号和安装顺序来分类。

2. 构件堆放场地应做好排水，防止积水对构件的腐蚀。

3. 在拼装、安装作业时，应避免碰撞、重击。

4. 少在构件上焊接过多的辅助设施，以免对母材造成影响。

5. 吊装时，在地面铺设刚性平台，搭设刚性胎架进行拼装，拼装支撑点的设置要进行计算，以免造成构件的永久变形。

四、涂装面保护

1. 避免尖锐的物体碰撞、摩擦。

2. 减少现场辅助措施的焊接量，尽量采用捆绑、抱箍。

3. 现场焊接、破损的母材外露表面，在最短的时间内进行补涂装，除锈等级达到St3 级，材料采用设计要求的原材料。

五、摩擦面保护

1. 工厂涂装过程中，做好摩擦面的保护工作。

2. 构件运输过程中，做好构件摩擦面防雨淋措施。

3. 冬期构件安装时，应用钢丝刷刷去摩擦面的浮锈和薄冰，保证干燥及无其他影响摩擦面的因素。

六、现场交货及验收

为保证项目施工工期、安装顺序，使产品数量和质量达到安装现场的要求，现场交货及验收标准如下：

1. 钢结构产品运抵安装地后，根据发货清单及有关质量标准进行产品的交货及验收。

2. 派专人在安装地负责交货及验收工作。

3. 包装件（箱包装、捆包装、框架包装）开箱清点时，由双方人员一起清点。

4. 依据产品发货清单和图样逐件清点，核对产品的名称、标记、数量、规格等内容。

5. 交货产品的名称、标记、数量、规格等和发货清单相符后，经双方确认后办理交接手续。

七、装卸

大、重构件都用吊车装运，其他管件和零件可用铲车装卸。车上堆放合理，绑扎牢固，装车时有专人检查。卸货时，均应采用起重机或现场塔吊卸货，严禁自由卸货。装卸时应轻拿轻放，应严格遵守起重机吊装规范，不得斜拉、斜吊。起吊和放置过程中不能与其他物品发生碰撞。

八、堆放

应在运输车辆上预先准备枕木，加垫泡沫塑料，以防油漆划伤。构件到达现场后应按施工顺序分类堆放，尽可能堆放在平整无积水的场地。高强度螺栓连接副必须在现场干燥的地方堆放。堆放必须整齐、合理、标识明确，雨雪天要做好防雨淋措施，高强度螺栓摩擦面应得到切实保护。

成品验收后，在装运或包装以前堆放在成品仓库。目前国内钢结构产品的主要大部件都露天堆放，部分小件一般可用捆扎或装箱的方式放置于室内。由于成品堆放的条件一般较差，所以堆放时更应注意防止失散和变形。

第四节 钢结构安装施工工艺与质量验收

钢结构主要有立柱、梁、板、钢平台立柱、护栏等，施工过程的正常顺序是先立柱，再安装梁、板、平台、护栏等，施工紧急情况下可以分区域施工，按区域穿插施工。钢结构施工任务的顺序为：钢柱安装→钢梁安装→楼层面板施工→其他构件安装。

一、钢柱安装

根据钢结构构件的质量及吊点情况，准备足够的不同长度、不同规格的钢丝绳及卡环，准备好爬梯、缆风绳、工具包及扳手等小型工具。安装前要对预埋件进行复测，并在基础上进行放线。根据钢柱的底标高调整好螺杆上的螺帽，然后钢柱直接安装就位。当受螺杆长度影响，螺帽无法调整时，可以在基础上设置垫铁进行垫平，就是在钢柱四角地脚螺栓处设置垫铁，并由测量人员跟踪抄平后钢柱安装就位，每组垫铁宜不多于 5 块。垫铁与基础面和地脚板的接触应平整、紧密。钢柱吊升到位后，首先将钢柱底板穿入地脚螺栓，放置在调节好的螺帽上，并将柱的四面中心线与基础放线中心线对齐吻合，四面兼顾，当中心线对准或已使偏差控制在规范许可的范围以内时，穿上压板，将螺栓拧紧，即为完成钢柱的就位工作。

当首层梁柱安装并焊接完成及柱脚二次灌浆完成后，可进行上节柱的吊装。钢柱吊装按从中间向四周扩散的顺序进行安装。钢柱起吊前，在柱顶设置 3～4 根缆风绳，当钢柱吊装到位后，立即安装对接用连接板，并拧紧螺栓，同时拉紧并固定好缆风绳。

通过缆风绳及吊车调整钢柱的标高及垂直度，调整好后，在钢柱对接缝处电焊打底一遍，确保钢柱稳定可靠后，方可摘钩，再进行下一根钢柱的吊装。待安装完 2 ~ 3 根钢柱后，及时安装钢梁，增强已安装构件的安全稳定性。后续钢柱安装后，及时安装钢梁，并可陆续拆除前面的缆风绳，避免影响其他梁柱的安装。上层钢结构可依次按照此方法施工。钢柱吊装如图 6–20 所示。

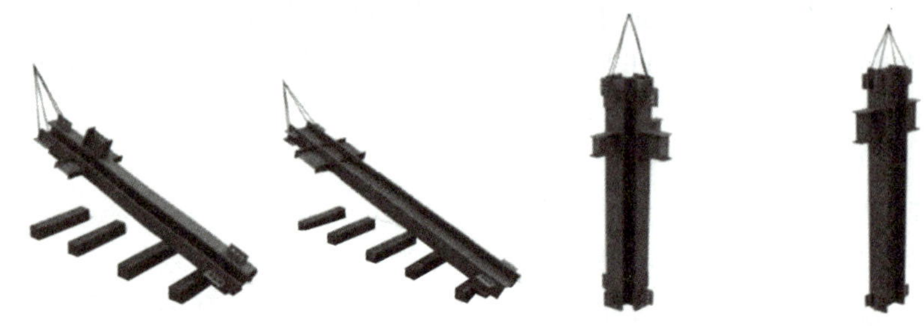

图 6–20　钢柱吊装

钢柱安装需做好安全措施，每一层钢梁安装完成后，及时安装平台钢格板及钢楼梯，并设置临边栏杆，便于上节构件安装。若吊装上节柱时，平台钢格板未及时安装，需在钢柱周围采用跳板搭设临时平台，并在安装层高面设置安全绳，施工人员在高空作业必须系挂好安全带。

钢柱就位后马上进行单根钢柱的垂直度校正，倾斜偏差控制在 1/1 000 以内，便于钢梁的连接。待主梁全部安装完毕，做整体的安装精度的测量，将测量结果加下节钢柱的轴线偏差，换算出校正后的柱顶轴线偏差，其中要考虑焊接收缩，局部向外侧倾斜预防变形。在钢柱的两个不同方向上架设经纬仪或线坠，且旋转最少 3 次经纬仪水平度盘，若投测点都重合，表明钢柱垂直度无偏差。

二、钢梁安装

钢梁吊装就位时，必须用安装螺栓进行连接。钢梁的连接形式有焊接和栓焊连接两种。钢梁安装时可先将腹板的连接板用安装螺栓进行固定安装，待调校完毕后，再进行焊接。

同平面钢结构构件吊装，采用从中心向四周扩散的顺序进行，并根据钢柱的吊装顺序依次安装。立面钢结构构件吊装，采用由下至上的顺序进行。相邻钢柱安装完毕后，及时连接剩余的钢梁，使安装的构件及时形成稳定的框架，并且每天安装完的钢柱必须用钢梁连接起来，不能及时连接的应拉设缆风绳进行临时稳固。局部稳定单元柱梁吊装时，为了保证结构稳定，便于校正和精确安装，应首先固定顶层梁，再固定下层梁，最后固定中间梁。

为提高钢梁吊装速度，由构件厂制作钢梁时预留吊装孔作为吊点。钢梁安装采用两点平吊，如图 6–21 所示。如单根钢梁质量不大，满足一机多吊的要求时，可通过吊装孔多件串吊，如图 6–22 所示。

钢梁吊装前，应清理钢梁表面污物；对产生浮锈的连接板和摩擦面在吊装前进行除锈，待吊装的钢梁应装配好附带的连接板，并用工具包装好螺栓。钢梁吊装就位时

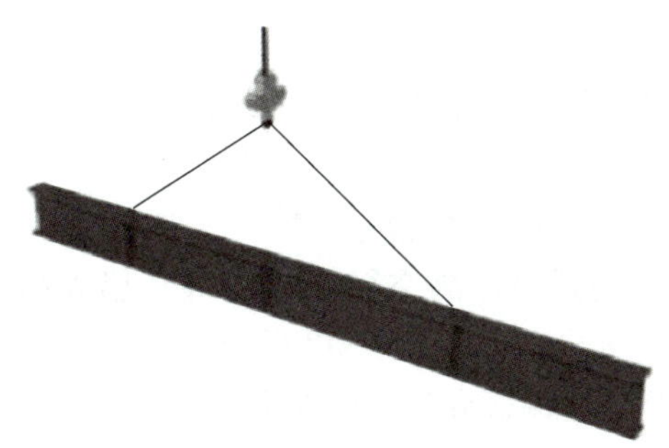

图 6–21 钢梁两点平吊

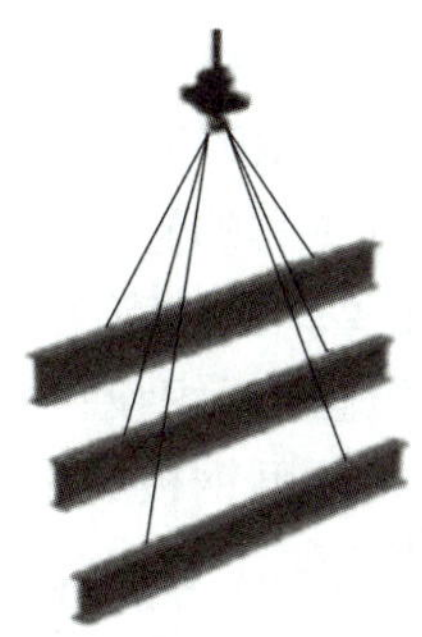

图 6–22 钢梁串吊

要注意钢梁的方向，确保安装正确。钢梁安装就位时，及时夹好连接板，对孔洞有偏差的接头应用冲钉配合调整跨间距，然后再用螺栓连接后焊接。

吊装前仔细检查钢丝绳、卡环及吊耳，确保吊装机具牢固可靠。钢梁吊装时，要保持水平起吊，行进过程中始终保持平稳，并使用缆风绳调整钢梁水平位置，避免撞击他物，直至钢梁到达安装位置。

钢梁吊装前，在钢柱上悬挂直爬梯，待钢梁吊装到位后，施工人员通过直爬梯到达梁柱连接点，并及时系好安全带，方可进行螺栓安装等操作，待螺栓初拧紧固后，可在梁上安置吊笼，便于螺栓终拧及梁翼缘板的焊接作业。

三、楼屋面板施工

1. 压型钢板安装工艺

压型钢板是适用于建筑钢结构楼板的永久性支承模板。它既是楼盖的永久性支承模板，根据设计它还可以与现浇混凝土层共同工作，也是建筑物的永久组成部分，习惯称之为结构楼承板。

（1）材料要求

1）压型钢板是结构构件。《碳素结构钢》（GB/T 700—2006）中规定：压型钢板的基板，应保证抗拉强度、屈服强度、延伸率、冷弯试验合格，以及硫（S）、磷（P）的极限含量。焊接时，保证碳（C）的极限含量，其化学成分与物理力学性能需满足要求。

2）建筑工程上使用的压型钢板的尺寸、外形、质量及允许偏差应符合《建筑用压型钢板》（GB/T 12755—2008）的要求；压型钢板宜采用镀锌卷板，两面镀锌层含锌量为 275 g/m，基板厚度为 0.75 ~ 2.00 mm。

3）由于压型钢板在建筑中用于楼板永久性支承模板，并和钢筋混凝土叠合共同工作，因此不仅要求其力学、防腐性能，而且要求有必要的防火能力，以满足设计和规范的要求。

4）压型钢板施工使用的焊接材料，焊条为 E43XX 型。

（2）主要机具

压型钢板安装所需起吊机械，由钢结构安装确定。压型钢板施工的专用机具有压型钢板电焊机，其他施工机具有手提式或其他小型焊机、空气等离子弧切割机、云石机、手提式砂轮机、钣工剪刀等。

（3）作业条件

1）压型钢板施工之前应及时办理有关楼层的钢结构安装、焊接、节点处高强度螺栓、油漆等工程的施工隐蔽验收。

2）压型钢板的有关材质复验和有关试验鉴定已经完成。

3）将施工组织设计要求的安全措施落实到位，高空行走马道绑扎稳妥牢靠之后，才可以开始压型钢板的施工。

4）当安装压型钢板的相邻梁间距大于压型钢板允许承载的最大跨度时，两梁之间应根据施工组织设计的要求搭设支顶架。

（4）操作工艺

1）工艺流程（见图 6–23）。

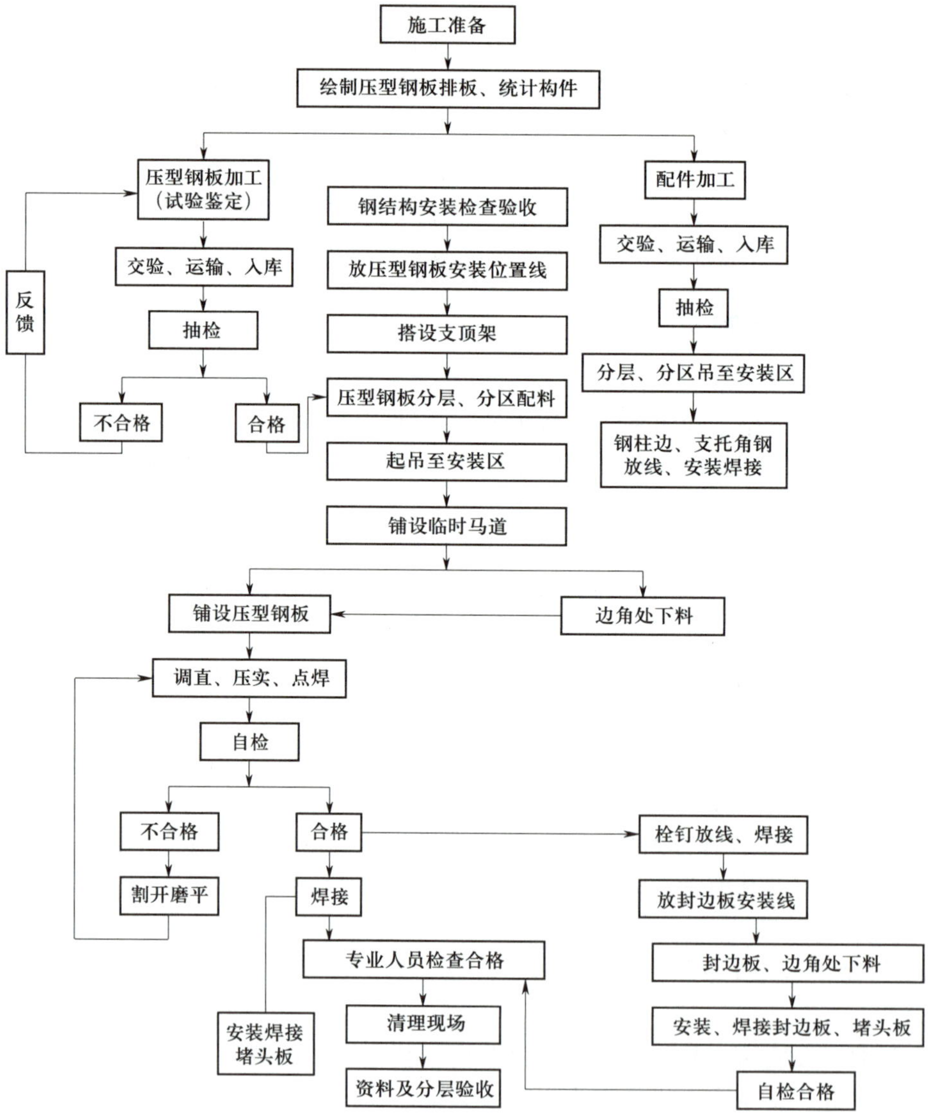

图 6–23　压型钢板安装工艺流程

2）操作工艺。

①压型钢板在装、卸、安装中严禁用钢丝绳捆绑直接起吊，运输及堆放应有足够支点，以防变形。

②铺设前对弯曲变形部分应校正好。

③钢梁顶面要保持清洁，严防潮湿及涂刷油漆未干。

④下料、切孔采用等离子弧切割机操作，严禁用乙炔氧气切割。大孔洞四周应补强。

⑤是否需支搭临时的支顶架由施工组织设计确定。如搭设，应待混凝土达到一定强度后方可拆除。

⑥压型钢板按图样放线安装、调直、压实并点焊牢靠，要求如下：

a. 波纹对直，以便钢筋在波内通过。

b. 与梁搭接在凹槽处，以便施焊。

c. 每凹槽处必须焊接牢靠，每凹槽焊点不得少于一处，焊接点直径不得小于1 cm。

⑦压型钢板铺设完毕、调直固定后，应及时用锁口机进行锁口，防止由于堆放施工材料和人员交通造成压型钢板咬口分离。

⑧安装完毕，应在钢筋安装前及时清扫施工垃圾，剪切下来的边角料应收集到地面上集中堆放；加强成品保护，铺设人员交通马道，减少不必要的压型钢板上的人员走动，严禁在压型钢板上堆放重物。

（5）应注意的问题

1）压型钢板安装应在钢结构楼层梁全部安装完成、检验合格并办理有关隐蔽手续以后进行，最好是整层施工。

2）压型钢板应按施工要求分区、分片吊装到施工楼层并放置稳妥，及时安装，不宜在高空过夜，必须过夜的应固定好。

3）高空施工的安全走道应按施工组织设计的要求搭设完毕。施工用电应符合安全用电的有关要求，严格做到“一机、一闸、一漏电”。

4）压型钢板的切割应用冷作、空气等离子弧等方法切割，严禁用氧气乙炔焰切割。

2. 钢筋桁架楼承板安装工艺

（1）钢筋桁架楼承板施工流程（见图6–24）

（2）钢筋桁架楼承板施工前准备

1）钢筋桁架楼承板吊装前准备。

①铺设施工用临时通道，保证施工方便及安全。

②按图样要求，在梁上放设钢筋桁架楼承板铺设时的基准线。

③在剪力墙及悬挑处设置支承件，确定剪力墙支模及钢筋工程完成。

④准备好简易操作工具，如吊装用软吊索及零部件、操作工人劳动防护用品等。

⑤对操作工人进行技术及安全交底，发作业指导书。

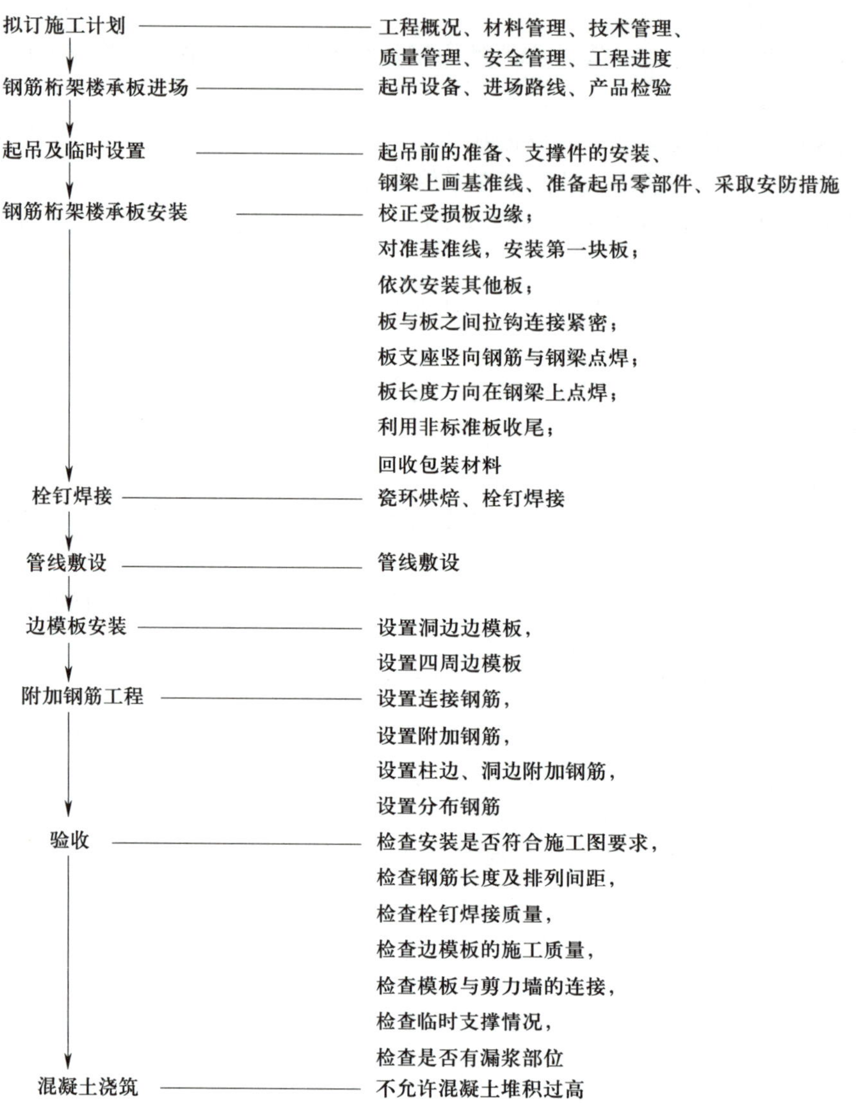

图 6-24　钢筋桁架楼承板施工流程

2）钢筋桁架楼承板吊装前检查。

①钢结构构件安装完成并验收合格。

②钢梁表面吊耳清除。

③剪力墙、悬挑处角钢及临时支撑安装完成。

④起吊前，对照图样检查钢筋桁架楼承板型号是否正确。

⑤检查钢筋桁架楼承板的拉钩是否变形。若变形影响拉钩之间的连接，必须用专用矫正器械进行修理，保证板与板之间的搭钩连接牢固。

（3）钢筋桁架楼承板铺设

钢筋桁架楼承板施工前，将各捆板吊运到各安装区域，明确起始点及板的扣边方向。

1）钢筋桁架楼承板在与核心筒剪力墙连接时，需在剪力墙混凝土浇筑时预先设置预埋钢筋，支撑角钢与相邻两钢梁上翼缘板焊接，角钢与钢梁上表面及焊缝相平。角钢与剪力墙之间若存在缝隙，可采用干硬灰或发泡剂之类材料进行封堵，防止浇筑楼板混凝土时漏浆。

2）悬挑处钢筋桁架楼承板，平行桁架方向悬挑长度小于 7 倍的桁架高度，无须加设支撑（小于 720 mm）；平行桁架方向悬挑长度大于 7 倍的桁架高度或垂直于桁架方向的悬挑部位，必须加设支撑（大于 720 mm）。

3）外悬挑处支撑做法按照钢筋桁架楼承板排板图中的节点详图进行安装。

4）钢筋桁架楼承板铺设前，应按图样所示的起始位置放设铺板时的基准线。对准基准线，安装第一块板，并依次安装其他板，采用非标准板收尾。

5）钢筋桁架楼承板铺设时，应随铺设随点焊，将钢筋桁架楼承板支座竖筋与钢梁或支撑角钢点焊固定。

6）钢筋桁架楼承板安装时，板与板之间扣合应紧密，防止混凝土浇筑时漏浆。

7）钢筋桁架楼承板在钢梁上的搭接，桁架长度方向，搭接长度不宜小于 5d（d 为钢筋桁架下弦钢筋直径）及 50 mm 中的较大值；板宽度方向，底模与钢梁的搭接长度不宜小于 30 mm，确保在浇筑混凝土时不漏浆。搭接长度如图 6–25 所示。

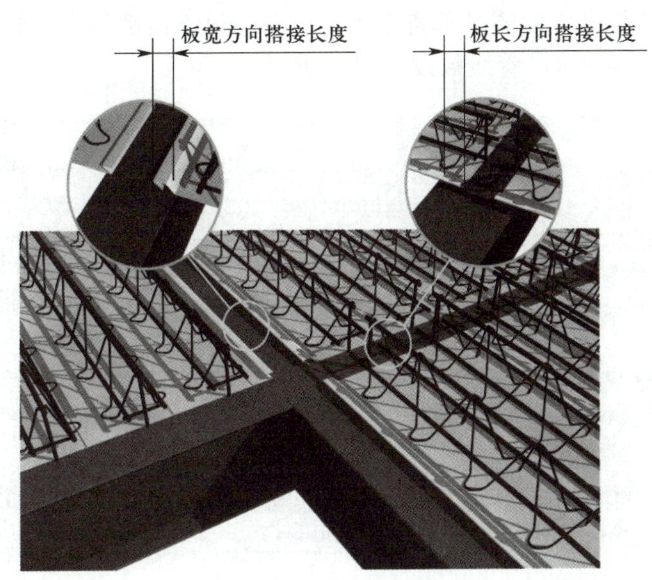

图 6–25 搭接长度示意图

8）钢筋桁架楼承板与钢梁搭接时，宽度方向需沿板边与钢梁点焊固定，要求焊点间距为 300 mm，焊点间距允许误差为 +50 mm。

9）严格按照图样及相应规范的要求来调整钢筋桁架楼承板的位置，板的直线度误差为 10 mm，板的错口误差要求小于 5 mm。

10）平面形状变化处，可将钢筋桁架楼承板切割，切割前应对要切割的尺寸进行检查，复核后，在楼承板上放线；可采用机械或气割进行，端部的支座钢筋还原就位后方可进行安装，并与钢梁或支撑角钢点焊固定；在钢柱处切割可将钢筋桁架上下弦钢筋直接与钢柱焊接牢固，并按图样要求加设柱边加强钢筋。

（4）栓钉焊接

1）在钢筋桁架楼承板铺设完毕以后，根据设计图样进行栓钉的焊接。

2）焊接前钢梁或钢筋桁架楼承板表面如存在水、氧化皮、锈蚀、油漆、油污、水泥灰渣等杂质，应清理干净。

3）焊接前栓钉不得带有油污、两端不得锈蚀，否则在施工前应采用化学或机械方法进行清除。

4）焊接瓷环应保持干燥状态，如受潮，则应在使用前经 120 ℃烘干 2 h。

5）焊枪、栓钉的轴线要与钢梁表面保持垂直，同时用手轻压焊枪，使焊枪、栓钉、瓷环保持静止状态。在焊枪完成引弧、下压的过程中，保持焊枪静止，待焊接完成后再轻提焊枪。

6）抗剪连接栓钉部分直接焊在钢梁顶面上，为非穿透焊；部分钢梁与栓钉中间夹有镀锌底模板，为穿透焊。

7）栓钉 30°的弯曲试验，其焊缝及热影响区不得有肉眼可见的裂缝。

（5）管线敷设

1）依据钢筋桁架楼承板排板图进行现场铺板，桁架已排列整齐且桁架节点对齐，因此无论是平行于桁架方向还是垂直于桁架方向铺设管线都不存在施工难度，与桁架呈一定角度斜穿管线也可。管线敷设如图 6–26 所示。

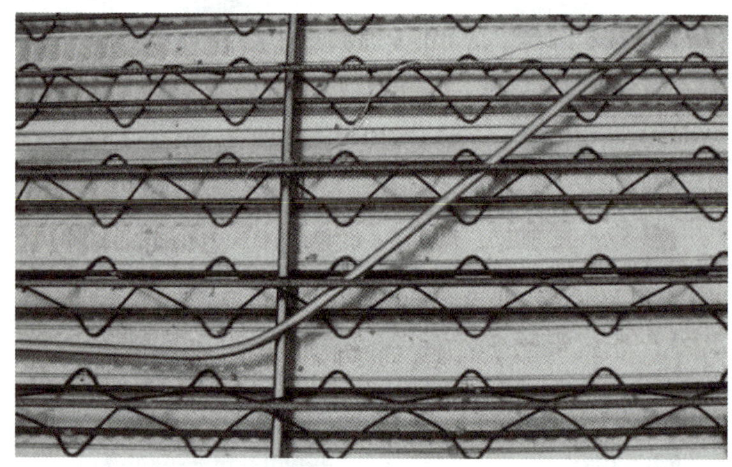

图 6–26 管线敷设

2）电气接线盒的预留预埋，可先将其在镀锌板上固定，允许钻直径 30 mm 及以下的小孔。钻孔应小心，避免钢筋桁架楼承板变形及桁架与镀锌钢板底模脱焊，影响外观或导致漏浆。

3）管线敷设时，禁止随意扳动、切断钢筋桁架任何钢筋。

（6）边模板施工

1）施工前必须仔细阅读图样，选准边模板型号，确定边模板搭接长度，严格按照图样节点要求进行安装。

2）安装时，将边模板紧贴钢梁表面，边模板与钢梁表面每隔 300 mm 间距点焊 25 mm 长、2 mm 高焊缝，焊点间距允许误差为 +50 mm。

3）悬挑处边模板施工时，采用图样相对应型号的边模板与悬挑处支撑角钢焊接，每隔 300 mm 间距点焊 25 mm 长、2 mm 高焊缝，焊点间距允许误差为 +50 mm。

（7）附加钢筋施工

附加钢筋的施工顺序为：设置下部附加钢筋→设置洞边附加钢筋→设置上部附加钢筋→设置连接钢筋→设置支座负弯矩钢筋。附加钢筋设置如图 6–27 所示。

1）钢筋桁架楼承板在钢梁上断开处需要设置连接钢筋，将钢筋桁架的上、下弦钢筋断开处用相同级别、相同直径的钢筋进行连接。

2）附加负弯矩钢筋是在楼板支座钢梁处增设上部负弯矩钢筋。

3）连接钢筋、附加负弯矩钢筋与钢筋桁架弦杆焊接或者绑扎连接，具体连接方式见平面配筋图各部位要求，焊接要求单面焊，焊缝长度为 10d（d 为钢筋直径）。

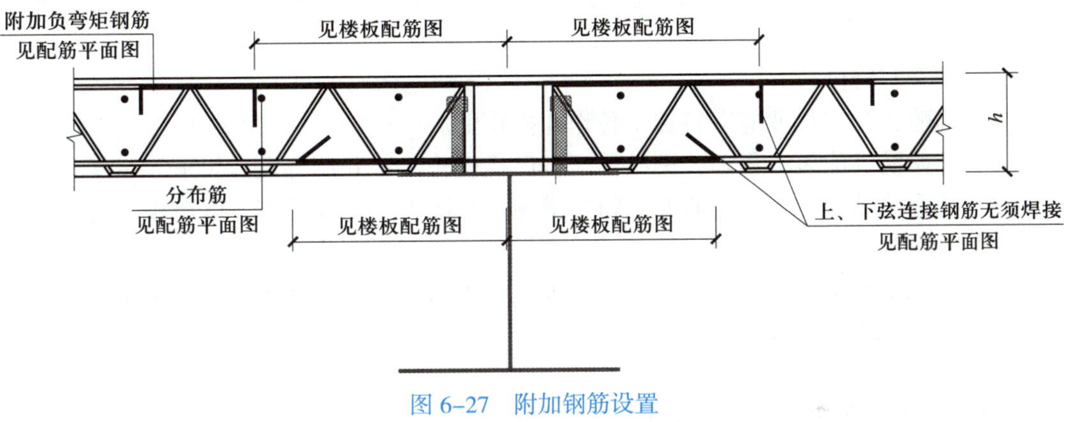

图 6–27 附加钢筋设置

四、其他构件安装

1. 钢结构平台安装

钢结构平台有模块式和整体式两种。模块式钢结构平台的安装方式是在横梁、纵梁安装完成后，直接安装在钢结构上方或安装在梁中间与上平面齐平。整体式钢结构平台的安装方式是钢结构横梁与平台之间直接连接整体安装。上部钢平台的方式与上梁的方式相同，常用叉车和升降机进行升降。

2. 钢结构楼梯安装

钢结构楼梯有斜梯和直梯两种，一般斜梯较重，直梯较轻。斜梯因自身较重，安装时可在平台上方挂一台手拉葫芦，将梯子垂直于平台，放在对应平台安装位置的下方地面上，葫芦下端拴在梯子上部向上拉，待拉到安装高度，调整好位置，上部与平台梁焊接，下部打膨胀螺栓固定。直梯因较轻，安装时可用人力将梯子拉上去，调整好位置，上部与平台梁焊接，下部打膨胀螺栓固定。

3. 钢结构护栏安装

平台单跨安装完成后，即可安装护栏。因护栏垫片较轻，可将其先用叉车或升降机送到平台上，由施工人员搬运到安装位置，按图连接方式将护栏安装在钢平台边缘，焊接固定或螺栓固定。

五、防腐涂料涂装工艺

1. 施工准备

（1）材料

建筑钢结构工程防腐材料的选用应符合设计要求。防腐材料有底漆、面漆和稀料等。建筑钢结构工程防腐底漆有红丹油性防锈漆、钼铬红环氧酯防锈漆等，建筑钢结构防腐面漆有各色醇酸磁漆和各色醇酸调和漆等。各种防腐材料应符合国家有关技术指标的规定，还应有产品出厂合格证。

（2）主要机具

建筑钢结构工程防腐的主要机具有喷砂枪、气泵、回收装置、喷漆枪、喷漆气泵、胶管、铲刀、手砂轮、砂布、钢丝刷、棉丝、小压缩机、油漆小桶、刷子、酸洗槽和附件等。

（3）作业条件

1）油漆工施工作业应有特殊工种作业操作证。

2）开始防腐涂装工程前，钢结构工程已检查验收，并符合设计要求。

3）防腐涂装作业场地应有安全防护措施，有防火和通风措施，以防止发生火灾和人员中毒事故。

4）露天防腐施工作业应选择适当的天气，大风、遇雨、严寒等均不应作业。

2. 操作工艺

（1）工艺流程

基面清理→底漆涂装→面漆涂装→涂层检查与验收。

（2）基面清理

建筑钢结构工程的油漆涂装应在钢结构安装验收合格后进行。油漆涂刷前，应将需涂装部位的铁锈、焊缝药皮、焊接飞溅物、油污、尘土等杂物清理干净。基面清理除锈质量的好坏，直接关系到涂层质量的好坏。涂装工艺的基面除锈质量分为一级和二级。

为了保证涂装质量，根据不同需要可以分别选用以下除锈工艺。①喷砂除锈，它是指利用压缩空气的压力，连续不断地用石英砂或铁砂冲击钢结构构件的表面，把钢材表面的铁锈、油污等杂物清理干净，露出金属钢材本色的一种除锈方法。这种方法效率高，除锈彻底，是比较先进的除锈工艺。②酸洗除锈，它是把需涂装的钢结构构件浸放在酸池内，用酸除去构件表面的油污和铁锈。采用酸洗工艺工作效率也较高，除锈比较彻底，但是酸洗以后必须用热水或清水冲洗构件，如果有残酸存在，构件的锈蚀会更加严重。③人工除锈，是由人工用一些比较简单的工具，如刮刀、砂轮、砂布、钢丝刷等工具，清除钢结构构件上的铁锈。这种方法工作效率低，劳动条件差，除锈也不彻底。

（3）底漆涂装

调和红丹防锈漆，控制油漆的黏度、稠度、稀度，兑制时应充分搅拌，使油

漆色泽、黏度均匀一致。刷第一层底漆时，涂刷方向应该一致，接槎整齐。刷漆时应遵守勤沾、短刷的原则，防止刷子带漆太多而流坠。待第一遍刷完后，应保证一定的时间间隔，防止第一遍未干就上第二遍，这样会使漆液流坠发皱，质量下降。待第一遍干燥后，再刷第二遍。第二遍涂刷方向应与第一遍涂刷方向垂直，这样会使漆膜厚度均匀一致。底漆涂装后需 4 ~ 8 h 才能达到表干，表干前不应涂装面漆。

（4）面漆涂装

建筑钢结构涂装底漆与面漆一般中间间隔时间较长。钢结构构件涂装防锈漆后送到工地去组装，组装结束后才统一涂装面漆。这样在涂装面漆前需对钢结构表面进行清理，清除安装焊缝焊药，对烧去或碰去漆的构件还应事先补漆。

涂装工艺采用喷涂施工时，应调整好喷嘴口径、喷涂压力，喷枪胶管能自由拉伸到作业区域，空气压缩机气压应为 0.4 ~ 0.7 N/mm^2（即 MPa）。喷涂时应保持好喷嘴与涂层的距离，一般喷枪与作业面距离应在 100 mm 左右，喷枪与钢结构基面应该保持垂直，或喷嘴略微上倾。喷涂时喷嘴应该平行移动，移动时应平稳，速度一致，保持涂层均匀。但是喷涂时，一般涂层厚度较薄，故应多喷几遍，每层喷涂时应待上层漆膜已经干燥后再进行。

（5）涂层检查与验收

表面涂装施工时和施工后，应对涂装过的工件进行保护，防止飞扬尘土和其他杂物。涂装后应该涂层颜色一致，色泽鲜明光亮，不起皱，不起疙瘩。用触点式漆膜测厚仪测定涂装漆膜厚度，漆膜测厚仪一般测定 3 点厚度，取其平均值。

六、防火涂料涂装工艺

1. 施工准备

防火涂料：需使用经主管部门鉴定，并经当地消防部门批准的产品。现场堆放地点应干燥、通风、防潮，发现结块变质时不得使用。高强胶黏剂及钢防胶由厂家配套供应，按说明书使用。

主要机具：混合机、灰浆泵、钢丝网剪刀、铁锹、手推车、计量容器、带刻度钢针、钢尺等。

2. 作业条件

（1）应由经批准的施工单位负责施工，检查资质批准文件。

（2）基层处理：彻底清除钢结构构件表面的灰尘、浮锈和油污。

（3）对钢结构构件碰损或漏刷部位，应补刷防锈漆两遍，经检查验收方准许喷涂。

（4）喷涂前将操作场地清理干净，靠近门窗、隔断墙等部位用塑料布加以保护。

（5）固定钢丝网：按构件形状剪好钢丝网，用直径为 6 mm 钢筋卡固定在钢结构构件上，钢丝网与钢结构构件间留有 5 ~ 10 mm 间隙。

3. 操作工艺

工艺流程：作业准备→防火涂料配料、搅拌→喷涂→检查验收。

（1）防火涂料配料、搅拌

粉状涂料应随用随配。以 ST1–A 型配合比为例，具体见表 6–3。

表 6–3　ST1–A 型配合比

喷涂层数	施工配合比	每平方米用量
1	防火涂料：高强胶黏剂：钢防胶：水 =1：0.05：0.17：0.85	17 ~ 20 kg
2 ~ 3	防火涂料：钢防胶：水 =1：0.17：0.85	

搅拌时先将涂料倒入混合机加水拌和 2 min 后，再加胶黏剂及钢防胶充分搅拌 5 ~ 8 min，使稠度达到可喷程度。

（2）喷涂

一般喷涂的设计要求厚度为经耐火试验达到耐火极限厚度的 1.2 倍，梁的耐火极限为不小于 2 h，柱的耐火极限为不小于 3 h，其设计厚度为梁 30 mm，柱 35 mm。第一层厚 1 cm 左右，晾干至七八成再喷第二层，第二层厚 1.0 ~ 1.2 cm 为宜，晾干至七八成后再喷第三层，第三层达到所需厚度为止。

喷涂时喷枪要垂直于被喷钢结构构件，距离 6 ~ 10 cm 为宜，喷涂气压应保持 0.4 ~ 0.6 MPa，喷完后进行自检，厚度不够的部分再补喷一次。正式喷涂前，应试喷一建筑层（段），经消防部门等核验合格后，再大面积作业。

施工环境温度低于 +5 ℃时不得施工，应采取外围封闭，加温措施，施工前后 48 h 保持 +5 ℃以上为宜。

七、钢结构工程施工质量验收规范与检查

1. 一般规定

（1）钢结构的主体结构、地下钢结构、檩条及墙架等次要构件、钢平台、钢梯、防护栏杆等安装工程都应进行施工质量验收。

（2）单层钢结构安装工程可按变形缝或空间刚度单元等划分成一个或若干个检验批，地下钢结构要按不同地下层划分检验批。

（3）钢结构安装检验批应在进场验收和焊接连接、紧固件连接、制作等分项工程验收合格的基础上进行验收。

（4）安装的测量校正、高强度螺栓安装、负温度下施工及焊接工艺等，应在安装前进行工艺试验或评定，并应在此基础上制定相应的施工工艺或方案。

（5）安装偏差的检测，应在结构形成空间刚度单元并连接固定后进行。

（6）安装时，必须控制屋面、楼面、平台等的施工荷载，施工荷载和冰雪荷载等严禁超过梁、桁架、楼面板、屋面板、平台铺板等的承载能力。

（7）在形成空间刚度单元后，应及时对柱底和基础顶面的空隙进行细石混凝土、灌浆料等二次浇筑。

（8）吊车梁或直接承受动荷载的梁，其受拉翼缘、吊车桁架或直接承受动荷载的桁架，受拉弦杆上不得焊接悬挂物和卡具等。

2. 基础和支承面施工质量验收的主控项目

（1）建筑物的定位辅线、基础轴线和标高、地脚螺栓的规格及其紧固应符合设计要求。

检查数量：按柱基数抽查 10%，且不应少于 3 个。

检验方法：用经纬仪、水准仪、全站仪和钢尺现场实测。

（2）基础顶面直接作为柱的支承面和基础顶面预埋钢板或支座作为柱的支承面时，其支承面、地脚螺栓（锚栓）位置的允许偏差应符合表 6–4 的规定。

表 6–4　允许偏差

项目		允许偏差
支承面	标高 /mm	± 3.0
	水平度	长度的 1/1 000
地脚螺栓（锚栓）	螺栓中心偏移 /mm	5.0
预留孔心偏移 /mm		10.0

检查数量：按柱基数抽查 10%，且不应少于 3 个。

检验方法：用经纬仪、水准仪、全站仪、水平尺和钢尺实测。

（3）采用坐浆垫板时，坐浆垫板的允许偏差应符合表 6–5 的规定。

检查数量：资料全数检查，按基数抽查 10%，且不应少于 3 个。

检验方法：用水准仪、全站仪、水平尺和钢尺现场实测。

表 6–5　坐浆垫板的允许偏差

项目	允许偏差
顶面标高 /mm	0 ~ 3.0
水平度	长度的 1/100
位置 /mm	20.0

（4）采用杯口基础时，杯口尺寸的允许偏差应符合表 6–6 的规定。

检查数量：按基础数抽查 10%，且不应少于 4 处。

检验方法：观察及尺量检查。

表 6–6　杯口尺寸的允许偏差

项目	允许偏差
底面标高 /mm	0 ~ 5.0
杯口深度（H）/mm	± 5.0
杯口垂直度	H/100，且不大于 10.0 mm
位置 /mm	10.0

3. 基础和支承面施工质量验收的一般项目

地脚螺栓（锚栓）尺寸的允许偏差应符合表 6–7 的规定，地脚螺栓（锚栓）的螺纹应受到保护。

检查数量：按柱基数抽查 10%，且不应少于 3 个。

检验方法：用钢尺现场实测。

表 6–7　地脚螺栓（锚栓）尺寸的允许偏差

项目	允许偏差 /mm
螺栓（锚栓）露出长度	+30.00
螺纹长度	± 30.00

4. 安装和校正的主控项目

（1）钢结构构件应符合设计要求和有关规定。运输、堆放和吊装等造成钢结构构件变形及涂层脱落，应进行矫正和修补。

检查数量：按构件数抽查 10%，且不应少于 3 个。

检验方法：用拉线、钢尺现场实测或观察。

（2）依照全面质量管理中全过程进行质量管理的原则，钢结构安装工程质量应从原材料质量和构件质量抓起，不但要严格控制构件制作质量，而且要控制构件运输、堆放和吊装质量。采取切实可靠措施，防止构件在上述过程中变形或脱漆。如不慎构件产生变形或脱漆，应矫正或补漆后再安装。

（3）设计要求顶紧的节点，接触面不应少于 70% 紧贴，且边缘最大间隙不应大于 0.8 mm。

检查数量：按节点数抽查 10%，且不应少于 3 个。

检验方法：用钢尺及 0.3 mm 和 0.8 mm 厚的塞尺现场实测。

（4）顶紧面紧贴与否直接影响节点荷载传递。

（5）钢屋（托）架、桁架、梁及受压杆件的垂直度和侧向弯曲矢高的允许偏差应符合表 6–8 的规定。

检查数量：按同类构件数抽查 10%，且不少于 3 个。

检验方法：用吊线、拉线、经纬仪和钢尺现场实测。

表 6–8　钢屋（托）架、桁架、梁及受压杆件的垂直度和侧向弯曲矢高的允许偏差

项目	允许偏差	
跨中的垂直度	h/250，且不大于 15.0 mm	
侧向弯曲矢高	$l \leqslant 30$ m	l/1 000，且不大于 10.0 mm
	30 m < $l \leqslant$ 60 m	l/1 000，且不大于 30.0 mm
	l > 60 m	l/1 000，且不大于 30.0 mm

注：h 为跨的高度，l 为跨的长度，下同。

（6）单层钢结构主体结构的整体垂直度和整体平面弯曲的允许偏差符合表 6–9 的规定。

检查数量：对主要立面全部检查。对每个所检查的立面，除两列边柱外，尚应至少选取一列是间柱。

检验方法：采用经纬仪、全站仪等测量。

表 6–9　单层钢结构主体结构的整体垂直度和整体平面弯曲的允许偏差

项目	允许偏差
主体结构的整体垂直度	H/1 000，且不大于 25.0 mm
主体结构的整体平面弯曲	L/1 500，且不大于 25.0 mm

5. 安装和校正的一般项目

（1）钢柱等主要构件的中心线及标高基准点等标记应齐全。

检查数量：按同类构件数抽查 10%，且不应少于 3 件。

检验方法：观察检查。

说明：钢结构构件的定位标记（中心线和标高等标记）对工程竣工后正确地进行定期观测，积累工程档案资料和工程的改、扩建至关重要。

（2）当钢桁架（或梁）安装在混凝土柱上时，其支座中心对定位轴线的偏差不应大于 10 mm；当采用大型混凝土屋面板时，钢桁架（或梁）间距的偏差不应该大于 10 mm。

检查数量：按同类构件数抽查 10%，且不应少于 3 榀。

检验方法：用拉线和钢尺现场实测。

（3）钢柱安装的允许偏差应符合有关规范的规定。

检查数量：按钢柱数抽查 10%，且不应少于 3 件。

（4）钢吊车梁或直接承受动荷载的类似构件，其安装的允许偏差应符合有关规范的规定。

检查数量：按钢吊车梁抽查 10%，且不应少于 3 榀。

（5）檩条、墙架等构件安装的允许偏差应符合有关规范的规定。

检查数量：按同类构件数抽查 10%，且不应少于 3 件。

（6）将立柱垂直度和弯曲矢高的允许偏差均加严到 H/1 000，以期与《钢结构设计标准》（GB 50017—2017）中柱子的计算假定吻合。

（7）钢平台、钢梯、防护栏杆安装应符合《固定式钢梯及平台安全要求　第 1 部分：钢直梯》（GB 4053.1—2009）、《固定式钢梯及平台安全要求　第 2 部分：钢斜梯》（GB 4053.2—2009）和《固定式钢梯及平台安全要求　第 3 部分：工业防护栏杆及钢平台》（GB 4053.3—2009）的规定。钢平台、钢梯和防护栏杆安装的允许偏差应符合有关规范的规定。

检查数量：按钢平台总数抽查 10%，栏杆、钢梯按总长度各抽查 10%，但钢平台不应少于 1 个，栏杆不应少于 5 m，钢梯不应少于 1 跑。

（8）现场焊缝组对间隙的允许偏差应符合表 6–10 的规定。

检查数量：按同类节点数抽查 10%，且不应少于 3 个。

检验方法：尺量检查。

表 6–10　现场焊缝组对间隙的允许偏差

项目	允许偏差 /mm
无垫板间隙	+3.0
有垫板间隙	+3.0

（9）钢结构表面应干净，结构主要表面不应有疤痕、泥沙等污垢。

检查数量：按同类构件数抽查 10%，且不应少于 3 件。

检验方法：观察检查。

思考练习题

1. 钢结构工程施工有什么特点和难点？钢结构构件怎么制作？
2. 简述钢结构构件制作的规范操作方法。
3. 简述钢结构构件的连接方式。
4. 简述钢结构的安装工艺。
5. 概括钢结构工程质量验收的要求和注意要点。

第七章 防水工程施工

防水工程是指为防止雨水、地下水、滞水及人为因素引起的水渗入建（构）筑物或防水蓄水工程向外渗漏所采取的一系列结构、构造和建筑措施。防水工程主要包括防止外水向建筑渗漏、防止蓄水站的水向外渗漏和建（构）筑物内部相互止水三大部分。

建筑防水工程的质量直接影响房屋建筑的使用功能和寿命，关系到人民生活和生产能否正常进行。建筑防水的功能就是使建（构）筑物在设计耐久年限内，防止雨水及生产、生活用水的渗漏和地下水的侵蚀，确保建筑结构、室内装潢和产品不受污损，从而为人们提供一个舒适和安全的空间环境。

第一节 防水工程概述

在建筑工程中，建筑防水技术是一门综合性、应用性很强的工程技术科学，是建筑工程技术的重要组成部分，对提高建筑物使用功能和生产、生活质量，改善人类居住环境发挥着主要作用。防水工程是一项系统工程，它涉及防水材料、防水工程设计、施工技术、建筑物的维护管理等方面。建筑物防水工程的任务是综合上述多方面的因素，进行全方位评价，选择符合要求的高性能防水材料，进行可靠、耐久、合理、经济的防水工程设计，认真组织、精心施工，完善维修、保养管理制度，以满足建（构）筑物的防水耐久年限，保证防水工程的高质量及良好的综合效益。同时，防水工程施工是一项施工质量要求较高的专业技术，所以施工专业化是保证防水工程质量的关键，如果施工操作不认真、技术不到位，必然导致渗漏现象的发生。

一、防水工程的分类

防水工程按其构造做法分为结构防水和材料防水两大类。结构防水主要是依靠结构构件材料自身的密实性及某些构造措施（如坡度、埋设止水带等），使结构构件起到防水作用。材料防水是在结构构件的迎水面或背水面及接缝处，附加防水材料做成防水层，以起到防水作用，如卷材防水、涂料防水、刚性材料防水层防水等。

按建（构）筑物工程部位分类，防水工程可分为地下防水、屋面防水、室内（厕浴间等）防水、外墙板缝防水及特殊建（构）筑物和部位（如水池、水塔、室内游泳池、喷水池、四季厅、室内花园等）防水。

按材料品种分类，防水工程可分为卷材防水（包括沥青防水卷材、高聚物改性沥青防水卷材、合成高分子防水卷材等）、涂膜防水（包括沥青基防水涂料、高聚物改性沥青防水涂料、合成高分子防水涂料等）、密封材料防水（包括改性沥青密封材料、合成高分子密封材料等）、混凝土防水（包括普通防水混凝土、补偿收缩防水混凝土、预应力防水混凝土、掺外加剂防水混凝土及钢纤维或塑料纤维防水混凝土等）、砂浆防水（包括水泥砂浆、掺外加剂水泥砂浆及聚合物水泥砂浆等）和其他材料防水（包括各类粉状憎水材料，如建筑拒水粉、复合建筑防水粉等，还有各类渗透剂的防水材料）。

二、地下防水与屋面防水工程遵循的原则

1. 防排结合，以防为主，多道设防，刚柔相济

防排结合，以防为主，主要是以自防水为主。多道设防就是根据工程地质、结构、施工等几方面综合考虑，除自防水以外，采用卷材、涂料复合使用，充分利用不同防水材料的特性，达到刚柔相济的原则。

多道设防，刚柔相济，目前较为普遍的做法就是，在工程围护结构的迎水面上粘贴防水卷材或涂刷涂料防水层，然后做保护层，再做好回填土和地面防水，达到多道设防、刚柔相济的原则。常用的防水卷材有合成高分子防水卷材和高聚物改性沥青防水卷材两大类。

2. 因地制宜，综合治理，细部构造防水应精心施工

细部构造主要包括施工缝、变形缝、后浇带、预埋螺栓、预埋铁件、穿墙套管等。这些部位若处理不好，则其渗透现象最为普遍，工程界有所谓“十缝九漏”之说，因此必须认真对待。

第二节 地下防水施工

随着高层建筑、大型公共建筑的增多，地下室和地下工程越来越多，地下防水工程也越来越引起人们的重视。而地下防水的成功，不仅是建（构）筑物使用功能的基本要求，而且在一定程度上影响建（构）筑物的结构安全和使用寿命，同时还可以节约投资，降低工程成本，减少维修。

目前，地下防水工程种类主要有刚性防水层（采用较高强度和无延伸能力的防水材料，如防水砂浆、防水混凝土所构成的防水层）和柔性防水层（采用具有一定柔韧性和较大延伸率的防水材料，如防水卷材、有机防水涂料所构成的防水层）。

一、防水混凝土结构施工

使用防水混凝土时，可以通过控制材料选择、混凝土拌制、浇筑、振捣的施工质量，来减少混凝土内部的空隙和消除空隙间的连通，最后达到防水要求。

1. 防水混凝土所用模板

防水混凝土所用模板除满足一般要求外，还应特别注意模板拼缝严密、支撑牢固。一般不宜用螺栓或铁丝贯穿混凝土墙固定模板，以防止由于螺栓或铁丝贯穿混凝土墙而引起渗漏水，影响防水效果。但是，当墙较高，需用螺栓贯穿混凝土墙固定模板时，应采用止水措施，一般可采用螺栓加焊止水环、套管加焊止水环、螺栓加堵头的方法，如图 7–1 所示。

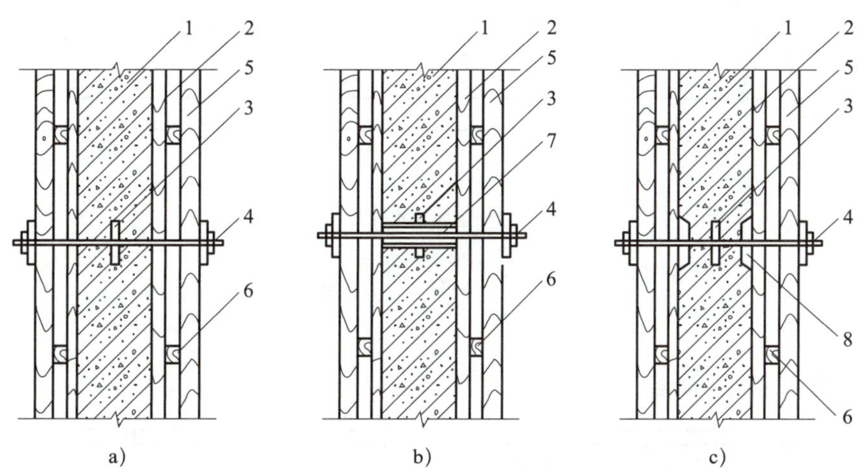

1—防水建筑；2—模板；3—止水环；4—螺栓；5—水平加劲肋；6—垂直加劲肋；
7—预埋套管（拆模后将螺栓拔出，套管内用膨胀水泥砂浆封堵）；
8—堵头（拆模后将螺栓沿平凹坑底割去，再用膨胀水泥砂浆封堵）。

图 7–1 螺栓穿墙止水措施

a）螺栓加焊止水环 b）套管加焊止水环 c）螺栓加堵头

2. 防水混凝土

混凝土浇筑应严格做到分层连续进行，每层厚度为 300 ~ 400 mm，上下层浇筑的时间间隔一般不超过 2 h。混凝土应用机械振捣密实，振捣时间宜为 10 ~ 30 s。在混凝土浇筑过程中，顶板、底板不宜留施工缝，顶拱、底拱不宜留纵向施工缝。墙体需留水平施工缝时，不应留在剪力与弯矩最大处或底板与侧壁交接处，应留在底板表面以上不小于 200 mm 的墙上。墙体设有孔洞时，施工缝距孔洞边缘不宜小于 300 mm。如必须留设垂直施工缝，则应留在结构的变形缝处。施工缝的形式有凸缝、高低缝、金属止水缝等，如图 7–2 所示。

在继续浇筑混凝土前，应将施工缝处松散的混凝土凿除，清理浮粒和杂物，用水冲洗干净，保持湿润，再铺 20 ~ 25 mm 厚 1∶1 的水泥砂浆一层，所用材料和灰砂比应与混凝土中的砂浆相同。

防水混凝土自防水结构后浇带应设置在受力和变形较小的部位，宽度可为 1 m。后浇带的形式如图 7–3 所示。后浇带应在其两侧混凝土浇筑时间达六周后再施工，施工前应将接缝处的混凝土凿毛，清洗干净，保持湿润，并刷水泥净浆，然后用不低于两侧混凝土强度等级的补偿收缩混凝土浇筑，振捣密实，养护时间不得少于 28 d。

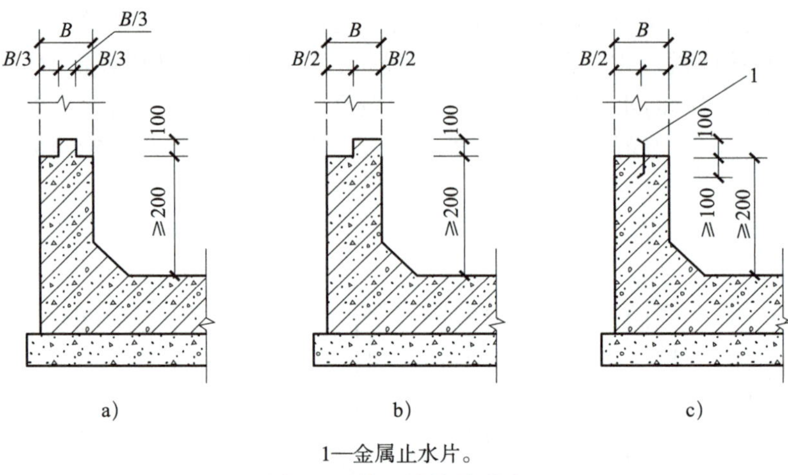

1—金属止水片。

图 7–2　施工缝接缝形式

a）凸缝　b）高低缝　c）金属止水缝

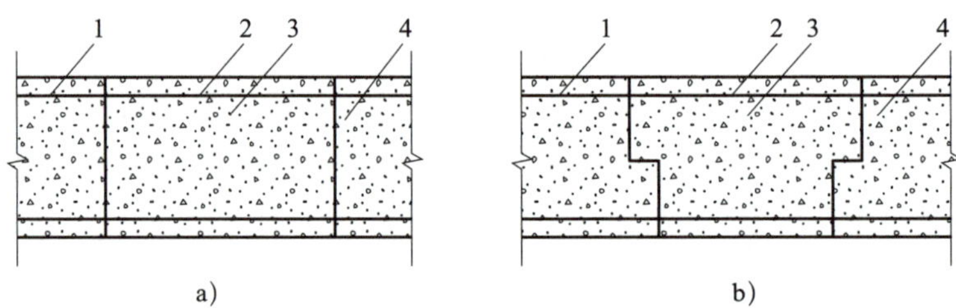

1—主钢筋；2—附加钢筋；3—后浇混凝土；4—先浇混凝土。

图 7–3　混凝土后浇带

a）平直缝　b）阶梯缝

在混凝土终凝后（一般浇筑后 4 ~ 6 h），应在其表面覆盖草席，并经常浇水养护，养护时间不少于 14 d。

二、水泥砂浆防水施工

1. 新混凝土工程宜做成粗糙面，拆模后立即用钢丝刷将光滑的混凝土表面刷干净，并在抹灰前浇水冲刷干净。

2. 旧混凝土工程补做防水层时，需用钻子、凿、钢丝刷将表面凿毛，清理干净后再冲水，刷洗干净。

3. 表面凹凸不平、蜂窝孔洞应根据不同情况分别进行处理。

4. 混凝土结构的施工缝按构造施工，要沿缝剔成“V”形斜坡槽，用水冲洗后，再用素灰打底，水泥砂浆压实抹干。槽深一般在 10 mm 左右。

5. 砖砌体基层处理：对于新砌体，应将其表面残留的砂浆等污物清除干净，并浇水冲洗；对于旧砌体，要将其表面疏松表皮及砂浆等污物清理干净。

三、防水涂料施工工艺

目前，建筑中通常还是使用防水涂料来解决防水问题，防水涂料在建筑中的使用非常频繁。

1. 防水涂料的施工方法

（1）刮涂法

刮涂法在防水施工中比较常用，这种方法通常会用玻璃钢、牛角、塑料、硬胶皮片等工具，将厚质防水涂料均匀地刮涂在防水基层上，形成厚度符合设计要求的防水涂膜。刮涂法属于最直接，效果也比较好的方法。这种方法还能将物体表面上出现的各种厚浆型防水涂料或者缝隙等多出来的部分刮涂掉。

（2）辊涂法

辊涂法利用辊筒将防水材料辊涂在被涂物表面，相对来说它比较适合大面积的墙面或地面施工。辊涂法现在开始采用空压机输送涂料的辊涂装置，这种方法不但工时更短，而且还可以涂出很好的效果。

（3）刷涂法

刷涂法是防水涂料施工中应用最早、最普遍的施工方法。刷涂前先将漆刷醮上涂料，然后按涂布、抹平、修整三个步骤进行防水涂料施工。它的优点是工具简便、节省涂料、适应性强，不受场地大小、基面形状和尺寸的限制，但效率相对较低，劳动强度较大。

（4）喷涂法

喷涂法就是用喷枪将涂料雾化后喷洒到物体表面，喷涂后要保证涂层质量均匀。不过这种施工会浪费一些涂料，而且雾状溶剂还有可能大量蒸发，不利于健康。施工的时候一定要选择专业人员，没有经过培训的人员是不允许操作的。

2. 防水涂料的施工工艺流程

（1）基层处理

防水基层要求：在防水施工前要做好墙体、地面的基层处理，要确保基层表面坚实，无开裂、粉化、脱皮、起鼓等现象。同时基层表面必须清洁，无灰尘、脱膜剂等影响涂料黏结的任何杂物污迹。

基层处理方法：一般先仔细清扫基层表面去除浮尘，并去除水泥结块和松动基层；对管根、排水孔、阴阳角、墙面水电改后留下的空洞等部位进行特殊处理，阴阳角处应抹成圆弧形（或 V 字形）。不平、开裂的部分需要重新修复，并找平。

（2）按比例调配防水涂料

以往的防水材料只需要简单涂刷就可以，现代新型防水涂料多是双组分，甚至是三组分的，因此施工前需要了解如何调配，调配的比例是多少。如果不按比例调配，调配出来的防水涂料可能达不到想要的效果。

（3）控制防水高度、厚度

一般来说，卫浴间防水高度为 180 cm，非淋浴墙原则上防水涂料高度不得低于 30 cm。但为了强化防水作用，建议统一做到 180 cm 高。另外，对于厕浴间改造的轻体墙和自建轻体墙，建议防水高度做到顶部。厚度方面，防水涂料必须刷到国家验收规范的 1.5 mm 厚。

四、卷材防水层施工

1. 特点

卷材防水层具有良好的韧性和延伸性，可以适应一定的结构振动和微小变形，防水效果较好，目前仍作为地下工程的一种防水方案而被广泛采用。其缺点是沥青油毡吸水率大，耐久性差，机械强度低，直接影响防水层质量，而且材料成本高，施工工序多，操作条件差，工期较长，发生渗漏后修补困难。

2. 材料

卷材防水层材料中，地下防水的油毡除应满足强度、延伸性、不透水性外，更要有耐腐蚀性，因此，宜优先采用沥青矿棉纸油毡、沥青玻璃布油毡、再生橡胶沥青油毡等。铺贴油毡用的沥青胶的技术标准与油毡屋面要求基本相同。由于用在地下，其耐热度要求不高。在侵蚀性环境中，宜用加填充料的沥青胶，填充料应耐腐蚀。

3. 施工

（1）施工前将验收合格的基层上的杂物、尘土清扫干净。

（2）在大面积铺贴施工前，先在阴角、管根等复杂部位均匀涂刷一遍基层处理剂，然后用长把滚刷大面积顺序涂刷，涂刷厚度要均匀一致，不得有露底现象。涂刷的基层处理剂经 4 h 干燥，手摸不黏时，即可进行下道工序。

（3）设计要求特殊的部位，如阴阳角、管根，可用 SBS 卷材铺贴一层。

（4）铺贴前在基层面上排尺弹线，作为掌握铺贴的标准线，以使其铺设平直；卷材铺贴需排除卷材下面的空气，使之平展，不得皱折，并应辊压黏结牢固。

（5）防水层做完后，应按设计要求做好保护层。

第三节 屋面防水工程

一、屋面防水工程概述

屋面工程是建筑工程的一个分部工程，是指屋盖面层的施工内容，它包括屋面的防水工程及屋面的保温隔热工程。它由找平层、隔气层、保温隔热层、防水层、保护层及使用面层等结构层次所组成。其施工质量的优劣将直接关系到建筑物的使用寿命。

屋面按形式可分为平屋面、坡屋面和异形屋面，按使用功能可分为非上人屋面和上人屋面，按保温隔热的功能可分为保温隔热屋面和非保温隔热屋面。

屋面的防水工程根据所采用的防水材料的不同性质可分为刚性防水屋面和柔性防

水屋面。

1. 屋面防水施工的注意要点

（1）严禁在雨天进行防水卷材和保温施工。

（2）卷材防水层的找平层要符合质量要求，达到规定的干燥程度。

（3）在屋面拐角、天沟、水落口、屋脊、卷材搭接、收头等节点部位，要仔细铺平贴紧、压实、收头牢靠，符合设计要求和屋面防水工程技术规范等有关规定，在屋面拐角、天沟、水落口、屋脊等部位要加铺卷材附加层。

（4）防水卷材铺贴时要避免过度拉紧和皱折，基层与卷材间排气要充分，向横向两侧排气后用辊子压平粘实。

（5）防水卷材搭接宽度和铺贴要顺直，同时要严格按照基层所弹标线施工。

（6）铺设保温层时要保护好防水层。

2. 屋面防水工程的施工难点及常见问题

屋面是建筑物最上层的外围护构件，会受雨、雪、风、霜、太阳辐射、气温变化等不利因素的影响，容易出现渗漏情况。所以，屋面防水施工非常重要，其施工难点及常见问题包括以下几个方面：

（1）屋面变形细缝处理不当，如铁皮凸棱安反、铁皮安装不牢、泛水坡度不当等造成漏水，或者卷材上翻不够且没有有效的压紧措施造成屋面漏水。

（2）山墙、女儿墙等墙体与防水层相交部位渗漏水，其原因是节点做法过于简单，垂直面卷材与屋面卷材没有很好地分层搭接，卷材收口处开裂，水由开裂处进入，尤其在冬季不断冻结、融化，使开口变大，并延伸至屋面基层，造成漏水。

（3）屋面防水层找坡不够，表面凹凸不平，造成卷材上积水时间过长而渗漏。

（4）挑檐、檐口处漏水，其原因是檐口砂浆未压住卷材，封口处卷材张口，檐口砂浆开裂，下口滴水线或鹰嘴未做好而造成漏水。

（5）防水卷材出现鼓包，可能是在保温层或找平层中留有一定的水及蒸汽，这些水及蒸汽蒸发或膨胀使普通防水卷材出现鼓包。

（6）防水卷材开裂，其原因主要是找平层强度低，质量比较差；屋面的面积大，分仓缝设置不合理；砂浆找平层干湿变化大，导致开裂；环境温度变化无常，导致混凝土开裂或砂浆开裂等。

二、卷材防水屋面

1. 卷材屋面的一般构造

卷材屋面的防水层是用胶黏剂或热熔法逐层粘贴卷材而成的，其一般构造层次如图 7–4 所示，施工时以设计为施工依据。

2. 卷材屋面的节点构造

卷材屋面节点部位的施工十分重要，既要保证质量，又要施工方便。图 7–5 至图 7–16 提供了一些节点构造做法，供参考。

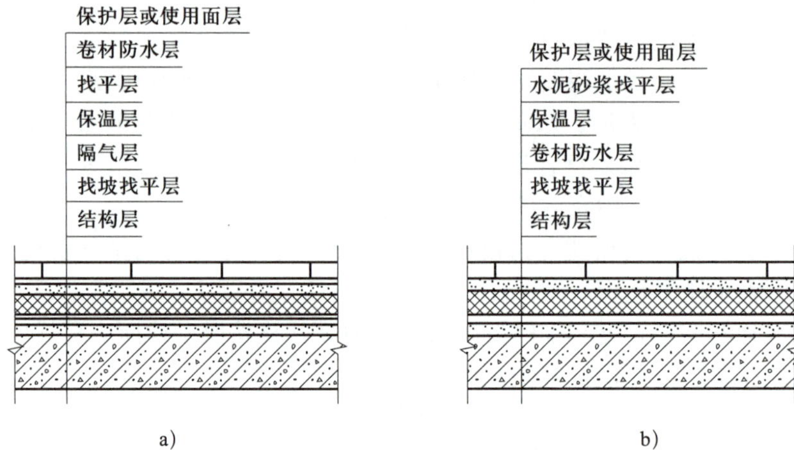

图 7-4 卷材防水屋面构造层次

a）正置式屋面 b）倒置式屋面

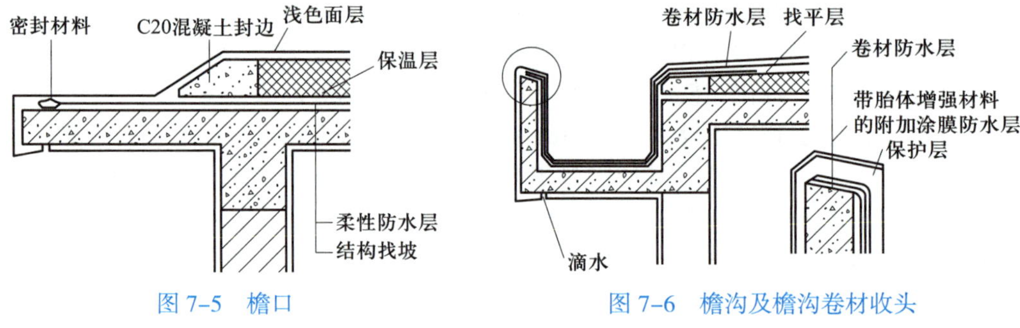

图 7-5 檐口

图 7-6 檐沟及檐沟卷材收头

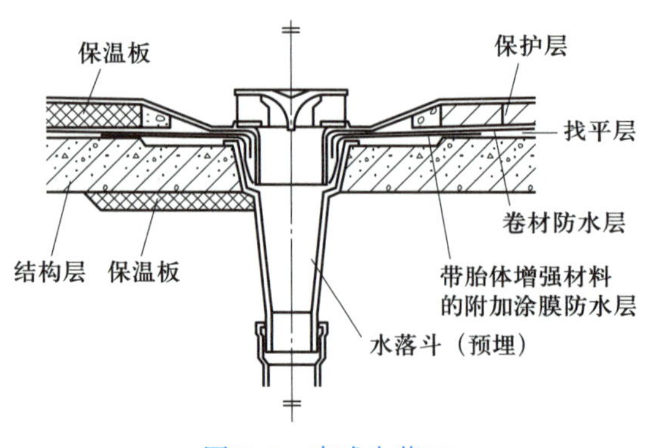

图 7-7 直式水落口

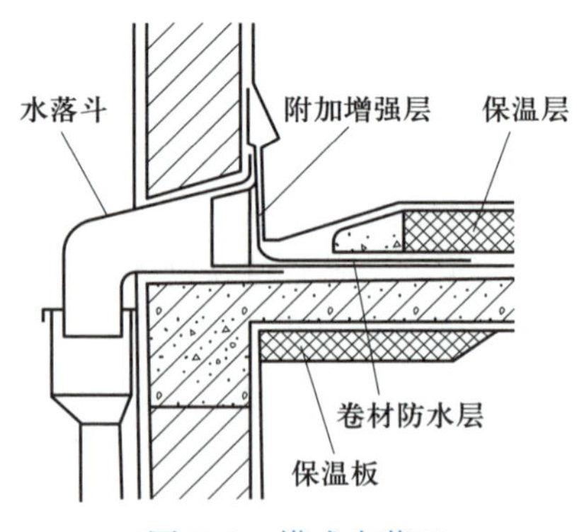

图 7-8 横式水落口

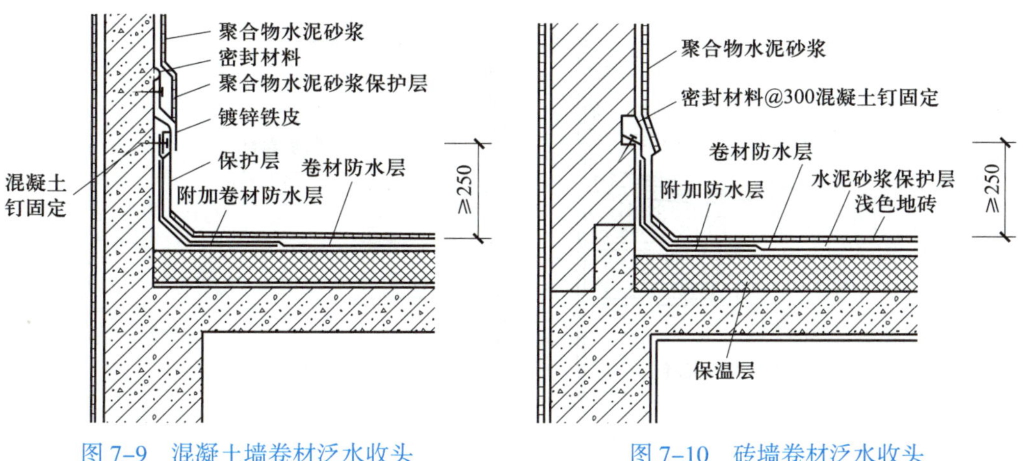

图 7-9　混凝土墙卷材泛水收头

图 7-10　砖墙卷材泛水收头

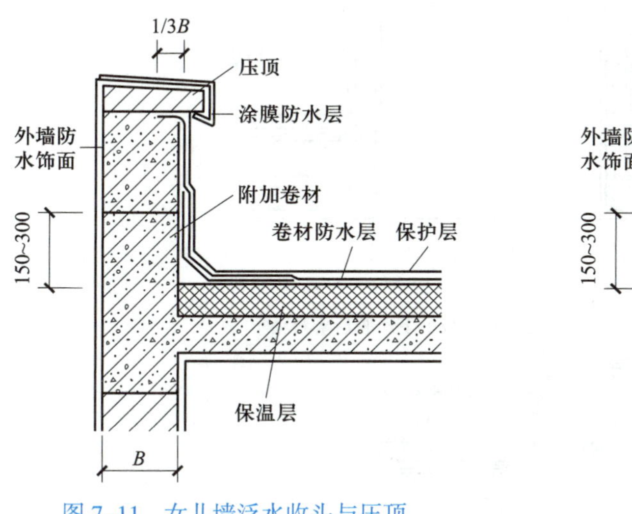

图 7-11　女儿墙泛水收头与压顶

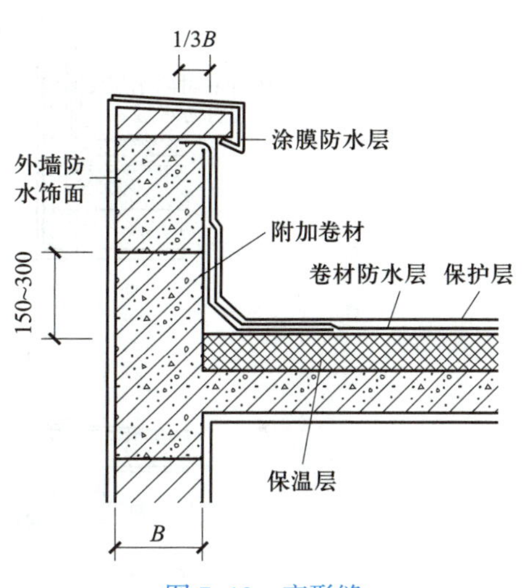

图 7-12　变形缝

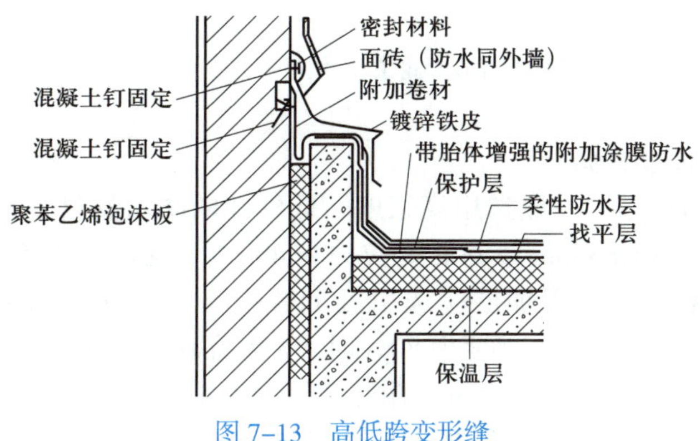

图 7-13　高低跨变形缝

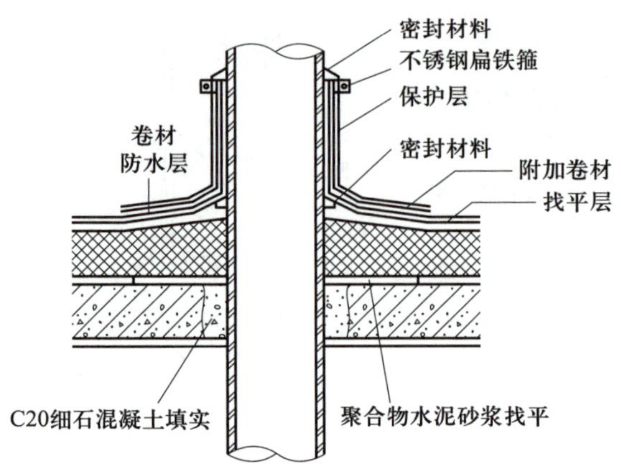

图 7–14　伸出屋面管道

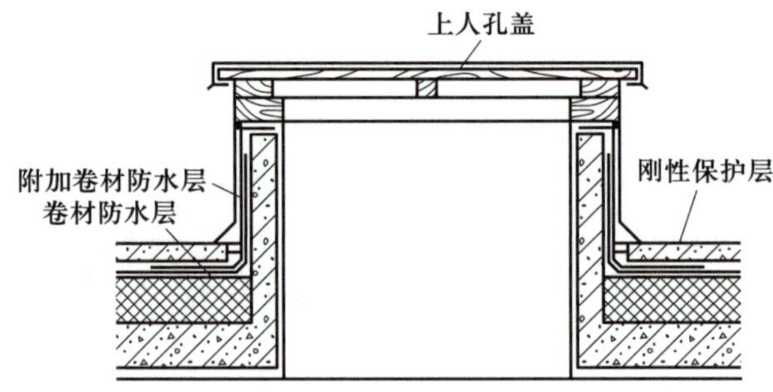

图 7–15　垂直出入口

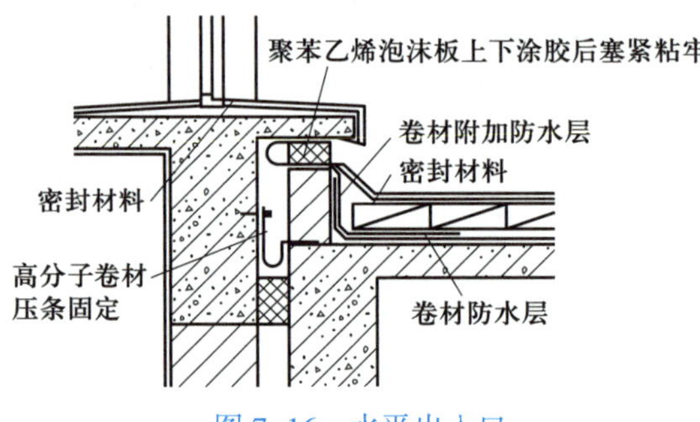

图 7–16　水平出入口

3. 屋面 SBS 改性沥青卷材防水施工工艺

（1）施工准备

1）防水材料的选用和准备。

①防水材料的选用：一般选用高强度、低延伸的防水卷材，具体应用时应结合工程的实际情况，选用 3 mm 厚的Ⅱ类拉力≥ 400 N、延伸率≥ 5% 的黄麻胎体 SBS 改性沥青防水卷材。节点附加层应选用氯丁橡胶改性沥青防水涂料，要求固体含量≥ 43%，延伸≥ 4.5 mm，耐热度为 80 ℃时 5 h 无流淌、起泡。密封材料选用 SBS 改性沥青弹性密封膏，黏结性≥ 15 mm，耐热度下垂≤ 4 mm。

②防水材料的质量要求。所用的 SBS 卷材改性沥青防水卷材、氯丁橡胶改性沥青

防水涂料、SBS改性沥青弹性密封膏等必须有出厂合格证，进场后应抽样试验。

③防水材料的保管。SBS改性沥青防水卷材宜直立堆放，高度不得超过两层，储存处应阴凉通风，避免日晒、雨淋和受潮。

④防水材料的准备。所用的防水材料应及时进场，并经抽样复试合格方可使用。

2）劳动组织。应根据工程量的大小和工期的要求，合理组织劳动力，一般情况下，安排一个施工小组负责施工。由于屋面防水工程的重要性，所以施工屋面卷材防水必须由专业人员进行。该施工小组配备5～6人，其中最少应配置2～3名专业技术工人，专业技术工人必须持证上岗。

3）施工机具。屋面防水施工需要的主要机具见表7–1。

表7–1 屋面防水施工需要的主要机具

序号	机具名称	规格	单位	数量	用途
1	棕扫帚	普通	把	3	清扫基层
2	钢丝刷	普通	把	4	清理基层
3	小平铲	小型	把	2	清理基层
4	长柄刷或滚刷	—	把	2	涂刷冷底子油
5	剪刀	普通	把	1	裁剪卷材
6	彩色粉袋	—	个	1	弹卷材基准线
7	粉笔	—	把	1	做标记
8	钢卷尺	2 m	把	4	度量尺寸
9	钢卷尺	50 m	把	1	度量尺寸
10	火焰加热器	喷灯或专用喷枪	支	3	烘烤热熔卷材
11	手持压辊	直径40 mm、宽100 mm	个	2	压实卷材搭接缝
12	铁压辊	宽500 mm、质量40 kg、包胶皮	个	1	压实卷材
13	刮板	胶皮刮板	个	2	推刮卷材及刮边
14	铁锤	普通	把	1	卷材收头钉水泥钉

4）技术准备。项目技术负责人组织小组学习设计图样，熟悉屋面构造、细部节点要求，了解所用材料的技术质量要求和施工工艺规定，进行操作技术交底或培训，未经交底或培训不得上屋面进行施工操作。

5）施工条件准备。各种防水材料按时运到现场；垂直运输可利用土建施工用的井架；屋面找平层上已清理完毕，含水率符合规定；伸出屋面的设施、预埋件等已安装完毕。根据气象预报，选定无雨、雾的天气。

（2）施工工艺流程和顺序

1）施工工艺流程：找平层修补及清扫→找平层分格缝密封处理→节点密封处理→节点防水涂膜附加层→涂刷冷底子油→卷材铺贴及封边处理→收头固定、密封→闭水试验。

2）施工顺序。

①铺贴多跨或高低跨屋面时，应先远后近，先高跨后低跨。

②在一个单跨铺贴时，应先铺贴排水比较集中的部分（如天沟、水落口、檐口），再铺贴油毡附加层，由低到高，使卷材按流水方向搭接。

（3）施工方法

1）卷材铺贴方向。屋面排水坡度≤ 3% 的，采用平行屋脊的铺贴方法，其搭接缝应顺流水方向搭接。

2）冷底子油。当找平层经检验证实已干燥后，在铺贴卷材之前在找平层上涂刷一道冷底子油。冷底子油的配合比是 10# 沥青 ：汽油 = 30 : 70。配制冷底子油时先将熬好的沥青倒入料桶中，当沥青温度降到 100 ℃时，再分批加入汽油，开始每次 2 ~ 3 L，以后每次 5 L。

冷底子油采用长柄滚刷涂刷，要求涂刷均匀，不漏涂。当冷底子油挥发干燥后，即可铺贴卷材防水层。如涂刷冷底子油后因气候、材料等影响，较长时间不能铺贴卷材，则在以后铺贴卷材之前重刷一道冷底子油，以清除找平层上的灰尘、杂物，增强卷材与基层的黏结。

3）卷材搭接缝宽度。SBS 改性沥青卷材防水层一般采用热熔满粘法施工，故要求长边的搭接缝宽度不得小于 70 mm，短边不得小于 100 mm。为确保搭接缝的宽度，应先在找平层上弹出墨线，进行卷材试铺，没有问题后方可正式进行铺贴。

4）掌握好卷材热熔胶的加热程度。若卷材底部的热熔胶加热不足，会造成卷材与基层黏结不牢；若过分加热，又容易使卷材烧穿，胎体老化，热熔胶焦化变脆，严重降低防水层的质量。因此，要求烘烤时要使卷材底面和基层同时均匀加热，喷枪的喷嘴与卷材面的距离要适中，一般保持 50 ~ 100 mm，与基层成 30°~ 45°。喷枪要沿着卷材横向缓慢来回移动，移动速度要合适，使在卷材幅宽内加热温度均匀，至热熔胶融呈亮黑色时，即可趁卷材柔软的情况下滚铺粘贴。

5）辊压、排气。应趁热用压辊滚压。卷材始端铺贴完成后，即可进行大面积滚铺。持枪人位于卷材滚铺方向，推滚卷材人位于已铺好的卷材始端，待卷材加热后缓慢推压卷材，并随时注意卷材的平整顺直和搭接的宽度。其后跟随一人用棉纱团等从中间向两边抹压卷材，排出卷材下面的空气，并用刮刀将溢出的热熔胶刮压接边缝，另一人用压辊压实卷材，使之黏结牢固，表面平展，无皱折现象。

铺贴时，应使卷材与基层紧密黏结，避免铺斜、扭曲，仔细压紧、刮平，赶出气泡封严。如发现已铺贴卷材有气泡、空鼓或翘边等现象，应及时处理。末端收头封边时，采用橡胶沥青黏结剂将末端黏结封严。

6）搭接缝施工。在进行搭接缝黏结施工前，应将卷材表面 80 ~ 100 mm 宽用喷枪烧熔，注意不要烧伤搭接缝处的卷材。粘贴搭接缝卷材时，当卷材底部的热熔胶熔融

至呈光亮的黑色即可粘贴，并进行滚压至热熔胶溢出，收边者趁热用刮板将溢出的热熔胶刮平，沿边封严。当整个卷材防水层铺贴完毕后，在所有搭接缝边均要用 SBS 改性沥青弹性密封膏涂封，宽 10 mm。

（4）细部处理

屋面细部处理一般包括水落口处理、泛水节点处理、凸出屋面的管道接口处理和变形缝处理。

1）水落口处理。水落口应设在排水沟的最低处，水落口杯与找平层接触处应留宽 20 mm、深 20 mm 的凹槽，槽内用 SBS 改性沥青弹性密封膏嵌填严密，上面做 2 mm 厚的氯丁橡胶改性沥青防水涂膜附加层，并用化纤无纺布胎体进行增强。

2）泛水节点处理。砖砌女儿墙上在距檐沟沟底最高处的上方 250 mm，预留 60 mm × 60 mm 的凹槽，槽内用水泥砂浆抹出斜坡。找平层在泛水处应抹成半径为 50 mm 的圆角，然后再刷 2 mm 厚的氯丁橡胶改性沥青防水涂膜附加层，并用化纤无纺布做胎体增强材料。卷材防水层的收头应压入凹槽内，每隔 900 mm 用水泥钉钉牢，卷材收头上口用 SBS 改性沥青弹性密封膏封严，然后用干性混凝土将凹槽嵌填、挤实，表面用水泥砂浆找平。

3）凸出屋面的管道接口处理。在防水层上沿排气管道壁铺贴卷材附加层，上口用金属箍卡牢，在附加层上口与排气孔管道壁间用 SBS 改性沥青弹性密封膏封口。

4）变形缝处理。有变形缝的工程，缝内先用沥青麻丝填塞，并用卷材做成 U 形，放入缝内，两侧与变形缝挡墙上部粘牢，然后在槽内放入泡沫塑料棒衬垫，再覆盖 U 形卷材封闭，上扣混凝土盖板保护，盖板与盖板之间的接头缝隙应用 SBS 改性沥青弹性密封膏封严。

（5）蓄水试验

卷材铺贴完成后，经外观初步检查合格后，用碎布或其他材料塞严水落管，灌水试验，一般蓄水 24 h，未发现有渗漏为宜。

（6）技术参数

SBS 改性沥青卷材屋面防水的技术参数为：沥青卷材的长边搭接宽度 ≥ 70 mm，短边搭接宽度 ≥ 100 mm。

三、刚性防水屋面

刚性防水屋面是用细石混凝土、块体材料或补偿收缩混凝土等材料做屋面防水层，依靠混凝土密实并采取一定的构造措施，以达到防水的目的。

1. 构造

（1）构造要求

刚性防水屋面刚性有余、韧性不足，抗拉强度低，承受变形能力差，在温差变形和结构变形的作用下，容易产生裂缝导致渗漏。因此，必须遵循必要的构造要求才能提高防水质量。

（2）构造层次

刚性防水屋面的构造一般有防水层、隔离层、找平层、结构层等，刚性防水屋面应尽量采用结构找坡。

防水层：采用不低于 C20 的细石混凝土整体现浇而成，其厚度为 35 ~ 45 mm。为防止混凝土开裂，可在防水层中配直径 4 mm、间距 200 mm 的双向钢筋网片，钢筋的保护层厚度不小于 15 mm。

隔离层：位于防水层与结构层之间，其作用是减少结构变形对防水层的不利影响。在结构层与防水层间设一隔离层使两者脱开。隔离层可采用铺纸筋灰、低强度等级砂浆，或薄砂层上干铺一层油毡等做法。

找平层：当结构层为预制钢筋混凝土屋面板时，其上应用 1∶3 水泥砂浆做找平层，厚度为 20 mm。若屋面板为整体现浇混凝土结构，则可不设找平层。

结构层：一般采用预制或现浇的钢筋混凝土屋面板。

刚性防水屋面的构造如图 7–17 所示。

（3）细石混凝土材料要求

细石混凝土不得使用火山灰质水泥，砂采用粒径为 0.3 ~ 0.5 mm 的中粗砂，粗骨料含泥量不应大于 1%，细骨料含泥量不应大于 2%，水采用自来水或可饮用的天然水；混凝土强度不应低于 C20，每立方米混凝土水泥用量不少于 330 kg，水灰比不应大于 0.55，含砂率宜为 35% ~ 40%，灰砂比宜为 1∶2.5 ~ 1∶2。

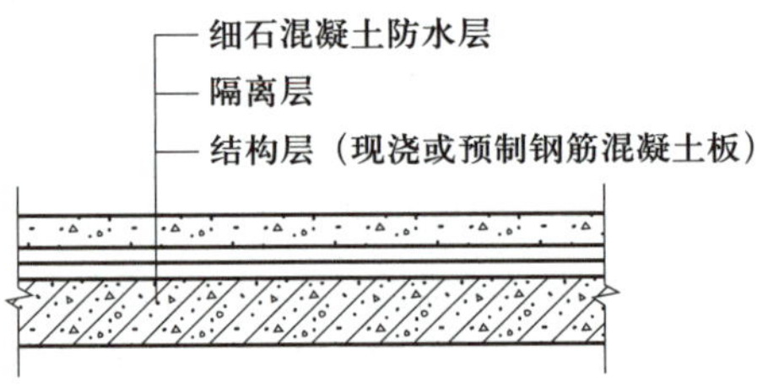

图 7–17　刚性防水屋面构造

2. 施工工艺

（1）细石混凝土刚性防水层

1）工艺流程：基层处理→隔离层施工→立分格缝模板→钢筋网绑扎→浇筑细石混凝土防水层→二次压光→拆分格缝模板及边模→三次压光→修整分格缝→养护分格缝→内嵌填密封材料。

2）隔离层施工。隔离层可选用干铺卷材、砂垫层、低强度等级砂浆等材料。干铺卷材隔离层的做法为：在找平层上干铺一层卷材，卷材的接缝均匀粘牢，表面涂刷两道石灰水或掺 10% 水泥的石灰浆，以防止日晒导致卷材发软，待隔离层干燥有一定强度后进行防水层施工。低强度等级砂浆隔离层采用黏土砂浆或石灰砂浆施工。

铺抹前基层先润湿，铺抹厚度取 10 ~ 20 mm，表面要平整、压实、抹光后养护至基本干燥即可做防水层。

3）分格缝留置与钢筋网片施工。配筋细石混凝土防水层在屋面板支撑端处、屋面转折处、防水层与突出屋面结构的交接处设置分格缝，其纵横缝间距不大于 6 m。无配筋细石混凝土防水层除在上述部位留置分格缝外，板块中间还须留置分格缝。分格缝最大距离不超过 2 m，分格缝深度不小于混凝土厚度的 2/3，缝宽为 10 ~ 20 mm，缝中嵌填密封材料。

分格缝截面做成上宽下窄形，采用木板或玻璃条做分格缝模板，分格缝模板安装位置要准确，并拉通线找直、固定，确保横平竖直，起条时不得损坏分格缝处的混凝土。

细石混凝土防水层与女儿墙、山墙交接处施工时，在离墙 250 ~ 300 mm 处留置分

格缝，缝内嵌填硅胶或玻璃胶等密封材料。

钢筋网铺设：钢筋网的钢筋规格、间距必须符合设计要求，网片采用绑扎或焊接，分割缝处断开并应弯成 90°，绑扎铁丝收口应向下弯，不得露出防水层表面，钢筋网片必须置于细石混凝土中部偏上位置，但保护层厚度应大于 10 mm。

4）细石混凝土刚性防水层的施工方法。无筋刚性防水层是在 40 mm 厚 C20 细石混凝土内掺加水泥用量 3% 的硅质密实剂，在密实的找坡层或隔离层上直接做刚性防水板块。板块必须设分隔缝，半缝分隔间距为 1.5 m × 1.5 m，全缝分隔间距不大于 6 m，分隔缝内分别嵌入 7 mm 厚和 20 mm 厚专用密封膏（水乳型丙烯酸建筑密封膏），下部用细砂填充。

配筋刚性防水层是在 40 mm 厚 C20 细石混凝土内配置直径为 6 mm 或冷拔直径为 4 mm 的 HPB300 级钢筋（双向中距为 100 ~ 200 mm），钢筋网片可绑扎（钢丝尾要向下）或点焊，钢筋安放位置以居中偏上为宜，但保护层不应小于 10 mm 厚。细石混凝土宜掺加防水剂、减水剂或膨胀剂等外加剂。配筋刚性防水层必须设置分隔缝，分隔缝间距不大于 6 m，钢筋网片在分隔缝处应断开。应在浇筑完毕后 6 ~ 12 h 内（夏季可缩短至 2 ~ 3 h）进行养护。浇水养护时间以达到标准条件下养护 28 d 强度的 60% 左右为宜，一般不得少于 14 d。浇水次数以能保持混凝土处于湿润状态为准：一般当气温为 15 ℃左右时，每天浇水 2 ~ 4 次；炎热及气候干燥时，应适当增加浇水次数。养护完成后，在分隔缝内嵌入 20 mm 厚专用密封膏（水乳型丙烯酸建筑密封膏），下部用细砂填充。

5）细石混凝土浇捣方法。细石混凝土浇筑时应注意防止分层离析，搅拌时间不少于 2 min，混凝土浇筑应从远到近、由高往低逐格进行。混凝土浇筑时，要确保钢筋错位。分格缝板块内的混凝土应一次整体浇筑，不留施工缝。

细石混凝土采用平板振捣器振捣密实，然后用滚筒十字交叉来回滚压至表面平整、泛出水泥浆。在分格缝处，应于两侧同时浇筑混凝土后再振捣，以免模板移位，表面刮平，抹压应密实。

表面处理：表面由专人用刮尺刮平，用铁抹子压光压实，达到平整并符合排水坡度设计要求。抹压时不得在表面洒水、加水泥浆或洒干水泥。当混凝土初凝后，起出分格缝模板并修整。混凝土收水后进行二次表面压光，以闭合混凝土收水裂缝。

养护：混凝土浇筑 12 h 以后进行养护，养护时间不少于 7 d。养护方法采用淋水、覆盖锯末、草帘、塑料薄膜密封遮盖、涂刷养护液等。养护初期屋面不允许上人。

（2）补偿收缩混凝土防水层

1）工艺流程参见细石混凝土刚性防水层。

2）隔离层施工参见细石混凝土刚性防水层。

3）分格缝模板用掺入少量膨胀剂的水泥砂浆固定牢，分格缝留置与钢筋网片施工参见细石混凝土刚性防水层。

4）补偿收缩混凝土运输过程中应防止漏浆和离析。

5）补偿收缩混凝土的厚度为 40 ~ 50 mm，钢筋保护层的厚度不少于 10 mm，每个分格缝板块内的混凝土必须一次浇筑完成，严禁留施工缝。补偿收缩混凝土的浇筑方法参见细石混凝土刚性防水层。

6）补偿收缩混凝土的养护：补偿收缩混凝土在常温下浇筑 12 h 后，即进行蓄水养护或用草席等覆盖浇水养护，养护时间不少于 7 d，以使水泥水化热反应完全、彻底。当采用蓄水养护时，蓄水高度以不超过 100 mm 为宜。如采用具有蓄水功能的草席等材料进行覆盖养护，浇水次数要确保覆盖物始终湿润。当平均气温低于 5 ℃时，不得浇水，应采取保温措施。养护初期屋面不允许上人。

（3）块体刚性防水层

1）工艺流程：基层处理→块体浸湿→铺设底灰→块体养护→铺面层灰→养护。

2）块体刚性防水层使用的块材应无裂纹、无石灰颗粒、无灰浆泥面、无缺棱掉角，质地密实，表面平整。

3）块体刚性防水层应用 1∶3 水泥砂浆铺砌，块体之间的缝宽应为 12～15 mm，坐浆厚度不应小于 25 mm；面层应用 1∶2 水泥砂浆，其厚度不应小于 12 mm。水泥砂浆中应掺入防水剂。

4）水泥砂浆中防水剂的掺量应准确，并应用机械搅拌均匀，随拌随用。

5）铺抹底层水泥砂浆防水层时应均匀连续，不得留施工缝。

6）当块材为黏土砖时，铺砌前应浸水湿透；铺砌宜连续进行；缝内挤浆高度宜为块材厚度。

四、涂膜防水屋面

涂膜防水屋面是在屋面基层上涂刷防水涂料，经固化后形成一层具有一定厚度和弹性的整体涂膜，从而达到防水目的的一种屋面防水形式。

涂膜防水屋面的构造如图 7–18 所示。

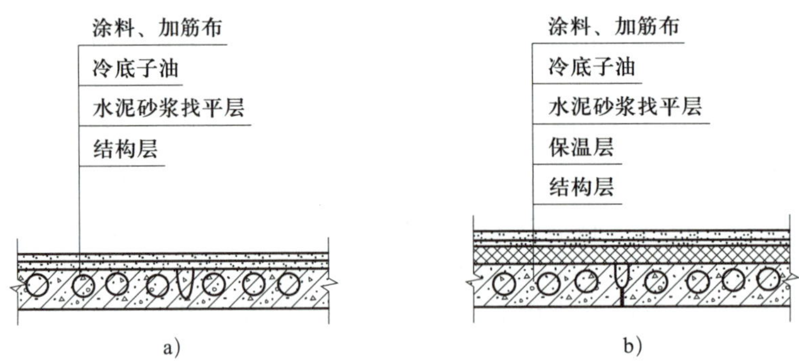

图 7–18　涂膜防水屋面的构造

a）无保温层涂料屋面　b）有保温层涂料屋面

1. 材料要求

（1）涂料有厚质涂料和薄质涂料之分。

厚质涂料有石灰乳化沥青防水涂料、膨润土乳化沥青涂料、石棉沥青防水涂料、黏土乳化沥青涂料等。

薄质涂料分为三大类，即沥青基橡胶防水涂料、化工副产品防水涂料和合成树脂

防水涂料。薄质涂料又可分为溶剂型和乳液型两种类型。溶剂型涂料是高分子材料溶解于溶剂中形成的溶液。乳液型涂料以水作为分散介质，是高分子材料以极微小的颗粒稳定悬浮于水中形成的乳液，水分蒸发后成膜。

（2）建筑工程上应用的防水涂料见表 7–2。

表 7–2　　建筑工程上应用的防水涂料

防水涂料	合成高分子防水涂料	聚氨酯防水涂料
		丙烯酸酯防水涂料
		聚脲弹性防水涂料
	复合型防水涂料	聚合物水泥防水涂料
	沥青防水卷材	水乳性 / 溶剂型橡胶沥青防水涂料
		喷涂速凝型橡胶沥青防水涂料
		非固化橡胶防水涂料

（3）涂膜防水屋面常用的胎体增强材料有聚酯纤维无纺布、化纤无纺布、玻璃纤维布等。胎体增强材料的质量应符合表 7–3 的要求。

表 7–3　　胎体增强材料质量要求

项目		**质量要求**		
		聚酯纤维无纺布	**化纤无纺布**	**玻璃纤维布**
外观		均匀、无团状、平整、无褶皱		
拉力 /（N/50 mm）	纵向	≥ 150	≥ 45	≥ 90
	横向	≥ 100	≥ 35	≥ 50
延伸率 /%	纵向	≥ 10	≥ 20	≥ 3
	横向	≥ 20	≥ 25	≥ 3

2. 基层要求

涂膜防水屋面结构层、找平层与卷材防水屋面基本相同。屋面的板缝施工应满足下列要求：

（1）清理板缝浮灰时，板缝必须干燥。

（2）非保温屋面的板缝上应预留凹槽，并嵌填密实材料。

（3）板缝应用细石混凝土浇捣密实。

（4）抹找平层时，分格缝与板端缝对齐、均匀顺直，并嵌填密封材料。

（5）涂层施工时，板端缝部位空铺的附加层，每边距板缝边缘不得小于 80 mm。

3. 施工工艺

涂膜防水施工的工艺流程为（以聚合物水泥防水涂料为例）：基层清理→打底层→刮第二遍涂膜层→铺无纺布→刮第三遍涂膜层→刮第四遍涂膜层→同面层涂膜层→蓄

水试验→验收。

（1）清理基层。先以铲刀和扫帚等工具将基层表面的突起物、砂浆疙瘩等异物铲除，并将尘土杂物彻底清扫干净。对凹凸不平处，应用高强度等级水泥砂浆补齐或顺平。对阴阳角、管根部位、地漏和排水口等部位更应认真清理。

（2）涂膜施工。涂膜防水材料的配制：按照生产厂家指定的比例分别称取适量的液料和固体分料组分，搅拌时把分料慢慢倒入液料中，并充分搅拌不少于 10 min 至无气泡为止。搅拌时不得加水或混入上次搅拌的残液及其他杂质。配好的涂料必须在厂家规定的时间内用完。

涂膜的施工：施工可采用长板刷或圆形滚动涂刷，涂刷要横竖交叉进行，以使成膜平整均匀、厚度一致。每层涂刷完约 4 h 后涂料可固结成膜，此后可进行下一层涂刷。为消除屋面因温度变化产生胀缩，应在涂刷第二层涂膜后铺无纺布，同时涂刷第三层涂膜。无纺布搭接要求不小于 100 mm。屋面涂刷不得少于五遍，厚度不得小于 1.5 mm。

（3）保护层。涂膜防水作为屋面面层时，不宜采用着色剂类保护层，一般应铺面砖等刚性保护层。

五、屋面防水工程中特殊部位的施工要点

1. 天沟、檐沟及水落口

天沟、檐沟卷材铺设前，应先对水落口进行密封处理。在水落口杯埋设时，水落口杯与竖管承插口的连接处应用密封材料嵌填密实，防止该部位在暴雨时产生倒水现象。水落口周围直径 500 mm 范围内用防水涂料或密封材料涂封作为附加增强层，厚度不少于 2 mm。涂刷时应根据防水材料的种类，采用不同的涂刷遍数来满足涂层的厚度要求。水落口杯与基层接触处应留宽 10 mm、深 10 mm 的凹槽，嵌填密封材料。

由于天沟、檐沟部位水流量较大，防水层经常受雨水冲刷或浸泡，所以在天沟或檐沟转角处应先用密封材料涂封，每边宽度不少于 30 mm，干燥后再增铺一层卷材或涂刷涂料作为附加增强层。

天沟或檐沟铺贴卷材应从沟底开始，顺天沟从水落口向分水岭方向铺贴，边铺边用刮板从沟底中心向两侧刮压，赶出气泡使卷材铺贴平整、粘贴密实。如沟底过宽，则会有纵向搭接缝，搭接缝处必须用密封材料封口。

铺至水落口的各层卷材和附加增强层均应粘贴在杯口上，用雨水罩的底盘将其压紧，底盘与卷材间应满涂胶黏材料予以黏结，底盘周围用密封材料填封。水落口处卷材的裁剪方法如图 7–19 所示。

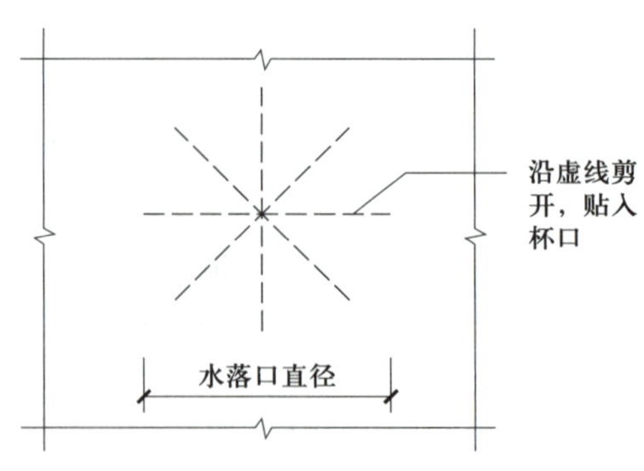

图 7–19　水落口处卷材裁剪方法

2. 泛水与卷材收头

泛水是指屋面的转角与立墙部位。这些部位结构变形大，容易受太阳暴晒，因此为了增强接头部位防水层的耐久性，一般要在这些部位加铺一层卷材或涂刷涂料作为附加

增强层。

泛水部位卷材铺贴前，应先进行试铺，将立面卷材长度留足，先铺贴平面卷材至转角处，然后从下向上铺贴立面卷材。如先铺立面卷材，由于卷材自重作用，立面卷材张拉过紧，使用过程易产生翘边、空鼓、脱落等现象。

卷材铺贴完成后，将端头裁齐。若采用预留凹槽收头，将端头全部压入凹槽内，用压条钉压平服，再用密封材料封严，最后用水泥砂浆抹封凹槽。如无法预留凹槽，应先用带垫片钉子或金属压条将卷材端头固定在墙面上，用密封材料封严，再将金属或合成高分子卷材条用压条钉压作盖板，盖板与立墙间用密封材料封固或采用聚合物水泥砂浆将整个端头部位埋压。

3. 变形缝

屋面变形缝处附加墙与屋面交接处的泛水部位应做好附加增强层，接缝两侧的卷材防水层铺贴至缝边，然后在缝中填嵌直径略大于缝宽的衬垫材料，如聚苯乙烯泡沫塑料棒、聚乙烯泡沫板等。为了使其不掉落，在附加墙砌筑前，缝口用可伸缩卷材或金属板覆盖。附加墙砌好后，将衬垫材料填入缝内。嵌填完衬垫材料后，再在变形缝上铺贴盖缝卷材，并延伸至附加墙立面。卷材在立面上应采用满粘法，铺贴宽度不小于 100 mm。为了提高卷材适应变形的能力，卷材与附加墙顶面上宜粘贴。

高低跨变形缝处，低跨的卷材防水层应铺至附加墙顶面缝边，然后将金属或合成高分子卷材盖板上、下两端用带垫片的钉子分别固定在高跨的外墙面和低跨的附加墙立面上，盖板两端及钉帽用密封材料封严。

4. 排气孔与伸出屋面管道

排气孔与屋面交角处卷材的铺贴方法和立墙与屋面转角处相似，所不同的是流水方向不应有逆槎，排气孔阴角处卷材应做附加增强层，上部剪口交叉贴实或者涂刷涂料增强。

伸出屋面管道卷材铺贴与排气孔相似，但应加铺两层附加层。防水层铺贴后，上端用细铁丝扎紧，最后用密封材料密封，或焊上薄钢板泛水增强。附加层卷材裁剪方法参见水落口做法。

5. 阴阳角

阴阳角处的基层涂胶后，要用密封材料涂封，宽度为距转角每边 100 mm，再铺一层卷材附加层，卷材附加层剪成如图 7-20 所示形状。铺贴后剪缝处用密封材料封固。

6. 高低跨屋面

高跨屋面向低跨屋面自由排水的低跨屋面，在受雨水冲刷的部位应采用满粘法铺贴，并加铺一层整幅的卷材，再浇抹宽 300 ~ 500 mm、厚 30 mm 的水泥砂浆或铺相同尺寸的块材加强保护。如为有组织排水，水落管下加设钢筋混凝土水簸箕，应坐浆，安放平稳。

7. 板缝缓冲层

在无保温层的装配式屋面上铺贴卷材时，为避免因基层变形而拉裂卷材防水层，应沿屋架、梁或内承重墙的屋面板端缝，先干铺一层宽度为 300 mm 的卷材条做缓冲层。为准确固定干铺卷材条的位置，可将干铺卷材条的一边点粘于基层上，但在檐口处 500 mm 内要用胶黏材料粘贴牢固。

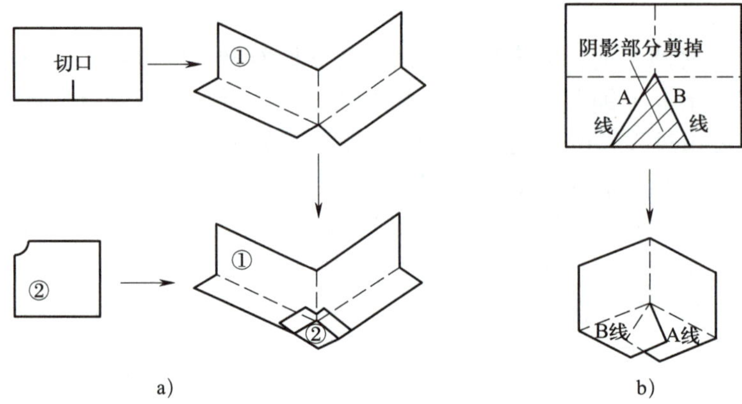

图 7–20　阴阳角卷材剪贴方法

a）阳角做法　b）阴角做法

六、屋面防水工程施工质量验收

1. 屋面防水工程施工质量检验标准

（1）找平层质量检验标准（见表 7–4）。

表 7–4　　找平层质量检验标准

项目	质量标准及允许偏差	检测方法及工具
表面质量	无脱皮和起砂等缺陷	观察和尺量检查
找平层与突出屋面结构的连接和转角处	做成圆弧形或钝角	观察检查
分格缝	分格缝位置符合设计要求和有关规范规定，并嵌填密封材料	观察和尺量检查
表面平整度	≤ 5 mm	2 m 靠尺和楔形塞尺检查

（2）防水卷材铺贴质量检验标准（见表 7–5）。

表 7–5　　防水卷材铺贴质量检验标准

项目	质量标准及允许偏差	检测方法及工具
表面平整度	符合排水要求，无明显积水现象	观察检查
卷材铺贴	基层处理剂涂刷均匀，铺贴方向、方法、压接顺序和搭接长度符合技术规范规定；胶黏料涂刷均匀，不露底，不堆积，粘贴牢固，无滑移、翘边、起泡等缺陷	观察检查
泛水、檐口及变形缝	粘贴牢固，封盖严密；卷材附加层、泛水立面收头等做法符合技术规范规定	观察检查
整体保护层	强度、厚度应符合设计要求，表面密实压光，设分格缝，无明显裂纹、脱皮、麻面和起砂等缺陷	观察和尺量检查
卷材搭接宽度	≥ 10 mm	尺量检查

2. 基本规定

（1）屋面工程施工前，施工单位应进行图样会审，并应编制屋面工程施工方案或技术措施。

（2）屋面工程施工时，应建立各道工序的自检、交接检和专职人员检查的“三检”制度，并有完整的检查记录。每道工序完成后，应经监理单位（或建设单位）检查验收，合格后方可进行下道工序的施工。

（3）屋面工程的防水层应由经资质审查合格的防水专业队伍进行施工。作业人员应持有当地建设行政主管部门颁发的上岗证。

（4）屋面工程所采用的防水、保温隔热材料应有产品合格证和性能检测报告，材料的品种、规格、性能等应符合现行国家产品标准和设计要求。

（5）当下道工序或相邻工程施工时，对屋面已完成的部分应采取保护措施。

（6）伸出屋面的管道、设备或预埋件等，应在防水层施工前安设完毕。屋面防水层完工后，不得在其上凿孔打洞或重物冲击。

（7）屋面工程完工后，应按本规范的有关规定对细部构造、接缝、保护层等进行外观检验，并应进行淋水或蓄水试验。

（8）屋面的保温层和防水层严禁在雨天、雪天和五级风及以上时施工。

3. 操作要点

（1）防水卷材铺贴时应检验找平层的干燥程度，方法为：将 1 m^2 的卷材平坦地铺在找平层上，静置 3～4 h 后检查，找平层覆盖部位与卷材上未见有水印生成就可以铺贴。

（2）防水卷材铺贴时，从屋面最低处开始向上铺贴，使卷材按流水方向搭接，先铺贴排水集中的部位，如雨水口、天沟等，再向上铺贴，直至压顶。

（3）先铺贴天沟内的附加防水卷材，接着铺贴屋面分格缝处的附加防水卷材，再从天沟开始，平行于屋脊进行大面积铺贴。

（4）卷材与找平层间用基层胶黏结，卷材间用搭接胶黏结。卷材与找平层的黏结采用实铺。

（5）卷材间搭接长度，长度方向≥ 60 mm，宽度方向≥ 80 mm；铺贴时卷材长边平行于屋脊。搭接缝应错开。

（6）卷材铺贴应边铺边弹线，考虑搭接长度后，确定卷材短边的起点位置及卷材长边的上下位置，然后用墨线在找平层面或卷材面标识出来，作为控制卷材搭接长度及保证施工质量的措施。

（7）铺贴时用扫把、吹尘器将找平层面垃圾、灰尘吹扫干净，然后将基层胶倒在找平层面，用塑料刮板沿着卷材长度、宽度（比卷材实际宽度宽 50 mm）方向均匀地满刮一层；要铺贴的卷材翻过来平铺在邻近的找平层面，表面清理干净后用塑料刮板刷满刮一层基层胶；再用棉纱蘸少量溶剂汽油，擦洗搭接部位的下层卷材的表面，去除隔离粉，用棉纱擦干后满刷一层搭接胶。

（8）基层胶、搭接胶适当干燥后黏结更牢固。结合以往的施工经验，找平层、卷材面黏接胶涂刷后约 15 min 铺贴效果最佳。

（9）黏接胶达到适宜的干燥程度时，每 3 m 间距安排一个操作人员，协调一致将卷材提起并翻转过来，抬到铺贴的找平层处，控制搭接长度并对齐墨线后，将卷材平直地铺在找平层上，然后用橡皮刮板对卷材进行压平、压实处理，赶出卷材与基层间的气泡，增加黏结力。

（10）屋面的穿管、出气孔等处的防水应加强处理，防止漏水。

（11）卷材和基层之间及各层卷材之间应黏结牢固、表面平整，不得有褶皱、气泡、起壳、溜滑、翘边等缺陷。

（12）防水层施工完毕，检查确认质量合格后，立即进行保护层施工。

（13）屋面铺放钢丝网片或绑扎钢筋时，应轻拿轻放，防止戳破卷材。

（14）防水卷材施工过程中，应随时对已铺贴的卷材进行检查，发现黏结不牢固的地方，应将卷材拉开后查找原因，并采取正确的改正措施加以整改。

（15）施工保护层前，要对防水卷材逐块进行检查，发现有破损的部位应修补好以后再做。

（16）施工保护层时，泵管架的钢管下垫木板，手拉车的脚用橡皮包裹，倒砂浆时垫一根方木，尽一切努力确保施工过程中不破坏防水卷材。

（17）加强对成品、半成品的保护措施，防止人为损坏行为发生。

（18）为防止屋面找平层的细小裂缝渗水，大面积铺贴前，在裂缝处先铺贴一条150 mm 宽的卷材进行加强处理。

思考练习题

1. 简述卷材防水屋面各构造层的做法及施工工艺。
2. 简述油毡热铺法和冷铺法施工工艺。
3. 简述卷材屋面的质量保证措施。
4. 简述涂抹防水层施工特点。
5. 简述屋面防水工程的一般构造特点。
6. 简述屋面防水工程特殊部位的附加增强层和卷材铺贴施工要点。

第八章 装饰工程施工

装饰工程施工是指房屋建筑施工中包括抹灰、油漆、刷浆、玻璃、裱糊、饰面、罩面板和花饰等工艺的工程，它是房屋建筑施工的最后一个施工过程。装饰工程施工的具体内容包括内外墙面和顶棚的抹灰，内外墙饰面和镶面、楼地面的饰面、房屋立面花饰的安装、门窗等木制品和金属制品的油漆刷浆等。

第一节 抹灰工程基础知识

抹灰是将水泥、石灰膏、膨胀珍珠岩等各种材料配制的砂浆或素浆涂抹在建筑结构体表面，既保护主体结构，又可作为基本饰面或者作为各类装饰装修的施工基层（底层、基面、找平层等）及黏结构造层，还可以通过相应的材料配合与操作工艺使之成为装饰抹灰。

一、抹灰工程

1. 抹灰的分类

（1）按施工部位的不同，抹灰工程可分为室内抹灰（内抹灰）和室外抹灰（外抹灰）。

（2）按使用要求及装饰效果的不同，抹灰工程可分为一般抹灰、装饰抹灰和特种砂浆抹灰。

1）一般抹灰。一般抹灰所使用的材料有石灰砂浆、水泥砂浆、水泥混合砂浆、聚合物水泥砂浆、麻刀灰、纸筋灰和石膏灰等。

2）装饰抹灰。装饰抹灰是指通过选用适当的抹灰材料及操作工艺等方面的改进，使抹灰面层直接具备装饰效果而无须再做其他饰面，如水刷石、干粘石、斩假石、假面砖等。

3）特种砂浆抹灰。特种砂浆抹灰是指采用保温砂浆、防水砂浆、耐酸砂浆等材料进行的有特殊要求的抹灰工程。

（3）按主要工序和表面质量的不同，一般抹灰工程可分为普通抹灰和高级抹灰。

2. 抹灰饰面的组成

为使抹灰层与建筑主体表面黏结牢固，防止开裂、空鼓和脱落等质量弊病的产生，装饰工程中所采用的普通抹灰和高级抹灰均应分层操作，即将抹灰饰面分为底层、中层和面层三个构造层次，如图 8–1 所示。

（1）抹灰为黏结层：作用主要是确保抹灰层与基层牢固结合并初步找平。

（2）抹灰为找平层：主要起找平作用。根据具体工程的要求可以一次抹成，也可以分遍完成，所用材料通常与底层抹灰相同。

（3）抹灰为装饰层：对于以抹灰为饰面的工程施工，无论是一般抹灰还是装饰抹灰，其面层均通过一定的操作工艺使表面达到规定的效果，从而起到饰面美化的作用。

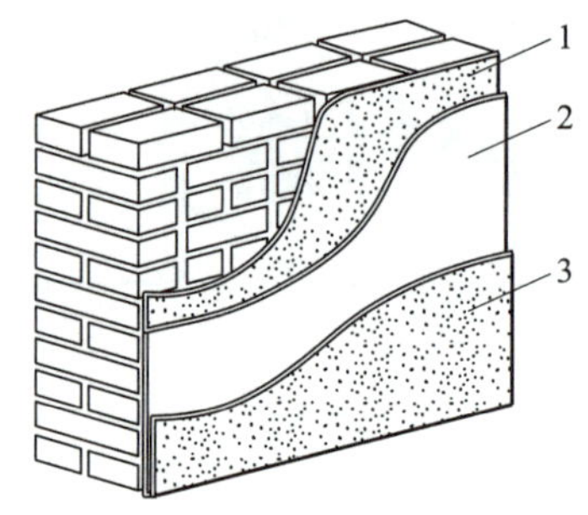

1—底层；2—中层；3—面层。

图 8–1　抹灰饰面的组成

二、抹灰工具

常用的抹灰工具有铁抹子、压子、阴角抹子、阳角抹子、托灰板、刮杠、线坠、方尺、托线板和木抹子等几种。

1. 铁抹子、压子

铁抹子用于抹底层或水磨石、水刷石面层，如图 8–2 所示，它的握法如图 8–3 所示。

压子用于细部抹灰修理及局部处理等，它的握法如图 8–4 所示。

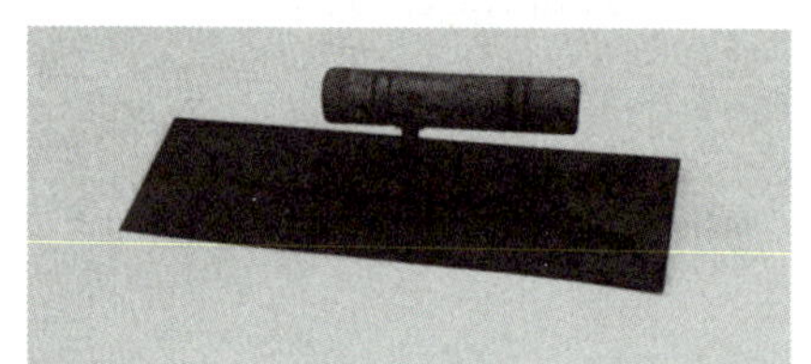

图 8–2　铁抹子

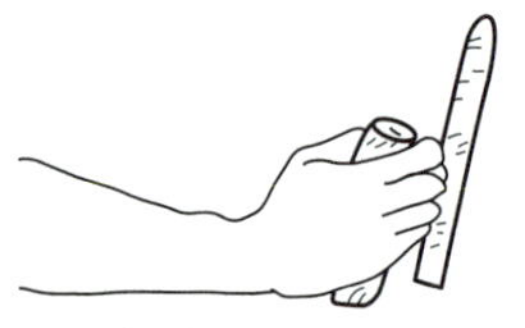

图 8–3　铁抹子握法

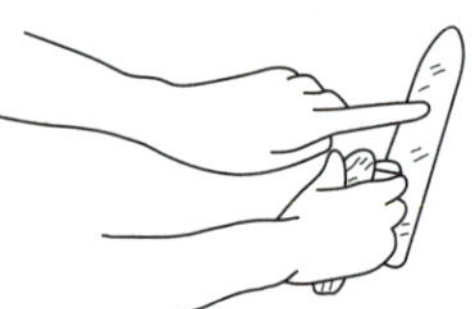

图 8–4　压子握法

2. 阴角抹子、阳角抹子

阴角抹子主要用于压实、压光，阳角抹子主要用于压光、做护角线等。阴角抹子和阳角抹子如图 8–5 所示，阴角抹子的用法如图 8–6 所示，阳角抹子的用法如图 8–7 所示。

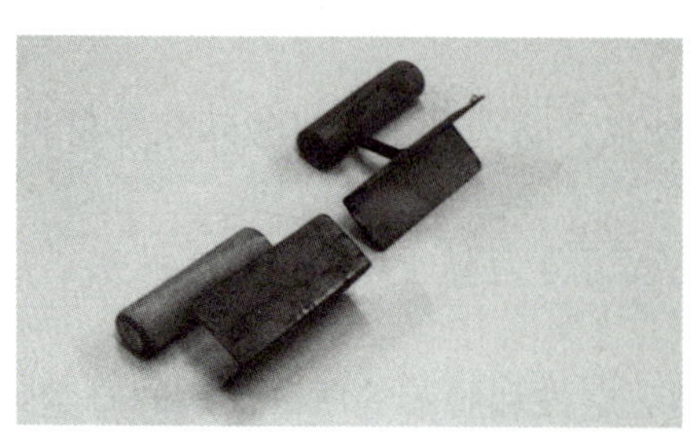

图 8–5　阴角抹子和阳角抹子

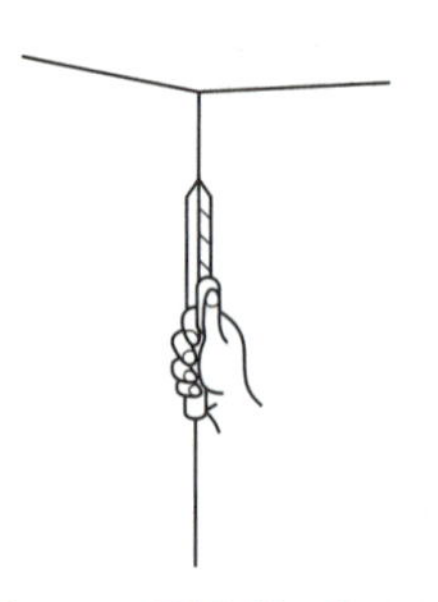

图 8–6　阴角抹子用法

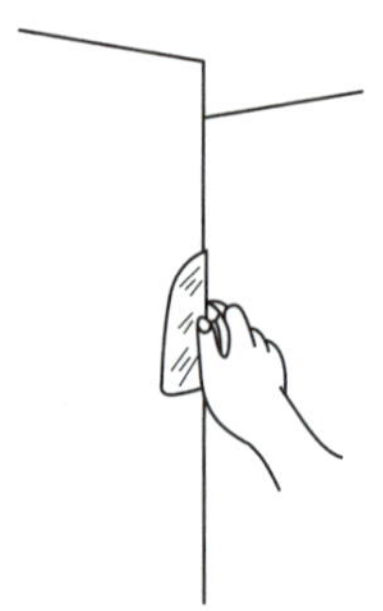

图 8–7　阳角抹子用法

3. 托灰板、刮杠

托灰板抹灰时承托砂浆，如图 8-8 所示，其用法如图 8-9 所示。刮杠也称刮杆，用于刮平墙面的抹灰层，如图 8-10 所示，其用法如图 8-11 所示。

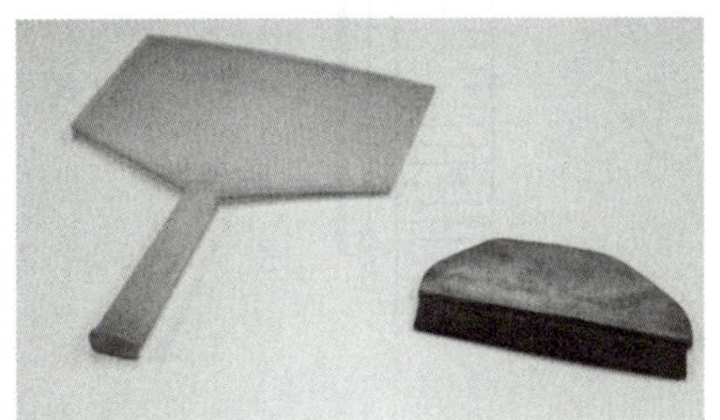

图 8-8　托灰板

图 8-9　托灰板用法

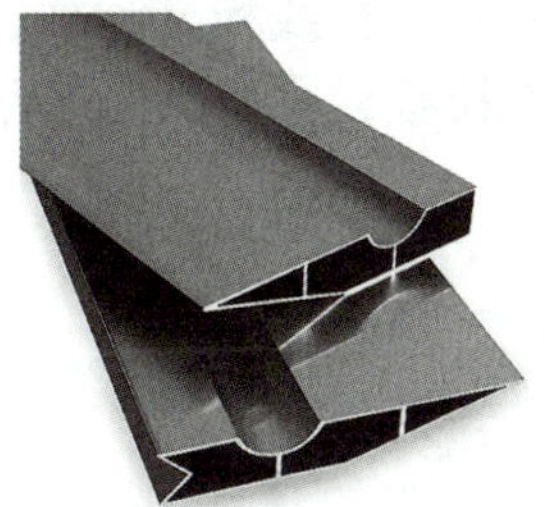

图 8-10　刮杠

图 8-11　刮杠用法

4. 线坠

线坠如图 8-12 所示，用来检查角部的垂直度，使用时用拇指挑起线坠线，尾指扶在靠尺杆上，用一只眼观察线坠线是否和贴上的靠尺杆重合，如图 8-13 所示。如果不在一条线上，说明靠尺杆不垂直，应及时校正（见图 8-14），直到重合为止（见图 8-15）。吊线坠时手要稳。

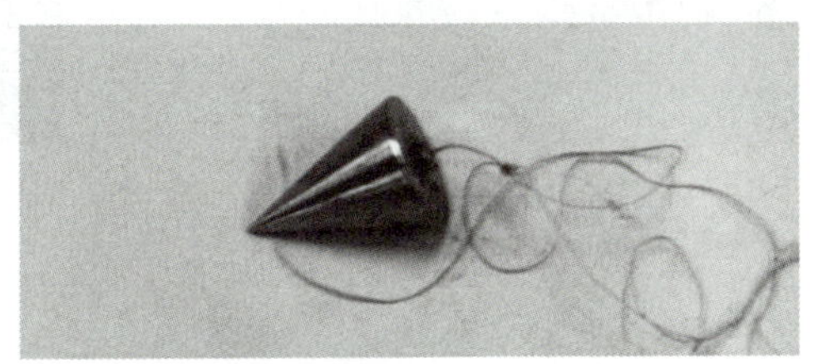

图 8-12　线坠

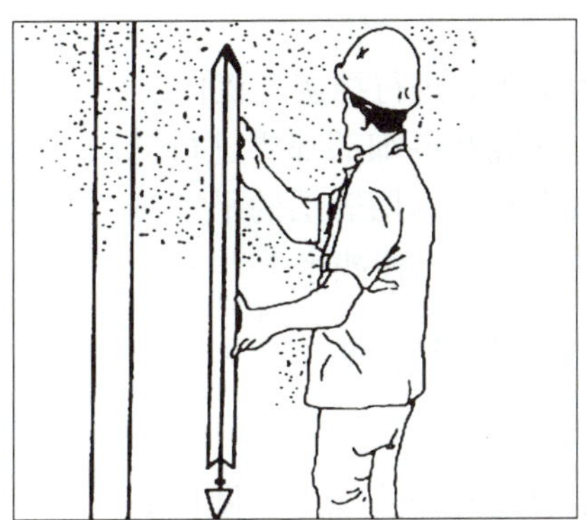

图 8-13　线坠用法

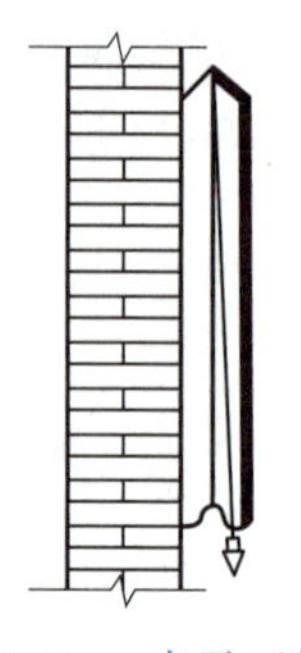
图 8-14　表示歪斜

图 8-15　表示垂直

5. 方尺、托线板、木抹子

方尺用于测量阴阳角方正，其用法如图 8-16 所示。托线板又称样板杆，用于保证靠尺垂直，其用法如图 8-17 所示。木抹子又称木拉板，主要用于搓平底灰和搓毛砂浆表面并压实，其用法如图 8-18 所示。

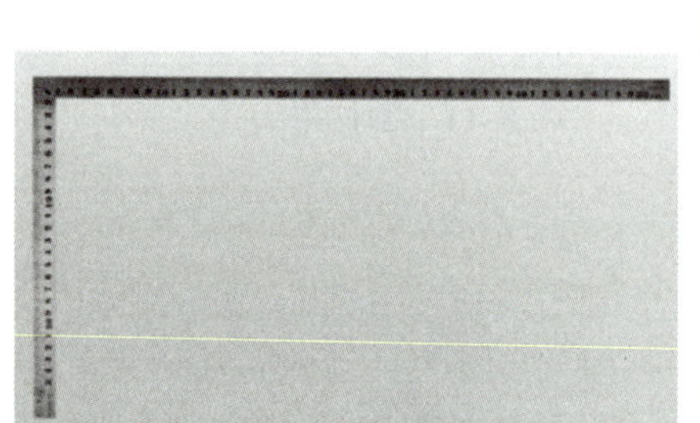
图 8-16　方尺及其用法

图 8-17　托线板用法

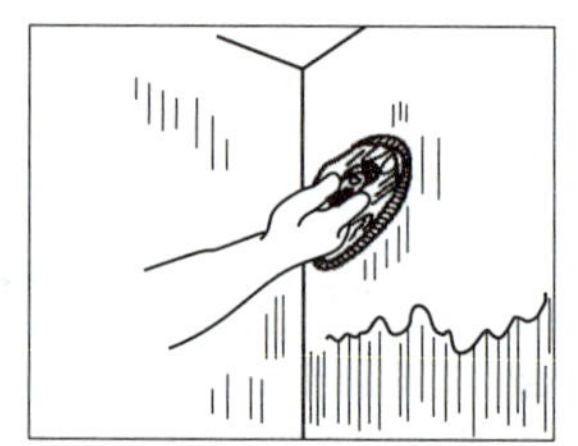
图 8-18　木抹子用法

第二节　抹灰的工艺流程及质量检验

为了顺利进行抹灰工程作业，必须要在严格的工艺流程下进行规范操作。对内墙、外墙、顶棚和各细部都要进行抹灰，为了有效地控制墙面抹灰层的厚度与平直度，抹灰前应先检查基层表层的平整度，并用与抹灰层相同的砂浆设置标志和标筋作为底层抹灰的依据，以便找平。

一、内墙抹灰

1. 工艺流程

基层处理→找规矩→做标筋→做护角→底、中层抹灰→面层抹灰→抹水泥灰→窗台板抹墙裙、踢脚。

2. 操作工艺

（1）基层处理

混凝土表面需用钢丝刷清除浮浆、脱模剂、油污及模板残留物，并割除外漏的钢筋头，剔凿突出的混凝土块；砌体墙面清扫灰尘，清除墙面浮浆、突出的砂浆块。

（2）找规矩

找规矩即四角找方、横线找平、竖线吊直，弹出顶棚、墙裙及踢脚板线。根据设计，如果墙面另有造型，则按图样要求实测弹线或画线标出。

（3）做标筋

较大面积墙面抹灰时，为了控制设计要求的抹灰层平均总厚度，先在上方两角处及两角水平距离之间 1.5 m 左右的必要部位做灰饼标志块，标志块的厚度以使抹灰层达到平均总厚度（宜为基层至中层砂浆表面厚度尺寸而留出抹面厚度）为目的，并确保抹灰面的最终平整、垂直所需的厚度尺寸。然后以上部做好的标志块为准，用线坠吊线做墙下角的标志块（通常设置于踢脚线上口）。标志块收水后，在各排上下标志块之间做砂浆标志带，称为标筋或冲筋，采用的砂浆与标志块相同，宽度为 100 mm 左右，分 2～3 遍完成并略高出标志块，然后用刮杠（传统的刮杠为木杠，目前多以较轻便而不易变形的铝合金方通杆件取代）将其搓抹至与标志块齐平，同时将标筋的两侧修成斜面，以使其与抹灰层接槎顺平。标筋的另一种做法是采用横向水平标筋，较有利于控制大面与门窗洞口在抹灰过程中保持平整。

（4）做护角

门窗洞口及墙（柱）面阳角部位的抹灰饰面在使用中容易被碰撞损坏，应采用 1∶2 水泥砂浆抹制暗护角，以增加阳角部位抹灰层的硬度和强度。护角部位的高度不应低于 2 m，每侧宽度不应小于 50 mm。

将阳角用方尺规方，靠门窗框一边以框墙空隙为准，另一边以标筋厚度为准，在地面画好准线，根据抹灰层厚度粘稳靠尺板，并用托线板吊垂线。在靠尺板的另一边墙角分层抹护角的水泥砂浆，其外角与靠尺板外口平齐；一侧抹好后把靠尺板移到该侧用卡子稳住，并吊垂线调直靠尺板，将护角另一面水泥砂浆分层抹好；然后轻手取下靠尺板。待护角的棱角稍收水后，用阳角抹子和素水泥浆抹出小圆角。最后在阳角两侧分别留出护角宽度尺寸，将多余的砂浆以 45°斜面切掉。

对于特殊用途房间的墙（柱）阳角部位，其护角可按设计要求在抹灰层中埋设金属护角线。高级抹灰的阳角处理，也可在抹灰面层镶贴硬质 PVC 特制装饰护角条。

（5）底、中层抹灰

标筋及阳角的护角条做好后，即可进行底层和中层抹灰（就是通常所称的刮糙与装档），将底层和中层砂浆分批抹于墙面标筋之间。底层抹灰收水或凝结后再进行中层抹灰，厚度略高出标筋，然后用刮杠按标筋整体刮平。待中层抹灰面全部刮平时，再用木抹子搓抹一遍，使表面密实、平整。

墙面的阴角部位要用方尺上下核对方正，然后用阴角抹具（阴角抹子及带垂球的阴角尺）抹直、接平。

（6）面层抹灰

中层砂浆凝结之前，在其表面每隔一定距离交叉拉出斜痕，以利于与面层砂浆的黏结。待中层砂浆达到凝结程度，即可抹面层，面层抹灰必须保证平整、光洁、无裂痕。

二、顶棚抹灰

1. 工艺流程

基层处理→弹线、找规矩→抹底灰→抹中层灰→抹罩面灰。

2. 操作工艺

（1）基层清理

清除干净基体表面的灰尘、污垢、油渍、板皮等，并用水喷洒润湿。在清理干净的混凝土表面刮一遍水灰比为 0.37～0.4 的水泥砂浆，或涂刷专用的界面处理剂，以增强基层和抹灰层的黏结力。

（2）弹线、找规矩

根据标高线，在四周墙上弹出靠近顶板的水平线，作为顶板抹灰的水平控制线。

（3）抹底灰

先将顶板基层润湿，然后刷一道界面剂，随刷随抹底灰。底灰一般用 1∶3 水泥砂浆（或 1∶0.3∶3 水泥混合砂浆），厚度通常为 3～5 mm。以墙上水平线为依据，将顶板四周找平。抹灰时需用力挤压，使底灰与顶板表面结合紧密。最后用软刮尺刮平，木抹子搓平、搓毛。局部较厚时，应分层抹灰找平。

（4）抹中层灰

抹底灰后紧跟着抹中层灰（为保证中层灰与底灰黏结牢固，如底层吸水快则应及时洒水）。先从板边开始，用抹子顺抹纹方向抹灰，用刮尺刮平，木抹子搓毛。

（5）抹罩面灰

罩面灰采用 1∶2.5 水泥砂浆（或 1∶0.3∶2.5 水泥混合砂浆），厚度一般为 5 mm 左右。待中层灰干至六七成时抹罩面灰，先在中层灰表面薄薄地刮一道聚合物水泥浆，紧接着抹罩面灰，用刮尺刮平，铁抹子抹平、压实、压光，并使其与底灰黏结牢固。

三、外墙抹灰

1. 工艺流程

墙面清理→浇水湿墙面→吊垂直、套方、抹灰饼、冲筋→弹灰层控制线→基层处理→抹底层砂浆→弹线分格→粘分格条→抹罩灰面→起条、勾缝→养护。

2. 操作工艺

（1）基层处理

将墙面上残存的砂浆、污垢、灰尘等清理干净，用水浇墙，将砖缝中的尘土冲掉，将墙面润湿。

（2）吊垂直、套方找规矩

分别在门窗口角、垛、墙面等处吊垂直，套方抹灰饼，并按灰饼冲筋后，在墙面上弹出抹灰层控制线。

（3）冲筋、抹底层砂浆

常温时可采用水泥混合砂浆，配合比为 1∶0.5∶4，应分层与所冲筋抹平，大杠横竖刮平，木抹子搓毛，终凝后浇水养护。

（4）弹线、分格、粘分格条、抹面层砂浆

首先应按原尺寸弹线分格，粘分格条。注意粘竖条时应粘在所弹立线的同一侧，防止左右乱粘。分格条粘好后，当底灰干至五六成时，即可抹面层砂浆。先刷掺水重 10% 的 107 胶水泥素浆一道，紧跟着抹面。面层砂浆选用配合比为 1∶1∶5 的水泥混合砂浆，一般厚度为 5 mm 左右，分两次与分格条抹平，再用杠横竖刮平，木抹子搓毛，铁抹子压实、压光。待表面无明水后，用刷子蘸水按垂直于地面方向轻刷一遍，使其面层颜色一致。做完面层后应喷水养护。

（5）滴水线（槽）

在檐口、窗台、窗楣、雨篷、阳台、压顶和突出墙面等部位，上面应做出流水坡度，下面应做滴水线（槽）。流水坡度及滴水线（槽）距外表面不应小于 40 mm，滴水线（又称鹰嘴）应保证其坡向正确。

四、细部抹灰

外墙细部抹灰主要包括阳台、飘窗、窗套、窗台等。

1. 阳台、飘窗、窗套

阳台、飘窗、窗套抹灰是室外装饰的重要部分，要求各个阳台（飘窗、空调搁板、窗套）上下成垂直线，左右成水平线，进出一致，各个细部划一，颜色一致。抹灰前要注意清理基层，把混凝土基层清扫干净并用水冲洗，用钢丝刷将基层刷到露出混凝土新槎。

阳台、飘窗、窗套抹灰找规矩的方法是，由最上层突出阳角及靠墙阴角往下挂垂线，找出上下各层进出误差及左右垂直误差，以大多数进出及左右边线为依据。误差小的，可以上下左右顺一下；误差大的，突出的部位要剔凿处理，凹进的部位要挂钢丝网抹灰。对于相邻阳台、飘窗、窗套上下边要拉水平通线，对于进出及高低差太大的也要进行结构处理。根据找好的规矩，确定各部位大致抹灰厚度，再逐层逐个找好规矩，做灰饼抹灰。最上层两头最外边两个抹好后，以下都以这两个挂线为准做灰饼。对于阳台和飘窗，抹灰时要注意排水坡度和方向，要顺着排水孔或朝向外侧，不要抹成倒流水。

阳台、飘窗底面抹灰厚度不得大于 15 mm，首先要清理基层（用钢丝刷将基层刷到露出混凝土新槎）、润湿、刷水泥浆，再分层抹底层灰，罩面。为防止雨水向墙面上流淌，在阳台、飘窗、空调搁板、挑檐、挑梁的底面必须做滴水线，做法是在底面距外边 20 mm 处粘分格条，分格条宽为 10 mm。

2. 窗台

外窗台的操作难度较大，一个窗台有五个面、八个角，一条凹档，一条滴水线，其质量要求较高，表面应平整光洁、棱角清晰，与相邻窗台的高度进出要一致，横竖都要成一条线，排水流畅、不渗水、不湿墙。找规矩：抹灰前，要先检查窗台的平整度，以及与左右上下相邻窗台的关系。对于后塞窗户，补口时要检查窗台与窗框下坎的距离是否满足要求，再将基层清理干净，浇水润湿，用水泥砂浆将下槛间隙填塞密实。抹灰：应先打底，后抹立面，再抹水平面，再抹底面，最后抹侧面。用钢筋夹将八字尺卡住，上灰后用抹子搓平，第二天用 1∶2.5 水泥砂浆罩面。窗台滴水线做法同阳台、飘窗。

3. 工艺流程和操作工艺

工艺流程：基面清理→弹线→截水处理［粘贴滴水线（槽）］→夹尺板→抹灰→压光→修整养护→完成。

（1）基层处理

一般滴水线（槽）做在阳台板下口，若阳台板混凝土表面很光滑，则应对其表面进行"毛化处理"：一种方法是"凿毛"，即用錾子剔毛，剔去光面，使其粗糙不平。另一种方法是"甩毛"，即在清理干净的混凝土表面上用机械喷涂或用笤帚甩上一层界面处理剂，使之凝固在混凝土表面。将混凝土顶棚底表面凸出部分凿平，对蜂窝、麻面、露筋、漏振等处应凿到实处，用 1∶2 水泥砂浆分层抹平，把外露钢筋头和铅丝等清除掉。

成品滴水线槽施工应与阳台抹灰同时进行，当抹灰进行到阳台底口时，先完成滴水线槽的安装，再进行阳台外侧的立面抹灰，抹灰层底面平行于滴水线槽的外侧底部，然后翻尺板，将尺板夹于已抹好的阳台立面上，再抹阳台外立面的抹灰层，然后将尺板固定于阳台板底，抹出宽不小于 2.5 cm 和高 1 cm 的水泥砂浆滴水线，最后将尺板底面与成品塑料滴水线槽的外侧底部找水平，抹出阳台顶棚抹灰层。

（2）抹灰

抹灰面分次进行，一般情况下冲完筋 2 h 左右就可以抹底灰。抹灰时先薄薄地刮一层，接着装档、找平，再用大杠垂直、水平刮找一遍，用木抹子搓毛。然后全面检查底子灰是否平整，阴阳角是否方正，墙与顶交接是否光滑平整，并用托线板检查墙面的垂直与平整情况，抹灰面接槎应平顺。抹灰后及时将散落的砂浆清理干净。

（3）抹罩面灰

待底灰干至六七成时，即可抹面层纸面筋灰。如停歇时间长，底层过分干燥，则用水润湿。涂抹时先分两遍抹平、压实，其厚度不应大于 2 mm。待面层稍干，"收身"（即经过灰匙压磨，灰浆表面不会变为糊状时）时要及时压光，不得有铁板印痕、气泡、接缝不平等现象。

（4）截水处理

为防止滴水"尿墙"，滴水线（槽）不可通到墙边，应在离墙 2 cm 的地方截断，使滴水既不会流进阳台，又不能流到墙面上。

（5）清理砂浆

在底口抹灰达到一定强度（终凝）后，用小开刀将槽内砂浆清理干净。注意在处理槽内小面时，应保持槽内棱角。

（6）养护

在抹灰 24 h 后进行喷水养护，防止空鼓、开裂，养护时间不少于 7 d。冬期施工要有保温措施。

五、抹灰工程的施工质量检验

1. 检查数量与保证项目

（1）检查数量

室外以 4 m 左右高为一检查层，每 20 m 长抽查 1 处（每处按 3 延长米），但不少于 3 处；室内按有代表性的自然间（过道按 10 延长米，礼堂、厂房等大间可按两轴线为 1 间）抽查 10%，但不少于 3 间。

（2）保证项目

各抹灰层之间及抹灰层与基体之间必须黏结牢固，无脱层、空鼓，面层无爆灰和裂缝。

检验方法：用小锤轻击和观察检查。其中，空鼓而不裂的面积不大于 200 cm^2 者可不计。

2. 质量标准与检验方法

一般抹灰工程的检验项目、质量要求、质量标准和检验方法见表 8–1。

表 8–1　一般抹灰工程的检验项目、质量要求、质量标准和检验方法

<table>
<tr><th>序号</th><th>检验项目</th><th colspan="2">质量要求</th><th>质量等级</th><th>检验方法</th></tr>
<tr><td rowspan="6">1</td><td rowspan="6">抹灰表面</td><td rowspan="2">普通抹灰</td><td>合格</td><td>表面基本光滑，接槎平整</td><td rowspan="6">观察和手摸检查</td></tr>
<tr><td>优良</td><td>表面光滑、洁净，接槎平整</td></tr>
<tr><td rowspan="2">中级抹灰</td><td>合格</td><td>表面基本光滑、洁净，接槎平整，线角顺直（毛面纹路均匀）</td></tr>
<tr><td>优良</td><td>表面光滑、洁净，接槎平整，线角顺直（毛面纹路均匀一致）</td></tr>
<tr><td rowspan="2">高级抹灰</td><td>合格</td><td>表面光滑、洁净，颜色均匀，无明显抹纹，线角和灰线平直方正</td></tr>
<tr><td>优良</td><td>表面光滑、洁净，颜色均匀，无抹纹，线角和灰线平直方正、清晰美观</td></tr>
<tr><td rowspan="2">2</td><td rowspan="2">孔洞、槽、盒和管道后面的抹灰表面</td><td colspan="2">合格</td><td>尺寸基本正确，边缘整齐，管道后面平顺</td><td rowspan="2">观察检查</td></tr>
<tr><td colspan="2">优良</td><td>尺寸正确，方正、整齐、光滑，管道后面平整</td></tr>
<tr><td rowspan="2">3</td><td rowspan="2">护角和门窗框与墙体间缝隙的填塞</td><td colspan="2">合格</td><td>护角基本符合施工规范规定，表面光滑，门窗框与墙体间缝隙填塞基本密实</td><td rowspan="2">观察、用小锤轻击和尺量检查</td></tr>
<tr><td colspan="2">优良</td><td>护角符合施工规范规定，表面光滑平顺，门窗框与墙体间缝隙填塞密实、表面平整</td></tr>
</table>

续表

序号	检验项目	质量要求	质量等级	检验方法
4	分格条（缝）	合格	宽度、深度均匀，条（缝）棱角整齐，基本横平竖直、通顺	观察检查
		优良	宽度、深度均匀一致，条（缝）平整光滑，棱角整齐、横平竖直、通顺	
5	滴水线和滴水槽	合格	滴水线基本顺直，滴水槽深度、宽度均不小于 10 mm	观察和尺量检查
		优良	流水坡向正确，滴水线顺直，滴水槽深度、宽度均不小于 10 mm，整齐一致	

一般抹灰工程质量的允许偏差和检验方法应符合表 8–2 的规定。

表 8–2　一般抹灰工程质量的允许偏差和检验方法

项次	项目	允许偏差 /mm			检验方法
		普通	中级	高级	
1	表面平整	5	4	2	用 2 m 靠尺和楔形塞尺检查
2	阴、阳角垂直	—	4	2	用 2 m 托线板检查
3	立面垂直	—	5	3	
4	阴、阳角方正	—	4	2	用方尺和楔形塞尺检查
5	分格条（缝）平直	—	3	—	拉 5 m 线和尺量检查

注：1. 外墙一般抹灰，立面总高度的垂直偏差应符合相应砖砌体尺寸、位置的允许偏差和现浇混凝土结构构件的允许偏差等有关规定。
2. 中级抹灰，本表第 4 项阴角方正可不检查。
3. 顶棚抹灰，本表第 1 项表面平整可不检查，但应平顺。

第三节　门窗的制作与安装

门和窗都是建筑中的围护构件，具有一定的保温、隔声、防雨、防尘、防风沙等作用。门的作用主要是交通联系，并兼有采光、通风之用；窗的作用主要是采光和通风。门窗还有一定的装饰作用，其形状、尺寸、排列组合以及材料对建筑物的立面效果影响很大。门窗在构造上，应满足开启灵活、关闭紧密、坚固耐久、便于擦洗、符合模数等方面的要求。按照所用材料分类，门窗可分为木门窗、钢门窗、铝合金门窗、不锈钢门窗、塑钢门窗、玻璃门窗等；按照使用功能分类，门窗可分为一般用途的门窗和特殊用途的门窗，如防火门、防盗门、防辐射门、隔声门窗等。

一、铝合金门窗

1. 材料要求

（1）铝合金门窗的规格、型号应符合要求，五金配件配套齐全，并具有出厂合格证。

（2）填缝材料、密封材料、连接件等应符合设计要求和有关标准的规定。

（3）进场前应对铝合金门窗进行验收检查，不合格者不准进场。运到现场的铝合金门窗应分型号、规格堆放整齐，并存放于指定的存放地点，搬运时轻拿轻放，严禁扔摔。

2. 主要机具设备

安装用经纬仪、水平仪、电锤、射钉枪、旋具、手锤、扳手、钳子、水平尺、线坠等。

3. 作业条件

（1）主体结构经有关质量部门验收合格，工序之间办理好交接手续。

（2）检查门窗洞口尺寸及标高是否符合设计要求，如不符合设计要求，则应及时处理。

（3）按图样要求尺寸弹好门窗中线，并弹好室内 +50 mm 线。

（4）检查铝合金门窗，如有劈棱窜角和翘曲不平、偏差超标、表面损伤、变形及松动、外观色差较大者，应与有关人员协商解决，经处理，验收合格后方可安装。

4. 施工操作工艺

（1）画线定位

根据设计图样中门窗的安装位置、尺寸和标高，依据门窗中线向两边量出门窗边线。以顶层门窗边线为准，用线坠或经纬仪将门窗边线下引，并在各层门窗口处画线标记，对个别不直的口边应剔凿处理。

门窗的水平位置应以楼层室内 +50 mm 线的水平线为准向上反，量出窗下沿标高，弹线找直。每一层必须保持窗下沿标高一致。

（2）防腐处理

门窗四周外表面的防腐处理，可涂刷防腐涂料或粘贴塑料薄膜进行保护，以免水泥砂浆直接与铝合金表面接触产生化学反应，腐蚀铝合金门窗。

安装铝合金门窗时，所采用的连接铁件必须经过镀锌等防腐措施处理。

（3）安装就位

根据画好的门窗定位线安装铝合金门窗框，并及时调整好门窗框的水平、垂直及对角线长度等，使其符合质量标准，然后用木楔临时固定。

（4）固定

用射钉枪或塑料膨胀螺栓将固定片固定到墙上。

（5）门窗框与墙体间缝隙的处理

铝合金门窗框固定后应先进行隐蔽工程验收，合格后及时按设计要求处理门窗框与墙体之间的缝隙。如果设计未要求，则采用发泡剂填充，外表面留 5 ~ 8 mm 深槽口填嵌防水胶。

（6）门窗扇及门窗玻璃的安装

门窗扇和门窗玻璃应在洞口墙体表面装饰完工后安装。推拉门窗框在门窗框安装固定后，将配好玻璃的门窗扇整体装入框内滑道，调整好框与扇的缝隙即可。平开门窗在框与扇组装上墙并安装固定好以后再安装玻璃，即先调整好框与扇的缝隙，再将玻璃安入窗扇并调整好位置，最后镶嵌密封条，填嵌密封胶。

二、塑钢门窗

1. 材料要求

（1）门窗的进场检验包括外观检查和尺寸验收。外观检查是查其有无破损、断裂；尺寸验收是查框的四边尺寸和扇的方正、翘曲，做到安装前的质量预控。

（2）紧固件、五金件、增强型材及金属板衬板等应进行表面防腐处理。

（3）固定片厚度应大于或等于 1.5 mm，最小宽度应大于或等于 15 mm，其表面应进行镀锌处理。

（4）门窗与洞口密封用嵌缝膏应具有弹性和黏性。

2. 主要机具设备

电锤、电钻、自制方尺、线坠、水平尺等。

3. 作业条件

（1）塑料门窗一般采用预留洞口法安装。对于砖混结构，洞口四周预埋同规格的混凝土砖，其位置参考门窗框安装固定的位置图。

（2）墙体的作业大面积完工。

（3）门窗洞口的尺寸、位置检验合格。

4. 施工操作工艺

（1）找中弹线

量出最上层窗的安装位置，找出中线，吊垂以下各层窗洞口中心线，并在墙上弹线，量出上下各樘窗框的中线并标记。

（2）门窗框安装固定

将框塞入洞口，根据图样要求的位置及标高，用木楔子及垫块将框临时固定，框中线与洞口中线对齐，调整标高，保证上下一条线，左右一水平。重点调整下框的水平及立框的垂直度和角方正（推荐使用自制 1 m 左右的方木尺，但必须每天校正其准确性）。待各项均符合要求后，用膨胀塞固定。注意：底框用铁件固定，固定时要随时检查底框的水平度和立框的垂直度并调整。

（3）塞缝

框洞之间填塞闭孔泡沫塑料、发泡聚苯乙烯等弹性材料，分层填实，拆掉木楔后的洞应同样分层填塞同样材料。

（4）抹灰做口

内外口抹灰时，外侧窗台略低于内侧窗台。外侧抹灰时要用厚 5 mm 的片料将框和抹灰层隔开，待砂浆硬化后取出并修规矩，抹灰面应超出窗框，其厚度以不影响门

窗开启为宜，外侧抹灰不能淹没框下的出水口。

（5）门窗扇及五金件安装

门窗扇在安装前一定要检查其是否变形或翘曲，安装完毕后要检查其推拉是否灵活并调整，五金件要牢固好用。

（6）打密封胶

内、外墙涂料或面层施工完毕后，将门窗内外框边与洞口相接处及拼樘料与门窗框间隙用嵌缝膏进行密封处理，要求连续、均匀、薄厚合适。将飞边及多余嵌缝膏用布或棉丝及时清理干净。

三、涂色镀锌钢板门窗

涂色镀锌钢板门窗又称彩板钢门窗或镀锌彩板门窗，是一种新型的金属门窗。涂色镀锌钢板门窗是以涂色镀锌钢板和厚 4 mm 的平板玻璃或双层中空玻璃为主要材料，经过机械加工而制成的，色彩有红色、绿色、乳白色、棕色、蓝色等。其门窗四角用插接件插接，玻璃与门窗交接处以及门窗框与扇之间的缝隙，全部用橡胶密封条和密封胶密封。涂色镀锌钢板门窗的生产工艺过程完全摒弃了能耗高的焊接工艺，全部采用插接件组角自攻螺钉连接。这种门窗的涂层具有良好的防腐性能，解决了普通钢门窗长期以来没有解决的防腐问题；门窗玻璃用厚 4 mm 的平板玻璃，特别是采用中空玻璃制作，具有良好的保温、隔声性能，当室外温度达到 −40 ℃时，室内玻璃仍不结霜。此外，涂色镀锌钢板门窗的装饰性、气密性、防水性和使用的耐久性都很好。

概括而言，涂色镀锌钢板门窗具有质量轻、强度高、采光面积大、防尘、防水、隔声、保温、密封性能好、造型美观、色彩鲜艳、质感均匀柔和、装饰性好、耐腐蚀等特点，使用过程中不需要任何保养，解决了普通钢门窗耗料多、易腐蚀及隔声、密封、保温性能差等缺陷。涂色镀锌钢板门窗适用于商店、超级市场、实验室、教学楼、高级宾馆、剧场影院及民用住宅等的门窗工程。

根据构造的不同，涂色镀锌钢板门窗可分为带副框和不带副框两种类型。带副框涂色镀锌钢板门窗适用于外墙面为大理石、玻璃马赛克、瓷砖、面砖等材料，或门窗与内墙面需要平齐的建筑。不带副框涂色镀锌钢板门窗适用于室外为一般粉刷的建筑，门窗与墙体直接连接，但洞口粉刷成型尺寸必须准确。

1. 材料要求

（1）涂色镀锌钢板门窗的规格、型号应符合设计要求，应有出厂合格证。

（2）涂色镀锌钢板门窗所用的五金配件应与门窗型号相匹配，采用五金喷塑铰链，并用塑料盒装饰。

（3）门窗密封采用橡胶密封胶条，断面尺寸和形状均应符合设计要求。

（4）门窗连接采用塑料插接件螺钉，把手的材质应按图样要求而定。

（5）焊条的型号根据施焊铁件的厚度决定，并应有产品的合格证。

（6）嵌缝材料、密封膏的品种、型号应符合设计要求。

（7）32.5 级以上普通水泥或矿渣水泥。中砂过 5 mm 筛，筛好备用。豆石少许。

（8）防锈漆、铁纱（或铝纱）、压纱条、自攻螺钉等配套准备，并有产品合格证。

（9）膨胀螺栓：塑料垫片、钢钉等备用。

2. 主要机具设备

旋具、粉线包、托线板、线坠、扳手、手锤、钢卷尺、塞尺、毛刷、刮刀、扁铲、铁水平尺、丝锥、笤帚、电锤、射钉枪、电焊机、面罩、小水壶等。

3. 作业条件

（1）结构工程已完，经过验收达到合格标准，已办理了工种之间交接检。

（2）按图示尺寸弹好窗中线及 +50 cm 的标高线，核对门窗口预留尺寸及标高是否正确，如不符，应提前进行处理。

（3）检查原结构施工时门窗两侧预留铁件的位置是否正确，是否满足安装需要，如有问题应及时调整。

（4）开包检查核对门窗规格、尺寸和开启方向是否符合图样要求；检查门窗框扇角梃有无变形，玻璃及零附件是否损坏，如有破损，应及时修复或更换后方可安装。

（5）提前准备好安装脚手架，并做好安全防护。

4. 施工操作工艺

（1）弹线找规矩

在最高层找出门窗口边线，用大线坠将门窗口边线引到各层，并在每层门窗口处画线、标注，对个别不直的口边应进行处理。高层建筑可用经纬仪打垂直线。

门窗洞口的标高尺寸应以楼层 +50 cm 水平线为准往上反，这样可分别找出窗下皮安装标高，以及门口安装标高位置。

（2）墙厚方向的安装位置

根据外墙大样及窗台板的宽度，确定涂色镀锌钢板门窗安装位置，安装时应以同一房间窗台板外露宽度相同为原则。

（3）与墙体固定的方法

1）带副框的门窗安装。按门窗图样尺寸在工厂组装好副框，运到施工现场，用长 12 mm 的 M5 自攻螺钉将连接件铆固在副框上；按图样要求的规格、型号运送到安装现场；将副框装入洞口，并与安装位置线齐平，用木楔临时固定，校正副框的正、侧面垂直度及对角线的长度无误后，用木楔牢固固定；将副框的连接件逐件用电焊焊牢在洞口的预埋铁件上；嵌塞门窗副框四周的缝隙，并及时将副框清理干净；在副框与门窗的外框接触的顶、侧面贴上密封胶条，将门窗装入副框内，适当调整，用长 20 mm 的 M5 自攻螺钉将门窗外框与副框连接牢固，扣上孔盖；安装推拉窗时，还应调整好滑块；副框与外框、外框与门窗之间的缝隙应填充密封胶；做好门窗的防护，防止碰撞、损坏。

2）不带副框的门窗安装。按设计图的位置在洞口内弹好门窗安装位置线，并明确门窗安装的标高尺寸；按门窗外框上膨胀螺栓的位置，在洞口相应位置的墙体上钻膨胀螺栓孔；将门窗装入洞口安装线上，调整门窗的垂直度、标高及对角线长度，合格后用木楔固定；门窗与洞口均用膨胀螺栓固定好，盖上螺钉盖；门窗与洞口之间的缝隙按设计要求的材料嵌塞密实，表面用建筑密封胶封闭。

第四节 块料饰面材料基础知识

块料饰面是指由不同形状的板块材料（如陶瓷锦砖、缸砖、大理石、花岗石等）铺砌而成的装饰地面。它属于刚性地面，适宜铺在整体性、刚性好的细石混凝土或混凝土预制板基层之上。其特点是花色品种多、耐磨损、易清洁、强度高、刚性大，但造价偏高、功效偏低，一般适用于人流活动较大、楼地面磨损频率高的地面及比较潮湿的场所。

一、建筑装饰石材

1. 石材地面的施工工艺流程

石材地面是指天然花岗石、大理石及人造花岗石、大理石等地面。

（1）石材地面装饰构造

室内地面所用石材一般为磨光的板材，板厚约 20 mm，目前也有薄板，厚度约 10 mm，适于家庭装饰用；每块大小为 300 mm × 300 mm 至 1 000 mm × 1 000 mm；可使用薄板和 1 : 2 水泥砂浆掺 107 胶铺贴。

（2）石材地面装饰基本工艺流程

清扫整理基层地面→水泥砂浆找平→定标高、弹线→选料→板材浸水润湿→安装标准块→摊铺水泥砂浆→铺贴石材→灌缝→清洁→养护交工。

2. 石材地面的施工要点

基层处理要干净，高低不平处要先凿平和修补，基层应清洁，不能有砂浆，尤其是白灰砂浆、油渍等，并用水润湿地面。铺装石材、瓷质砖时，必须安放标准块，标准块应安放在十字线交点，对角安装。铺装操作时要每行依次挂线，石材必须浸水润湿，阴干后擦净背面。石材、瓷质砖地面铺装后的养护十分重要，安装 24 h 后必须洒水养护，铺装完后覆盖锯末养护。

3. 石材地面施工的注意事项

（1）铺贴前将板材进行试拼，对花、对色、编号，以使铺设出的地面花色一致。

（2）石材必须浸水阴干，以免影响其凝结硬化，发生空鼓、起壳等问题。

（3）铺贴完成后，2 ~ 3 d 内不得上人。

二、建筑饰面陶瓷制品

1. 铺贴陶瓷地砖基本工艺流程

（1）铺贴彩色釉面砖类

处理基层→弹线→瓷砖浸水润湿→摊铺水泥砂浆→安装标准块→铺贴地面砖→勾缝→清洁→养护。

（2）铺贴陶瓷锦砖（马赛克）类

处理基层→弹线、标筋→摊铺水泥砂浆→铺贴→拍实→洒水、揭纸→拨缝、灌缝→清洁→养护。

2. 铺贴陶瓷地砖的施工要点

（1）混凝土地面应将基层凿毛，凿毛深度为 5 ~ 10 mm，凿毛痕的间距为 30 mm 左右。之后，清理干净浮灰、砂浆、油渍等。

（2）铺贴前应弹好线，在地面弹出与门口成直角的基准线。弹线应从门口开始，以保证进口处为整砖，非整砖置于阴角或家具下面，弹线应弹出纵横定位控制线。

（3）铺贴陶瓷地面砖前，应先将陶瓷地面砖浸泡阴干。

（4）铺贴时，水泥砂浆应饱满地抹在陶瓷地面砖背面，铺贴后用橡皮锤敲实。同时，用水平尺检查校正，擦净表面水泥砂浆。

（5）铺贴完 2 ~ 3 h 后，用白水泥擦缝，用水泥、砂子体积比为 1 : 1 的水泥砂浆，缝要填充密实、平整、光滑。再用棉丝将表面擦净。

3. 铺贴陶瓷地砖的注意事项

基层必须处理合格，不得有浮土、浮灰；陶瓷地面砖必须浸泡后阴干，以免影响其凝结硬化，发生空鼓、起壳等问题；铺贴完成后，2 ~ 3 h 内不得上人；陶瓷锦砖应养护 4 ~ 5 d 才可上人。

第五节 饰面板安装工程施工

一、石材饰面板安装工程施工

1. 石材（瓷板）饰面板（湿贴法）安装工程工艺流程及操作要点

工艺流程：板材钻孔、剔槽→骨架安装→穿铜丝或钢丝与块材固定→绑扎→吊垂直、找规矩、弹线→防碱背涂处理→安装石材（瓷板）→分层灌浆→擦缝。具体的施工要点如下：

（1）板材钻孔、剔槽

安装前先将饰面板按照设计要求用台钻打眼，事先应钉木架使钻头直对板材上端面，在每块板的上、下两个面打眼，孔位打在距板宽两端 1/4 处，每个面各打两个眼，孔径为 5 mm（瓷板孔径宜为 3.2 ~ 3.5 mm），深度为 12 mm（瓷板深度宜为 20 ~ 30 mm），孔位距石板背面 8 mm 为宜，每块石材（瓷板）与钢筋网连接点不得少于 4 个。如石材（瓷板）宽度较大，则可增加孔数。钻孔后用电动手提切割锯轻轻剔一道槽，深 5 mm 左右，连同孔眼形成象鼻眼，以备埋卧铜丝或钢丝。

若饰面板规格较大，下端不好拴绑铜丝或钢丝，也可在未镶贴饰面的一侧，采用电动手提切割锯，按规定在板高的 1/4 处上、下各开一槽（槽长 30 ~ 40 mm，槽深约 12 mm，与饰面板背面打通，竖槽一般居中，也可偏外，但以不损坏外饰面和不泛碱为宜），将铜丝或钢丝卧入槽内，便可与钢筋网拴绑固定。此法还可直接在镶贴现场做。

（2）骨架安装

将符合设计要求的钢筋或型钢与基体预埋件可靠连接，再将钢筋或型钢根据设计的间距焊接成钢筋网骨架。焊接时焊点（缝）应结实牢固，不得假焊、虚焊，焊渣随时清理干净。

（3）穿铜丝或钢丝与块材固定

把备好的铜丝或钢丝剪成长 200 mm 左右，一端用木楔沾环氧树脂，将铜丝或钢丝进孔内固定牢固，另一端将铜丝或钢丝顺孔槽弯曲并卧入槽内，使石材（瓷板）上、下端面没有铜丝或钢丝突出，以便和相邻石材（瓷板）接缝严密。

（4）绑扎

横向钢筋为绑扎石材（瓷板）所用，如板材高度为 600 mm，则第一道横筋在地面以上 100 mm 处与主筋绑牢，用作绑扎第一层板材下口固定铜丝或钢丝。第二道横筋绑扎在比板材上口低 20 ~ 30 mm 处，用于绑扎第一层板材上口固定铜丝或钢丝。

（5）吊垂直、找规矩、弹线

首先将要贴石材（瓷板）的墙面、柱面和门窗套用大线坠从上至下找出垂直。应考虑石材（瓷板）厚度、灌注砂浆的空隙和钢筋网所占尺寸，一般石材（瓷板）外皮距结构面的厚度应以 50 ~ 70 mm 为宜。找出垂直后，在地面上顺墙弹出石材（瓷板）等外廓尺寸线，此线即为第一层石材（瓷板）的安装基准线。编好号的石材（瓷板）等在弹好的基准线上画出就位线，每块留 1 mm 缝隙（如设计要求拉开缝，则按设计规定留出缝隙），并根据设计图样和实际需要弹出安装石材（瓷板）的位置线和分块线。

（6）防碱背涂处理

粘贴的石材根据设计要求进行防碱背涂处理。

（7）安装石材（瓷板）

按部位取石材（瓷板）并舒直铜丝或钢丝，将石材（瓷板）就位，石材（瓷板）上口外仰，右手伸入石材（瓷板）背面，把石材（瓷板）下口铜丝或钢丝绑扎在横筋上。绑扎时不要太紧，可留余量，只要把铜丝或钢丝和横筋拴牢即可，把石材（瓷板）竖起，便可绑扎石材（瓷板）上口铜丝或钢丝，并用木楔垫稳，块材与基层间的缝隙一般为 30 ~ 50 mm，用靠尺板检查调整木楔，再拴紧铜丝或钢丝，依次进行。柱面可按顺时针方向安装，一般先从正面开始。第一层安装完毕后再用靠尺找垂直，水平尺找平整，方尺找阴阳角方正。在安装石材（瓷板）时如发现石材（瓷板）规格不准确或石材（瓷板）之间的空隙不符，应用铅皮垫牢，使石材（瓷板）之间缝隙均匀一致，并保持第一层石材（瓷板）上口的平直。找完垂直、平直、方正后，用碗调制熟石膏，把调成粥状的石膏贴在石材（瓷板）上下之间，使这两层石材（瓷板）结成一整体，木楔处也可粘贴石膏，再用靠尺检查有无变形，等石膏硬化后方可灌浆（如设计有嵌缝塑料软管，则应在灌浆前塞放好）。

（8）分层灌浆

石材（瓷板）固定就位后，应用 1 : 2.5 水泥砂浆分层灌注，每层灌注高度为 150 ~ 200 mm，且不得大于板高的 1/3，并插捣密实，待其初凝后方可灌注上层水泥砂浆。施工缝应留在饰面板的水平接缝以下 50 ~ 100 mm 处。如在灌浆中板发生移位，应及时拆除重装，以确保安装质量。砂浆中掺入的外加剂对铜丝或钢丝应无腐蚀作用，其掺入量应由试验确定。

（9）擦缝

全部石材（瓷板）安装完毕后，清除石膏和余浆痕迹，用抹布擦洗干净，并按石材（瓷板）颜色调制色浆嵌缝，边嵌边擦干净，使缝隙密实、均匀、干净、颜色一致。

2. 石材饰面板（干挂法）安装工程工艺流程及施工要点

工艺流程：基层处理→墙体测放水平、垂直线→钢架制作安装→挂件安装→选板、预拼、编号、开槽钻孔→石材安装→密封胶灌缝。具体的施工要点如下：

（1）基层处理

墙体为混凝土结构时，应对墙体表面进行清理修补，使墙面修补处平整结实。

（2）墙体测放水平、垂直线

依照室内水平基准线找出地面标高，按板材面积计算纵横的皮数，用水平尺找平，并弹出板材的水平和垂直控制线。

（3）钢架制作安装

1）干挂石材采用钢架作为安装基面的，应符合设计要求。

2）用直径 0.5～1.0 mm 的钢丝在基体的垂直和水平方向各拉两根作为安装控制线，将符合设计要求的型钢立柱焊接在预埋件上。全部立柱安装完毕后，复验其间距和垂直度。两根立柱相接时，其接头处的连接应符合设计要求，不能焊接。安装横梁，根据安装控制线在水平方向拉通线，横梁的一端通过连接件与立柱用螺栓固定连接，另一端与立柱焊接，焊接时焊缝应饱满，无假焊、虚焊。

3）钢架制作完毕后应做防锈处理。

4）基体为混凝土且无预埋件时，根据设计要求可在混凝土基体上钻孔，放入金属膨胀螺栓与干挂件直接连接。

（4）挂件安装

1）不锈钢扣槽式挂件由角码板、扣齿板等构件组成，不锈钢插销式挂件由角码板、销板、销钉等构件组成，铝合金扣槽式挂件由上齿板、下齿条、弹性胶条等构件组成。

2）挂件安装连接应牢固可靠，不得松动；挂件位置调节适当，并能保证石材连接固定位置准确；不锈钢挂件的螺栓紧固力矩应取 40～45 N · m，并应保证紧固可靠；铝合金挂件挂接钢架 L 型钢的深度不得小于 3 mm，M4 螺栓（或 M4 抽芯铆钉）紧固可靠且间距不宜大于 300 mm；铝合金挂件与钢材接触面宜加设橡胶或塑胶隔离层。

（5）选板、预拼、编号、开槽钻孔

1）石材镶贴前，应挑选颜色、花纹，进行预拼编号。板的编号应满足安装时流水作业的要求。

2）开槽或钻孔前逐块检查板厚度、裂纹等质量指标，不合格者不得使用。

3）开槽长度或钻孔数量应符合设计要求，开槽、钻孔位置在规格板厚中心线上；钻孔的边孔至板角的距离宜取 $0.15b \sim 0.20b$（b 为板支承边边长），其余孔应在两边孔范围内等分设置。

4）当开槽或钻孔造成石材开裂时，该块板不得使用。

（6）石材安装

1）当设计对建筑物外墙有防水要求时，安装前应修补施工过程中损坏的外墙防水层。

2）除设计有特殊要求外，同幅墙的石材色彩宜一致。

3）清理石材的槽（孔）内及挂件表面的灰粉。

4）扣齿板的长度应符合设计要求。

5）扣齿或销钉插入石材深度应符合设计要求，扣齿插入深度允许偏差为 ±1 mm，销钉插入深度允许偏差为 ±2 mm。

6）当为不锈钢挂件时，应将环氧树脂浆液抹入槽（孔）内，满涂挂件与石材的接合部位，然后插入扣齿或销钉。

（7）密封胶灌缝

1）确保石材饰面板安装完毕且表面清洁干净，准备好密封胶和相应的工具。

2）使用刮刀或刷子清除缝隙中的灰尘、杂物和残留物，确保缝隙干净。

3）在缝隙两侧的石材表面涂抹一层防粘剂或防粘脱膜剂，以防止密封胶黏附到石材表面。

4）将密封胶均匀地挤入缝隙中，确保胶填满整个缝隙。

5）用刮刀或胶刮将多余的密封胶刮平，使其与石材表面齐平。

6）用湿布或海绵清理多余的密封胶，避免其干燥后难以清除。

7）根据要求，等待胶水完全干燥，期间避免触摸或操作石材饰面板。

8）检查胶灌缝的质量，确保胶水填充均匀，无漏涂、空鼓等问题。

二、饰面砖镶贴工程施工

1. 工艺流程

基层处理→吊垂直、套方、找规矩、贴灰饼→打底灰抹找平层→排砖→分格、弹线→浸砖→粘贴饰面砖→勾缝与擦缝→清理表面。

2. 施工要点

（1）基层处理

对于混凝土基层，将凸出墙面的混凝土剔平，表面光滑的要凿毛，然后再用钢丝刷清理干净，或采用水泥细砂浆掺化学胶体（聚合物水泥浆）进行“毛化处理”。对于砖墙基层，要将墙面残余砂浆清理干净。对于加气混凝土、混凝土空心砌块、轻质墙板等基层，要在清理修补涂刷聚合物水泥浆后铺钉金属网一层，以增加基层与找平层及黏结层之间的附着力。不同材质墙面的交界处或后塞的洞口处均要挂金属网防裂，搭接长度不小于 200 mm。

（2）吊垂直、套方、找规矩、贴灰饼

室内在楼地面上沿内墙四周弹控制线，对房间进行套方、找规矩，然后从各转角处用线坠两面吊直后设点做灰饼，用靠尺和水平尺随时检查。

（3）打底灰抹找平层

先将基层表面润湿，满刷一道结合层，然后分层分遍抹砂浆找平层，常温时可采用 1∶3 或 1∶2.5 水泥砂浆。抹灰厚度每层应控制在 5～7 mm，用木抹子搓平，终凝后晾至六七成干再抹第二遍，用木杠刮平，木抹子搓毛，终凝后浇水养护。找平层厚度应尽量控制在 20 mm 左右，表面平整度最大允许偏差为 3 mm，立面垂直度最大允许偏差为 3 mm。

(4)分格、弹线

找平层养护至六七成干时，可按照排砖深化设计图及施工样板，在其上分段分格弹出控制线并做好标记。如现场情况与排砖设计不符，则可酌情进行微调。

将已挑选好的饰面砖放入净水中浸泡 2 h 以上并清洗干净，取出后晾干表面水分方可使用。

(5)粘贴饰面砖

内墙饰面砖整体由下向上粘贴，但不宜一次贴到顶，以免坍落。

粘贴时饰面砖黏结层厚度可参考以下数据，1∶2 水泥砂浆 4～8 mm 厚，1∶1 水泥砂浆 3~4 mm 厚，其他化学黏合剂 2~3 mm 厚。黏结层厚度越薄，基层的平整度要求越高。

先固定好靠尺板贴下第一皮砖，面砖背面涂好黏合材料后以压着的感觉贴上，贴上后用灰铲柄轻轻敲打使之附线，轻敲表面固定，力争一次成功，不宜多动；用开刀调整竖缝，用小杠通过标准点调整平整度和垂直度，用靠尺随时找平找方；在黏结层初凝前，可调整面砖的位置和接缝宽度，初凝后严禁振动或移动面砖。

缝宽如符合模数，则应采用标准成品缝卡控制；如不符合模数，可用自制米厘条控制，用砂浆粘在已贴好的砖上口。

墙面突出的卡件、水管或线盒处尽量采用整砖套割后套贴，缝口要尽量小，圆孔还可采用专用开孔器来处理，不得采用非整砖拼凑镶贴。如不方便套割，则尽量把缝放在不显眼的位置，如有条件还可加盖板。

(6)勾缝与擦缝

黏结层终凝后，可按照样板墙确定的勾缝与擦缝材料、缝深、勾缝形式及颜色进行勾缝和擦缝。内墙勾缝和擦缝材料一般是白水泥配彩色颜料，勾缝及擦缝材料的施工配合比及调色矿粉的比例要指定专人负责控制，水泥、砂子、矿粉等要使用准备好的专用材料，勾缝要视缝的形式使用专用工具。勾缝宜先勾水平缝再勾竖缝，纵横交叉处要过渡自然，不能有明显痕迹。砖缝要在一个水平面上，连续、平直、无裂纹、无空鼓，深浅一致，表面压光。有的黏合剂对勾缝时间有要求，应按厂家说明书操作。对于缝宽在 0.5 mm 以下的密缝采用擦缝，用毛刷蘸糊状嵌缝材料涂缝，然后用棉纱或布条擦均匀，不得有漏涂、漏擦的现象。

(7)清理表面

勾缝时随勾随用棉纱蘸水擦净砖面。勾缝后经 10 d 以上可清洗残留的污垢，尽量采用中性洗剂；也可采用浓度为 20% 的稀盐酸，但要保护五金件，洗完后用清水冲净。擦缝时方法相同。

第六节 楼地面构造基础知识

楼地面是房屋建筑底层地坪与楼层地坪的总称，在建筑中主要有分隔空间，加强和保护结构层，满足人们的使用要求，以及隔声、保温、找坡、防水、防潮、防渗等作用。楼地面与人、家具、设备等直接接触，承受各种荷载及物理、化学作用，并且

在人的视线范围内所占比例较大，因此，必须满足坚固性、耐久性、安全性、舒适性和装饰性要求。

一、楼地面的分类

整体楼地面是指以砂浆、混凝土或其他材料的拌和物在现场浇筑而成的地面，常用的有以水泥为胶凝材料的水泥地面、水磨石地面、混凝土地面，以沥青为胶凝材料的沥青地面，以树脂（如聚醋酸乙烯乳液、丙烯酸树脂乳液、环氧树脂等）为胶凝材料的现浇塑料地面等。其中水泥类现浇整体地面以其坚固、耐磨、防火防水、易清洁等优点而应用最广泛，如水泥砂浆地面、水磨石地面。

除整体楼地面外，楼地面还有块料地面（如砖铺地面、面砖、缸砖及陶瓷锦砖地面等）、木面板地面（如条木地面和拼花木地面等）、塑料地面（如聚氯乙烯塑料地面）和涂料地面等。

二、楼地面常用材料

楼地面常用材料一般有实木地板、复合木地板、天然石材、人造石材地砖、纺织型产品制作的地毯、人造制品的地板（塑料）等。

第七节　楼地面工程施工

一、块料楼地面施工工艺流程与施工要点

块料楼地面的施工工艺流程为：弹线、找方、预铺→找平、找坡→选砖、浸砖→铺贴。其具体的施工要点如下：

1. 弹线、找方、预铺

根据房间的长宽，在房中心弹出十字控制线；根据地砖的规格尺寸进行预排砖，将破砖尽量放在次要部位，且破砖不小于 1/4 整砖大小。

2. 找平、找坡

根据墙面上的 +50 mm 控制线、砖及黏结层的厚度，用碎砖做点以控制地面的高度。对有排水沟或地漏的房间，则根据地漏的位置向周围拉线找坡，并做出控制点。

3. 选砖、浸砖

根据地砖的质量情况，以及颜色、规格尺寸的差异，分几个规格进行筛选，分别存放并做好标识。使用前将砖浸入水内浸泡，晾干后待用。

4. 铺贴

铺贴分为浆铺和干铺两种方式。

（1）浆铺

1）制浆。将水泥、中砂按 1 : 3 的比例拌和均匀，加水搅拌，稠度控制在 35 mm 以内。一次不要搅拌过多，要随拌随用。

2）铺贴。根据找平、找坡的控制点和预铺砖的情况，从里向外挂出 2～3 道控制线，从内向外铺贴；铺贴时先将水泥砂浆打底找平，厚度控制在 10～15 mm，然后将砖块沿线铺在砂浆层上，用橡皮锤轻轻敲击砖面，使其与基层结合密实；最后沿控制线拨缝、调整，使砖与纵、横控制线平；管根、转角处套割时，先放样再套割，做到方正、美观。

（2）干铺

1）拌和干铺料。将水泥、中砂按 1∶3 的比例拌和均匀，加水拌成干硬状（手抓成团，落地散开）。

2）铺贴。根据找平、找坡的控制点和预铺砖的情况，从里向外挂出 2～3 道控制线，从内向外铺贴；铺贴时先将拌和好的干硬水泥砂浆摊铺平，厚度控制在 20 mm 左右或略高于粘贴层厚度，然后将砖块沿线铺在砂浆层上，用橡皮锤轻轻敲击砖面，使其与基层结合密实，与控制线平后，将砖移开；然后浇一层水灰比为 0.5 的素水泥浆，再将砖安装至原处，用橡皮锤轻轻敲击，最后沿控制线拨缝、调整，使砖与纵、横控制线平；管根、转角处套割时，先放样再套割，做到方正、美观。贴砖时注意天气，施工环境温度低于 5 ℃时，要采取防冻措施；温度高于 30 ℃时，要采取遮阳措施，并及时洒水养护，防止水分蒸发过快。

3）灌浆、擦缝。面砖铺镶贴完 1～2 d 后，清除地面上的灰土，按砖的颜色配制成相应的水泥浆，用棉丝浸水泥浆，沿砖进行擦拭，并用细铁丝压实，最后用干净的棉丝沾水将表面擦洗干净。

4）养护、保护。铺完后封闭门口，常温 48 h 用湿锯末覆盖养护 7 d 以上；在达到规定强度前，严禁上人。

5）粘贴踢脚。以一面墙为单元，先从墙的两端根据踢脚的设计高度和出墙厚度（8～10 mm）贴出两个控制砖，然后拉通线粘贴，粘贴的砂浆采用聚合物砂浆，阳角接缝砖切出 45°。

对有防水要求的卫生间、实验室，在地砖铺贴完成后要进行二次蓄水试验。

二、整体楼地面施工工艺流程与施工操作要点

整体楼地面的施工工艺流程为：混凝土（砂浆）搅拌→基层处理→浇筑混凝土（或水泥砂浆）地面→表面压光→养护→抹水泥砂浆踢脚→做试件。其具体的施工要求如下：

1. 混凝土（砂浆）搅拌

（1）配合比申请

由试验员将所有的水泥、砂、石等送往实验室，实验室通过对给定的原材料进行试配后，确定混凝土（砂浆）配合比。

（2）计量

现场配备磅秤，对砂、石料进行准确计量。

（3）搅拌

用混凝土搅拌机进行强制搅拌，搅拌时间不少于 2 min。

2. 基层处理

在基层上洒水润湿，不可有积水，然后刷一道界面剂。

3. 浇筑混凝土（或水泥砂浆）地面

将搅拌好的混凝土（或水泥砂浆）按做好的厚度控制点摊在基层上，然后沿冲筋厚度用刮杠摊平，再用木抹子初次搓平压实。

4. 表面压光

初次压光，待混凝土（砂浆）初凝前，表面先撒一层预拌好的比例为 1∶1 的水泥砂子灰，随后用木抹子搓压后，用铁抹子初次压光；混凝土（砂浆）表面收水后（以人踩了有脚印，但不陷入时为宜），进行第二次压光，压光时用力均匀，将表面压实、压光，清除表面气泡、砂眼等缺陷。

5. 养护

等面层凝固后，要及时洒水、喷水或撒锯末浇水养护 7 d。

6. 抹水泥砂浆踢脚

（1）当地面达到规定强度后，方可进行踢脚施工。

（2）先在墙面上刷一道内掺建筑胶的水泥浆，然后抹厚 8 mm 的 1∶3 的水泥砂浆，表面扫毛画出纹路，上口用尺杆修直。

（3）待底层砂浆终凝后，再抹厚 6 mm 的 1∶2.5 的面层水泥砂浆，表面用铁抹子压光。

7. 做试件

每一检验批（检验批的划定见质量验收）留置一组试件，当一个检验批大于 1 000 m^2 时，增加一组试件。

三、木面板地面施工工艺流程与施工要点

条板（又称普通木地板）和拼花地板按构造方法不同，有空铺和实铺两种。空铺是由搁栅、企口板、剪刀撑等组成，一般设在首层房间。当搁栅跨度较大时，应在房中间加设地垄墙，地垄墙顶上要铺油毡或抹防水砂浆及放置沿缘木。实铺木地板是指木搁栅铺在钢筋混凝土板或垫层上，它是由木搁栅及企口板等组成。木面板地面的施工工艺流程为：安装木搁栅→钉木地板→净面细刨、磨光→安装木踢脚板。其具体的施工要点如下：

1. 安装木搁栅

（1）空铺法

在砖砌基础墙上和地垄墙上垫放通长沿缘木，用预埋的铁丝将其捆绑好，并在沿缘木表面画出各搁栅的中线，然后将搁栅对准中线摆好，端头离开墙面约 30 mm 的缝隙，依次将中间的搁栅摆好。当顶面不平时，可用垫木或木楔在搁栅底下垫平，并将其钉牢在沿缘木上。为防止搁栅活动，应在固定好的木搁栅表面临时钉设木拉条，使之互相牵拉。搁栅摆正后，在搁栅上按剪刀撑的间距弹线，然后按线将剪刀撑钉于搁栅侧面，同一行剪刀撑要对齐顺线、上口齐平。

（2）实铺法

楼层木地板的铺设通常采用实铺法施工，应先在楼板上弹出各木搁栅的安装位置线（间距约 400 mm）及标高。将搁栅（断面呈梯形，宽面在下）放平、放稳，并找好标高，将预埋在楼板内的铁丝拉出，捆绑好木搁栅（如未预埋镀锌铁丝，可按设计要

求用膨胀螺栓等方法固定木搁栅），然后把干炉渣或其他保温材料塞满两搁栅之间。

2. 钉木地板

（1）条板铺钉

空铺的条板铺钉方法为：剪刀撑钉完之后，可从墙的一边开始铺钉企口条板，靠墙的一块板应离墙面有 10～20 mm 缝隙，以后逐块排紧，用钉从板侧凹角处斜向钉入，钉长为板厚的 2～2.5 倍，钉帽要砸扁，企口条板要钉牢、排紧。板的排紧方法：一般可在木搁栅上钉扒钉一只，在扒钉与板之间夹一对硬木楔，打紧硬木楔就可以使板排紧。钉到最后一块企口板时，因无法斜着钉，可用明钉钉牢，钉帽要砸扁，冲入板内。企口板的接头要在搁栅中间，接头要互相错开，板与板之间应排紧，搁栅上临时固定的木拉条应随企口板的安装随时拆去，铺钉完之后及时清理干净，先应垂直木纹方向粗刨一遍，再依顺木纹方向细刨一遍。实铺条板铺钉方法同上。

（2）拼花地板铺钉

硬木地板下层一般都钉毛地板，可采用纯棱料，其宽度不宜大于 120 mm，毛地板与搁栅成 45°或 30°方向铺钉，并应斜向钉牢，板间缝隙不应大于 3 mm，毛地板与墙之间应留 10～20 mm 缝隙，每块毛地板应在每根搁栅上各钉两个钉子固定，钉子的长度应为板厚的 2.5 倍。铺钉拼花地板前，宜先铺设一层沥青纸（或油毡），以隔声和防潮。在铺钉硬木拼花地板前，根据设计要求的地板图案，一般应在房间中央弹出图案墨线，再按墨线从中央向四边铺钉。有镶边的图案，应先钉镶边部分，再从中央向四周铺钉，各块木板应相互排紧。对于企口拼装的硬木地板，应从板的侧边斜向钉入毛地板中，钉头不要露出，钉长为板厚的 2～2.5 倍。当木板长度小于 30 cm 时，侧边应钉两个钉子；当长度大于 30 cm 时，应钉入 3 个钉子，板的两端应各钉 1 个钉子固定。板块间缝隙不应大于 0.3 mm，面层与墙之间缝隙应以木踢脚板封盖。钉完后，清扫干净刨光，刨刀吃口不应过深，防止板面出现刀痕。

（3）拼花地板黏结

采用沥青胶结料铺贴拼花地板面层时，其下一层应平整、洁净、干燥，并应先涂刷一遍同类底子油，然后用沥青胶结料随涂随铺，其厚度宜为 2 mm。在铺贴时，木板块背面也应涂刷一层薄而均匀的沥青胶结料。当采用胶黏剂铺贴拼花板面层时，胶黏剂应通过试验确定。胶黏剂应存放在阴凉、通风、干燥的室内。超过生产期 3 个月的产品应取样检验，合格后方可使用，超过保质期的产品不得使用。

3. 净面细刨、磨光

地板刨光宜采用地板刨光机，转速在 5 000 r/min 以上。长条地板应顺水纹刨，拼花地板应与地板木纹成 45°斜刨。刨时不宜走得太快，刨口不要过大，要多走几遍，地板刨光机不用时应先将机器提起关闭，防止啃伤地面。机器刨不到的地方要用手刨，并细刨净面。地板刨平后，应使用地板磨光机磨光，所用砂布应先粗后细，砂布应绷紧绷平，磨光方向及角度与刨光方向相同。木地板油漆、打蜡详见装饰工程木地板油漆工艺有关标准。

4. 安装木踢脚板

木踢脚应提前刨光，在靠墙的一面开成凹槽，并每隔 1 m 钻直径 6 mm 的通风孔，在墙上应每隔 75 cm 砌防腐木砖，在防腐木砖外面钉防腐木块，再把踢脚板用明钉钉

牢在防腐木块上，钉帽砸扁冲入木板内，踢脚板板面要垂直，上口至水平，在木踢脚板与地板交角处钉三角木条，以盖住缝隙。木踢脚板阴阳角交角处应切割成45°角后再进行拼装，踢脚板的接头应固定在防腐木块上。

四、环氧地坪施工工艺

1. 工艺介绍

环氧地坪又称环氧树脂地坪、环氧树脂地板或环氧地板。环氧地坪因其特有的优势，正越来越广泛地被应用于工业建筑领域。环氧地坪在施工过程中受到环境、基层及工艺的影响较多，有效地消除质量隐患、防患于未然是施工过程中需要重点注意的地方。

（1）优点

1）表面光滑、美观，面层如采用自流平工艺可达到镜面效果，如采用平涂工艺可有效遮蔽地面平整度差的缺陷。

2）耐酸、碱、盐、油类腐蚀，特别是耐碱性能好。

3）耐磨、耐压、耐冲击，有一定弹性。

（2）缺点

1）怕太阳晒，容易变色。

2）造价相对较高，维护成本高。

2. 应用范围

环氧地坪主要用于要求高度清洁、美观、无尘、无菌的机械及电子行业，以及实行 GMP 标准的制药业、血液制品行业，也可用于学校、办公室、家庭等。

3. 基材要求

（1）基层混凝土施工前应铺设防水胶布做防潮处理（材质为 PE 或 PVC）。

（2）地面混凝土结构强度等级达到 C25 以上。

（3）原浆压光，收面时不得撒布水泥粉，否则会因表面太致密及坚硬而影响接着力。

（4）环氧地面施工前基材混凝土养护须达到 28 d 并充分干燥。

（5）含水率在 8% 以下方可铺设环氧树脂材料。

4. 施工工艺

环氧地坪施工工艺如图 8–19 所示。

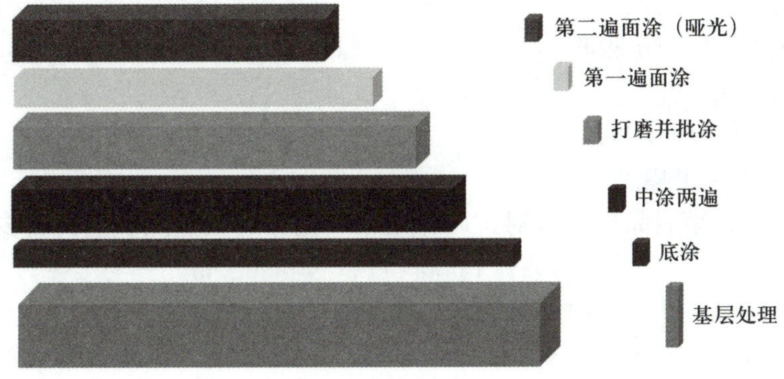

图 8–19　环氧地坪施工工艺

（1）基层处理

将基层的杂质研磨清除，并将混凝土表面粗糙化。当施工场地较开阔时，可用抛丸机施工。抛丸机的优点为打磨纹路深，施工速度快，扬尘小。当房间尺寸较小或遇到柱脚墙根抛丸机无法作业时，可采用铣刨机对混凝土基层进行处理。铣刨机的缺点为铣刨时灰尘较大，铣刨纹路较浅。

（2）底涂

将底涂用镘刀均匀涂布于素地上，依据不同的天气状况，底涂干燥时间一般为 4 ~ 8 h。检视底涂涂布情况，如发生被基材完全吸收的情况可重复涂布，厚度约 0.15 mm。

（3）中涂两遍

将中涂 A/B 剂即环氧主料及固化剂依比例均匀混合后，加入 1.5 倍量的 6 号石英砂搅拌均匀，用锯齿镘刀均匀铺设于底涂上，厚度约 1 mm。根据地面平整度，可适当调整石英砂目数（颗粒大小）。

（4）打磨并批涂

待中涂完全干燥后进行打磨处理。基材上小裂缝、地面上裂损处可用环氧树脂批覆，得一完整平滑的表面后方可施工面涂。

（5）面涂

将面涂 A/B 剂依比例均匀混合后，以辊子涂布，涂布时采用“十”字交叉法令涂料均匀分布。采用专用滚筒刷涂树脂。第一次面涂完全干燥后，同法施工第二次面涂，48 h 后人员方可进入，7 d 后重机械方可进入，厚度约 1 mm。

5. 注意事项

（1）材料应置于室内，避免风吹雨打。若不得已置于室外，则应堆放整齐于栈板上，并以胶布盖妥，避免进水，且不可长期放置。

（2）材料堆放位置应严禁烟火。

（3）某些型号的材料储存时会有软沉淀产生，故先搅拌均匀后再使用。

（4）主剂、固化剂需按比例称取，并确实搅拌均匀。

（5）湿度在 85% 以上、温度在 5 ℃以下时，避免施工。

6. 易发生的质量问题

（1）地面平整度不符合要求、地面有破损处。

（2）地面打磨不到位。

（3）底涂被基层完全吸收。

（4）面涂存在色差。

（5）自流平厚度不均匀。

7. 施工质量保证措施

（1）对原料、半成品进行核对，确保规格、型号、数量及质量符合要求，并按质量规范核验。

（2）做好自检、互检、抽检相结合，确保施工过程各环节的质量。

（3）每一道工序必须进行检验并合格，不合格不得进入下道工序。严格把关，严格执行施工工艺。

1. 简述装饰工程的合理施工顺序。
2. 抹灰工程在施工前应做哪些准备工作？有什么技术要求？
3. 简述饰面板的安装方法、工艺流程和技术要点。
4. 简述整体楼地面的施工方法和保证质量的措施。
5. 简述木面板地面的施工要点。